科学出版社“十二五”普通高等教育本科规划教材

数学教育学导论

罗新兵　罗增儒　主编

科学出版社
北　京

内 容 简 介

本书共分成四篇：第一篇为直觉感知篇，通过案例感知和认识数学教育的基本内容、基本范畴、常规工作、形成历程及学科特点；第二篇为基本理论篇，介绍了数学学习基本理论、数学课程基本理论、数学教学基本理论及数学教育评价基本理论；第三篇为实践操作篇，介绍了数学教学的常规工作、数学教学的基本技能、数学微格教学及数学教育实习；第四篇为延伸拓展篇，介绍了数学教育发展简史、数学课程改革简介、数学教育技术简介、数学教育论文写作及数学教师的专业成长。

本书可作为高等师范院校本科生“数学教育学”课程的教材，也可作为攻读数学课程与教学论专业的研究生(教育硕士)、中学数学教师或其他数学教育工作者的参考用书。

图书在版编目（CIP）数据

数学教育学导论／罗新兵，罗增儒主编. —北京：科学出版社，2021.4
ISBN 978-7-03-068337-3
科学出版社“十三五”普通高等教育本科规划教材

Ⅰ. ①数… Ⅱ. ①罗…②罗… Ⅲ. ①数学教学-教育学-高等学校-教材 Ⅳ. ①O1-4

中国版本图书馆 CIP 数据核字（2021）第 044773 号

责任编辑：王胡权／责任校对：杨聪敏
责任印制：赵 博／封面设计：蓝正设计

科学出版社 出版
北京东黄城根北街 16 号
邮政编码：100717
http://www.sciencep.com
固安县铭成印刷有限公司印刷
科学出版社发行 各地新华书店经销
*
2021 年 4 月第 一 版 开本：720 × 1000 1/16
2025 年 1 月第九次印刷 印张：18 1/4
字数：368 000
定价：59.00 元
（如有印装质量问题，我社负责调换）

《数学教育学导论》编委会

主　编　罗新兵　罗增儒
编　委　(按姓氏拼音排序)
安海龙(宝鸡文理学院)
安振平(咸阳师范学院)
高宏伟(榆林学院)
罗新兵(陕西师范大学)
乔希民(商洛学院)
田　枫(陕西师范大学)
王光生(陕西师范大学)
杨渭清(西安文理学院)
张　琳(陕西理工大学)

前　言

习近平总书记在党的二十大报告中指出:“加强师德师风建设，培养高素质教师队伍，弘扬尊师重教社会风尚。”2023 年 5 月，习近平总书记在中央政治局第五次集体学习时强调，强教必先强师。要把加强教师队伍建设作为建设教育强国最重要的基础工作来抓，健全中国特色教师教育体系，大力培养造就一支师德高尚、业务精湛、结构合理、充满活力的高素质专业化教师队伍。2024 年 9 月，习近平总书记在全国教育大会上指出，要实施教育家精神铸魂强师行动，加强师德师风建设，提高教师培养培训质量，培养造就新时代高水平教师队伍。习近平总书记的这些重要论述为新时代高水平教师队伍建设指明了方向，提供了根本遵循。

基础教育在国民教育体系中处于基础性、先导性地位，必须把握好定位，努力把我国基础教育越办越好。基础教育高质量发展离不开优秀的中小学教师队伍的建设。培养和打造优秀教师队伍，为加快教育现代化、建设教育强国、办好人民满意的教育提供坚强支撑。优秀的中小学教师成长离不开大学阶段的学习投入，可以说大学阶段的学习就是为自己将来成为合格、优秀乃至卓越的教师奠基。学生学习需要一本好的教材，这样便有好的学习载体，将其引入课程学习之中，为其介绍课程概貌、夯实课程基础、激发学习兴趣等。从这个意义上说，编一本教材比写一本著作或一篇论文要重要的多。

我们编写的这本教材自 2020 年 7 月出版以来，得到了国内很多高师院校数学教育同行的认可，选其作为数学与应用数学专业师范生的本科教材。作为教材主编，教材受到同行认可，心里倍受鼓舞。此次，我们对本教材做了适当的修订，以更好地满足当前数学专业师范生的学习需求。也借此机会，向关心、关注和使用本教材的读者表示衷心感谢！更期待同行们对本教材编写的宝贵意见和建议。

罗新兵

2024 年 10 月 6 日

目　　录

第三篇　实践操作篇

第四篇　延伸拓展篇

第一篇

直觉感知篇

第一章　数学教育的整体印象

第一节　数学教育的基本内容

作为未来的数学教师，你们在进入大学后，会系统地学习很多数学课程，如数学分析、高等代数、几何学、概率论与数理统计等；你们自小学起，甚至更早，就开始接受数学教育了。你们基本具备了数学学科知识，对数学教育也有一定的感性认识。你们也许听说过：某人拥有扎实的数学专业知识，但是未必能够很好地将其掌握的数学知识传授给其他人，未必能成为一名好的数学教师。经验告诉我们：若要成为一名好的数学教师，除了具备数学学科知识以外，还必须掌握数学教育的有关知识。为此我们必须深入地去认识和研究数学教育这个领域，数学教育到底包括哪些基本内容？我们不妨通过几个具体案例加以直觉感知。

案例 1　能用$\frac{5}{6}$表示吗？

“真分数、假分数和带分数”这一节公开课教学中，曾经有这样一个教学案例：

在引导学生初步了解了真分数、假分数和带分数的概念后，教师 Z 组织学生进行应用练习：用分数表示图 1-1 中的阴影部分(投影呈现图 1-1)。

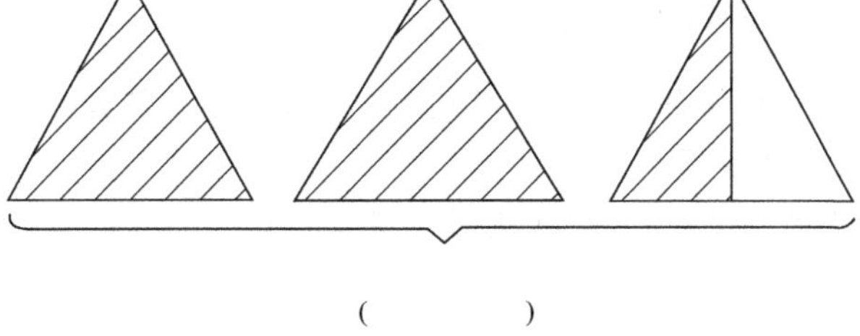

图 1-1　用分数表示阴影部分

师：阴影部分可以用哪个分数表示？

生 1：$2\frac{1}{2}$。

学生都没有异议，但还有不少学生举着手。

生 2： $\frac{5}{2}$。

学生同样没有异议，教师也肯定了学生 2 的答案，在教师刚想进行下一个图的讨论时，发现还有几个学生高举着手。

生 3： 我认为还可以用$\frac{5}{6}$表示。

教室里顿时安静了下来，不少学生的脸上露出了疑惑不解的神情。(听课教师的脸上同样露出了疑惑的神情)

师(惊讶地)：还可以用$\frac{5}{6}$！能说说你的想法吗?

生 3： 我是把3个三角形看作一个整体，平均分成6份，阴影部分表示其中的5份。

在学生表述过程中，教师把3个三角形圈了起来(图 1-2)，并表示赞同学生 3 的意见。(这时，听课教师小声议论着："能用$\frac{5}{6}$表示吗？")

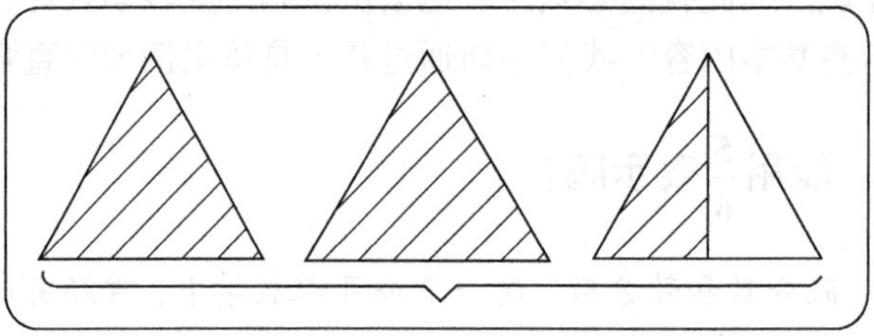

图 1-2　将 3 个三角形看作一个整体

学生3的发言刚结束，就有学生未征得教师的同意开始发表自己的见解。

生 4： 我认为还可以用$\frac{5}{4}$表示。

这下，教师 Z 也愣住了，教室里更加安静了，学生们再一次睁大了眼睛。(教师们也再次安静了下来)

生 4： 我是把其中的 2 个三角形看作单位"1"，平均分成4份，阴影部分表示这样的 5 份。

这时，教师 Z 的脑海中闪现的是"2 的$\frac{5}{4}$就是$\frac{5}{2}$"，于是马上肯定了这位学生的见解。(教师们议论的声音更大了……)

课后，许多听课的教师主动留下来参与了讨论。不少教师对上述教学提出了异议，认为图中的阴影部分"不能用$\frac{5}{6}$表示""用$\frac{5}{4}$表示毫无道理"。

感知 1

在案例 1 中，教师和很多学生把一个三角形抽象为单位 1，学生 3 把三个三角形整体地抽象为单位 1，学生 4 把两个三角形整体地抽象为单位 1。面对完全相同的图形信息，学生的理解却是不同的，这从学生不同的回答就可以看出来；教师的理解也是不同的，这从教师不同的反应也可以看出来。也就是说，人们(包括教师和学生)在面对同一信息时，理解是不同的。换而言之，每个个体对所面临的信息都赋予了自己独特的理解。这其实是数学学习心理方面的问题，它是数学教育的基本内容之一。请你结合自己多年来的数学学习经历思考：数学学习可能还有哪些基本内容?

案例 2　正整数指数函数

首先提出两个实际生活中的问题。

问题 1　某种细胞分裂时，由 1 个分裂成 2 个，2 个分裂成 4 个……一直分裂下去(图 1-3)。

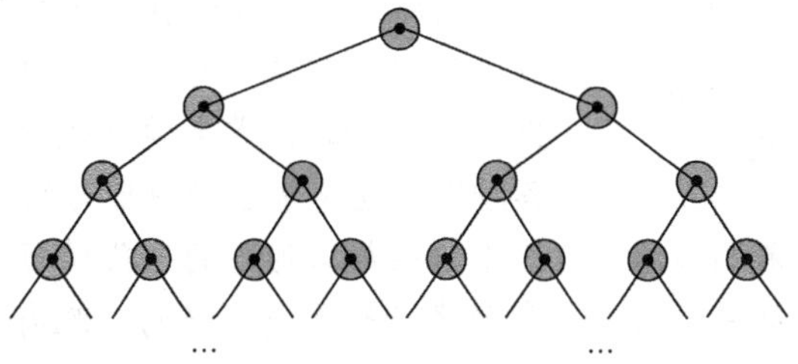

图 1-3　一个细胞的分裂

(1) 用列表表示一个细胞分裂次数分别为 1、2、3、4、5、6、7、8 时，得到的细胞个数如表 1-1 所示。

表 1-1　一个细胞分裂次数与得到的细胞个数

项目	个数							
分裂次数 n	1	2	3	4	5	6	7	8
细胞个数 y	2	4	8	16	32	64	128	256

(2) 用图像表示一个细胞分裂的次数 $n(n\in\mathbb{N}_+)$ 与得到的细胞个数 y 之间的关系，见图 1-4。

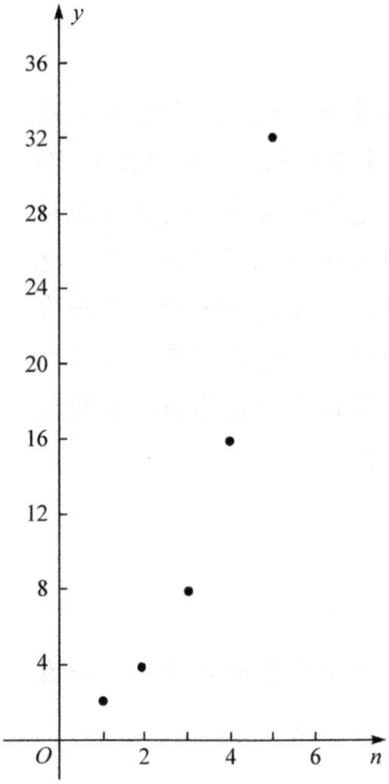

图 1-4　一个细胞分裂的次数与得到的细胞个数

(3) 写出得到的细胞个数 y 与分裂次数 n 之间的关系式($y=2^n, n\in\mathbb{N}_+$)。

问题 2　电冰箱使用的氟化物的释放破坏了大气上层的臭氧层。臭氧含量 Q 近似满足关系式 $Q=Q_0\times 0.9975^t$，其中 Q_0 是臭氧的初始量，t 是时间(单位：年)。这里设 $Q_0=1$。

有了以上两个函数关系解析式：$y=2^n$, $n\in\mathbb{N}_+$, $Q=0.9975^t, t\in\mathbb{N}_+$(注意：这里已经对实际问题情境作了一次数学抽象)，将其进一步抽象为正整数指数函数(实际上，以上两个具体的函数关系解析式是一般的正整数指数函数概念的认知基础)。

感知 2

众所周知，我们在从小学到大学的数学学习过程中，都离不开数学教材，教师教学是依据教材进行的，学生学习是围绕教材开展的，各种考试也是基于教材举行的。案例 2 是从北师大版高中数学教材《数学 1》中浓缩加工形成的一段学习素材，我们可以看出以下几点：第一，数学知识的表示形式是多样的，既有文字形式的，也有符号形式的；既有表格形式的，也有图像形式的；第二，数学知识是从具体的(直观示意图)到抽象的(抽象表达式)；是从具体的函数关系解析式($y=2^n, n\in\mathbb{N}_+; Q=0.9975^t, t\in\mathbb{N}_+$)到抽象的函数关系解析式($y=a^n, a>0$且$a\neq 1$)的；第三，教材中提出的两个问题都具有实际背景(细胞分裂、电冰箱使用的氟化物的释放破坏了大气层中的臭氧层)。可是你们想过没有：教材为什么采用上述方式编写这段学习内容？具体依据又是什么？这样编写想要实现什么意图，达到什么目的？如果你能想到这些问题，其实已涉及了数学教育的又一基本内容——数学课程。请你继续思考：数学课程还应该包括哪些内容呢？

案例 3　指数函数的教学设计

北师大版高中数学教材《数学 1》原先是这样安排“指数函数”教学的。

(1) 先在两个坐标系上分别画出 $y=2^x$ 和 $y=\left(\frac{1}{2}\right)^x$ 的图像，然后考察两个函数图像的相同点和不同点，从而得到函数的性质。

(2) 画出并观察、分析几个底数不同的指数函数的图像，归纳出一般的指数函数的图像和性质。

(3) 在同一坐标系中画出指数函数 $y=2^x$ 和 $y=\left(\frac{1}{2}\right)^x$ 的图像，从而抽象概括得到一般性的结论：当函数 $y=2^x$ 与函数 $y=\left(\frac{1}{2}\right)^x$ 的自变量的取值互为相反数时，其函数值是相等的，这两个函数图像是关于 y 轴对称的。

(4) 通过几个具体的指数函数图像(当 $a>1$ 时，选取 $y=2^x$ 和 $y=3^x$；当 $0<a<1$ 时，选取 $y=0.5^x, y=0.3^x, y=0.2^x$)，考察底数 a 对指数函数图像的影响。

可是有教师在仔细分析教材后提出了以下观点。

第一，上述安排过于烦琐，甚至出现简单重复：首先在两个坐标系上分别画出 $y=2^x$ 和 $y=\left(\frac{1}{2}\right)^x$ 的图像；其次在同一坐标系中画出 $y=2^x$ 和 $y=\left(\frac{1}{2}\right)^x$ 的图像；最后还要再次画出 $y=2^x$ 和 $y=\left(\frac{1}{2}\right)^x$ 的图像，考察底数 a 对函数图像的影响。

第二，更为重要的是，这样设计将会低估学生的数学发现能力，本来指数函数的基本性质可以一一发现出来，但是现在硬生生地将其扯开，安排在不同的课时，每一课时发现一个性质，这样会限制和束缚学生的思维。

第三，只要教学设计合理、活动安排恰当，指数函数的基本性质都将一一被学生发现和探究出来。

有了以上认识，教师在教学中做了如下设计：在同一坐标系中画出指数函数 $y=2^x$，$y=\left(\frac{1}{2}\right)^x$，$y=3^x$，$y=\left(\frac{1}{3}\right)^x$，$y=5^x$，$y=\left(\frac{1}{5}\right)^x$ 的图像，然后引导学生观察这些函数图像，在观察图像的基础上回答以下问题(有些性质并不需要教师的提问引导，学生自己就能独立发现)：①当底数 a 互为倒数时，函数图像有什么性质？②当 $a>1$ 时，从函数图像考察函数的性质；当 a 变化时，考察底数 a 对函数图像的影响；当 $0<a<1$ 时，从函数图像考察函数的性质；当 a 变化时，考察底数 a 对函数图像的影响。这样设计难度其实不大，既有利于学生提出自己的想法，也有利于教学过程的科学性和流畅性。

感知 3

在案例3中，我们可以看出，虽然教材已经给出了教学内容的先后顺序，但是教师并没有完全按照教材的编写来组织教学，而是在仔细分析教材后进行了新的教学设计。你可能会问：教师为什么不按照教材组织教学？教师的新设计有什么依据？教师的新设计有哪些优势？如果你能想到以上问题，其实也就感知到了数学教育的基本内容之一——数学教学。不要停止你的思考：数学教师为何进行重新设计？新的设计是否能够收到预期效果？如果你能想到以上问题，表明你对数学教学思考得相当深入了。当然，我们也可以在脑海中回顾自己的数学学习经历：教师是如何进行数学概念教学的？是如何进行数学命题教学的？是如何进行数学解题教学的？在不同的学习阶段，数学教学在设计上是否存在差异？为何会有这些差异？

案例 4　如何看待考试排名

学生期中考试成绩名次刚刚排出，某教师就迫不及待地研究学生的名次表。片刻，传来了他的惊呼："哎呀，*S* 同学怎么了！这次成绩排名在全班下跌到了第23名！"

下午第三节课，这位教师将 *S* 同学叫到办公室。下面是他们的一段对话。

教师：*S* 同学，你觉得这次期中考试成绩如何？

学生(面颊微红，忐忑不安)：老师，我这次考得很不好。

教师(以为 *S* 同学不知道自己的名次)：你可知道这次期中考试你在班级排多少名？

学生(轻声)：第23名。

教师(有点意外，提高声调)：那你在高一年级和高二年级的上学期在全班排第几名？

学生(声音更低)：两次第一，三次第二，还有一次好像是第三。

教师(站了起来)：你这次在全班可是第23名啊！为什么短短的半个学期，你的成绩会出现这么大的退步！你要好好地反思，把原因给我讲清楚！

教师摇了摇头，叹了口气，坐了下来。

S 同学的头垂得更低了。

……

感知 4

我们相信，部分同学曾有过类似的经历或者见过类似的情况，从小学到大学，很多教师经常按照考试成绩排出名次，并且张榜公布，甚至告知家长。如果哪位同学在考试中名次靠前，或者取得很大的进步，就会得到老师的表扬、同学的羡慕、家长的褒奖；相反，如果哪位同学在考试中名次靠后，或者退步太大，就会受到教师的批评、同学的轻视、家长的呵斥。其实，这些都属于社会、学校、家庭、教师、学生对数学学习的评价范畴，它也是数学教育的重要组成部分。大家不妨继续思考：只用分数去评价学生的数学学习是否准确客观？这种评价是否存在不足？除了用分数来评价数学学习外，还有没有其他的评价方式？还有哪些评价方式？这些评价方式又有哪些优势？

第二节　数学教育的基本范畴

数学教育包括一对基本范畴：作为数学教育学科背景的数学学科知识与作为数学教育学科性质的数学教学知识。这对基本范畴如何影响数学教学效果？

一、数学知识与数学教学

在知识与教学的关系上，我国有句俗语：教师要给学生一杯水，自己就须有一桶水。人们也有过直觉的认识：初中毕业生就能够教小学生，高中毕业生就能够教初中生，并在数学教学中(特定历史时期，尤其是在一些农村学校)确实也采取了这种朴素做法。俗语所传达的意蕴、所体现的认知却存在着危险的倾向。

数学知识会影响数学的教学，大家对这个提法应该没有什么异议。但是，数学知识如何影响数学教学，大家对这个问题就未必清楚了。我们一起看下面的案例。

案例 1　加减消元法

教师是这样教授加减消元法的，首先呈现教材上的一道具体问题：“我们的小世界杯”足球赛规定，胜一场得3分，平一场得1分，负一场得0分。勇士队共赛了9场，共得17分。已知这个队只输了2场，那么胜了几场？又平了几场呢？

解：设勇士队胜了 x 场，平了 y 场。

根据得分的总场次所提供的等量关系有方程

$$x+y=7\text{，} \tag{1.1}$$

根据得分的总数所提供的等量关系有方程

$$3x+y=17\text{，} \tag{1.2}$$

式(1.2)−式(1.1)得　$2x=10$，

解得　$x=5$。

代入式(1.1)得　$y=2$。

答：勇士队胜了5场，平了2场。

正当教师觉得这个解法步骤完整、计算准确、书写规范，准备进入后续内容学习时，有位学生站起来了并问道：为什么式(1.1)的比赛场次与式(1.2)的比赛得分能够相减？

如果让你以教师的身份给出解释，你能否解释清楚呢？你的解释是否能够消除学生的困惑呢？你的解释是否能够触及问题的本质呢？其实，对教师而言，学生的提问主要表现为数学的挑战，这里涉及生活原型与数学模式的关系。一方面，式(1.1)、式(1.2)来源于生活中的比赛场次与得分总数(确实有单位问题)。另一方面，列成方程以后又完全舍弃了生活原型的物理属性，成为抽象的数学模式(已经没有单位了，有人认为单位问题根本就不是数学问题)，如$x+y=7$可以描述任何和为7的生活现象而不专属于某一生活现象。方程的加减则是依据方程的理论与方法进行的，这是数学内部的规则和方法(与单位无关)。最后，得出$x=5$，$y=2$之后，又要结合生活情境给出具体解释(这时有单位了)。也就是说，足球比赛的现实原型经过代数操作之后(设未知数，进行四则运算等)，已经凝聚成为数学对象(方程)，经过"建模"之后的运演已经是数学对象的形式运算了。

通过上例可以看出，教师具有良好的数学知识结构对于数学教学具有必要性和重要性。"我们常常谈教学基本功，也往往提到处理教材的能力、语言表达的能力、课堂调控的能力，以及板书、情感、教态等。其实，最关键的是教师对教材的理解准确不准确、深刻不深刻、本质不本质。不准确会产生误导，不深刻、不本质必然流于浅薄""之所以要选取这样一个角度，是因为我们觉得数学教学的前提是数学。没有数学内容的本质明确，即使有高技巧的华丽教学，也不会有高水平的数学教学。最基本的理由是：学生新认知结构的构建需要知识结构的优质素材，在教学中'教什么'比'怎样教'更为重要。"

虽然以上关于教师数学知识对于数学教学的重要性的论断与分析尚处于经验层次，还处于思辨水平，但是这些观点能够在西方学者的研究结论中找到理论支撑，在我国教师的教学生活中找到实践素材。正如一位西方学者所言："有限的数学内容知识限制了教师促进学生理解性学习的能力，教师即使持有'为理解而教'的强烈信念，也不能弥补他在数学内容知识上的缺陷。教师的数学内容知识也许不能自动地产生富有前景的教学方法或全新的教学理念。但是，如果没有数学内容知识的强有力的支持，富有前景的教学方法或全新的教学理念不可能成功地得以实现"。

至此，大家不难理解：为什么进入大学后，还要学习那么多的数学课程，虽然其中的很多课程内容在中小学数学教学中并不教授，其实那是为了以后成为数学教师奠定基础。只有这样，我们才能将知识看得清楚，将内容看得透彻，在数学教学中才能做到得心应手。

二、教学知识与数学教学

我们是否想过，教学一定会对学生产生积极的影响吗？一定培养了学生的想象力吗？一定激发了学生的求知欲吗？我们先看一个具体案例。

一本小学教材上有一张“天空”的画面，为了发挥学生的空间想象力，教师提出了问题：天上的云彩像什么？

学生：像绵羊。

教师：不对，像鸡冠花嘛。

学生坚持：像绵羊。

教师(发怒)：绵羊没有眼睛吗？

学生：被羊毛遮住了，看不见了。

教师因为学生的“胡思乱想”而恼怒，学生因为自己的想象力被教师否定而苦恼，结果师生双方不欢而散。

在数学教学中也有类似的情况，当一个数学问题出现以后，教师与学生、学生与学生之间常常出现不同的理解，这本来是正常现象。这里，教师是否有必要强迫学生的思考方式、表达形式一定要如自己所想，要符合所谓的标准答案，否则就不满意？倘若如此，日复一日，年复一年，学生的创新意识也就消失殆尽了，这在很大程度上就是教师的教学方式对教学的影响。

案例 2　面对学生的奇思妙想

刚上中学的初一学生也有奇思妙想吗？先看一段课堂记录。

教师：解方程 $0.5x=1$ 时，先两边同除以 0.5，把左边变为 $1x$，即 x，这时右边为 $1\div 0.5=1\times 2=2$，所以 $x=2$。

生 A：教师，我只要两边同时乘以 2，马上就得到 $x=2$，挺简单的。

(学生 A 兴趣很浓，高兴地向老师宣布他的新“发现”)

教师：你的结果是对的。但以后要注意，刚学新知识时，记住一定要按课本上的格式和要求来解，这样才能打好基础。

(学生 A 兴冲冲地等待教师表扬，但却等来了老师的“语重心长”的告诫和教训，只好闷闷不乐地坐下了，此后的三十多分钟里一言不发，下课后仍是一副不服气的样子)

还是这一节课，讲方程$x+\frac{1}{3}=\frac{1}{3}x+1$的解法时，“安静”了一会的学生中再一次发出了不和谐的声音。

生B：老师，我还没有开始计算，就已看出来了，$x=1$！

(学生B得意地环视周围的同学)

教师：光看不行！要按要求算出来才算对！

(教师示意该学生坐下算，并请另一名学生回答，这名学生按课本上的要求解完了此题，教师表扬了这名学生)

生C(课代表)：我还可以只移项不合并，按乘法分配律可得

$$x-1+\frac{1}{3}-\frac{1}{3}x=0,$$

$$x-1+\frac{1}{3}(1-x)=0,$$

……

(感觉到老师并不喜欢这一方法，学生C迟疑了，教师请该学生坐下)

看到自己心爱的学生也不守“规矩”，教师只好亲自板演示范，并特别提醒学生一定要养成按规范格式解题的习惯。下课后，听课教师找到学生C，问他怎样想到上述思路的，现在是否解出来了。他说：“我听了学生B的发言后，看出可以把x与1，$\frac{1}{3}x$与$\frac{1}{3}$放在一起，将$x-1$整体看成一个未知数。可我感觉老师不认可这个方法，我就没有解下去了。”

以上是发生在初一“一元一次方程”的一节习题课上的场景。我们可以发现小小年纪的学生竟蕴藏着这么大的创新潜能，他们凭直觉可以猜想出结果，能看透问题的实质。但他们偶尔闪现的创造性思维火花不仅没有得到教师的呵护，反而被几句不经意的评价扑灭了，而这一切只是因为要求学生遵循“规范”的解方程的程序。在这个教学过程中，相比学生得到的求解程序而言，他们失去的是更为可贵的探索欲望和创新意识。类似的数学学习能让学生变得更聪明吗？如果学生经过日复一日、年复一年的类似数学学习活动以后，在获得知识的同时极大地挫伤甚至丧失了创造性，是否应当考虑来一场变革，让学生在获得数学知识的同时，变得更加聪明？如何才能达到这个目标，教师教学知识(包括教学观念)至关重要。

案例 3　《四边形内角和》教学设计

在一次数学教学研讨会上，一位教师介绍了“四边形内角和”的教学设

计，具体分为以下两步。

(1) 教师在两个水平相当的班级所组织的学习活动是一样的，都组织学生去探究，找出的解题途径也大体相同，如图 1-5 所示。

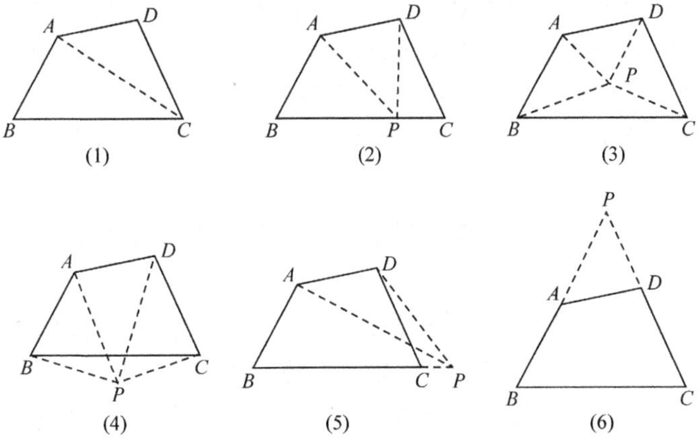

图 1-5　四边形的内角和

教师总结讲评之后，在一个班(记为 A 班)增加了一个教学环节：组织学生讨论在“一题多解”的背后，有什么共同的地方——“化归为三角形的内角和”；另一个班(记为 B 班)没有这个教学环节。

(2) 25 天以后，教师又组织了一次测试：求图 1-6 中各角之和(凹五边形的内角和)。结果 A 班有 89% 的学生能够正确完成，B 班有 25% 的学生能够正确完成。在所完成的学生中，绝大多数都是连结两条辅助线 EB 、EC (图 1-7)，将凹五边形的内角和转化为 3 个三角形的内角和来解决的。

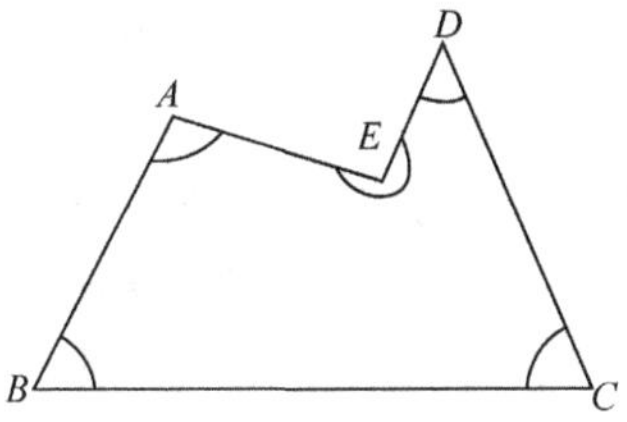

图 1-6　凹五边形的内角和

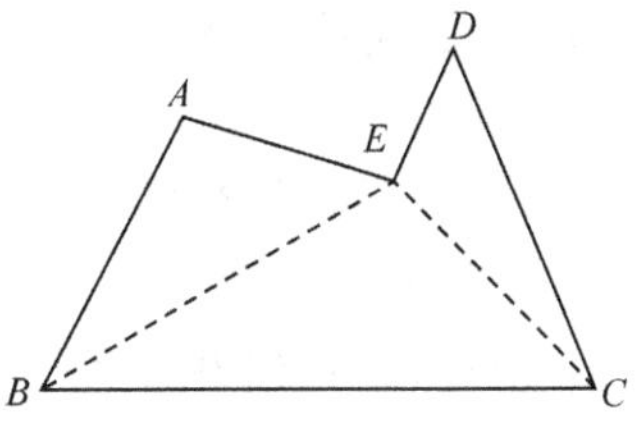

图 1-7　凹五边形的内角和(辅助线)

这是一个简明而又富有启发性的案例，教师在 A 班所组织的讨论显化了数学内容和数学方法所隐含的本质思想——化归；在 B 班没有进行这一提炼，学生的认识停留在“一题多解”的操作层面和化归思想的“渗透”阶段。测试结果显示：进行思想方法显化提炼的 A 班有 89% 的学生通过了测试，没有进行思想方法显化提炼的 B 班只有 25% 的学生通过了测试，差异十分显著。

这个教学案例表明：不同的教学设计所产生的教学效果也是不同的，因而“进行数学思想方法的提炼是可行和有效的”。这应该是我们从案例的叙述中所获得的最明显的印象，其实做法本身并不复杂，这对破除“数学思想方法教学”的神秘性很有冲击力和启示性，用数据说话也很有分量。这个问题的关键之处是：教师是否持有相应的数学知识？是否具备相应的教学知识？教学取得什么样的效果，既取决于教师的学科知识，又依赖于教师的教学知识。从数学知识和教学知识的角度出发，精心设计、有效优化数学教学，教师几乎时时、事事、处处都可以做。

第三节　数学教学的常规工作简介

数学教师日常活动必须围绕常规数学教学工作展开，那么数学教学的常规工作包括哪些具体工作？有些我们是比较熟悉的，如备课、上课、作业批改、课外辅导、组织考试等。有些我们可能还不十分清楚。下面我们一起来看一位数学教师撰写的教学札记，看看数学教学都有哪些常规工作。

教 学 札 记

至今，我在数学教学这条战线上已经奋斗了整整十五年。当初的一名教学“新手”，经过这么多年的实践，已经成了一名“老兵”。现在回忆起这些年来的教学生涯，心中还是有很多的感触。

我是从安徽农村的一所高中考入教育部直属的一所师范大学的，由于勤奋好学，大学期间各门课程的成绩都很优秀。在大四毕业时，我很顺利地签约到江苏省某个城市的一所重点中学，离自己的家乡很近，相对西部地区的学校收入要高一些，我对这份工作很满意，也暗暗下定了决心，一定要成为一名优秀的数学教师。

记得刚到学校报到时，学校就给我指派了一名教学指导教师，一般称为师傅。我的师傅 50 多岁，在当地数学教育圈子里有一定的知名度和影响力。他的名气虽大，但他却没有一点架子，初次见面，就给我讲了一些教学注意事项。由于我没有什么教学经验，很多方面都是似懂非懂，他也看出来了，最后就对我说，你还是先跟着我听几节课，你就能慢慢领会我讲的了。于是听课是我正式教学生涯的第一件事。听了几节课后，有些方面确实明白了，也有一些方面当时仍不明白，不过后来慢慢地领悟了。

几天之后，我就站到了讲台上，第一节课我记得很清楚，听课老师很多，有学校领导，有年级组长，有数学组长，还有一些同事，当时确实比较紧张，一旦投入讲课了倒也没什么拘束，一节课就这样坚持下来了，感觉时间过得真快。不过课后反响不错，优点多于缺点，褒奖多于批评，看来这与我的精心备课有关。后来我一直有一个体会就是：你若要把课上精彩，就要把课备仔细。虽然感觉这些都是常识，但确实是真理，我受益匪浅。

作为教师，主要工作就是上课，上课之前必须备课。除了这两项工作之外，其实还有很多事情要做。比如批改作业、课外辅导、开展数学课外活动。真正做好这些工作也不容易，批改作业就要花费很长时间，不过我一直都坚持批改全部作业，在批改作业过程中能够发现学生哪个地方没有理解，思考自己哪个地方没处理好，如何采取补救措施。课外辅导主要采取个别辅导和集中辅导相结合的形式，主要解答学生的问题和困惑，个别辅导解决学生特殊性的问题(个性问题)，集中辅导解决学生普遍性的问题(共性问题)。每学期我也会结合教材内容开展一些数学课外活动，主要目的是激发学生的学习兴趣，拓展学生的数学视野。

到期中考试和期末考试时，我还要对学生进行成绩考核。成绩考核首要工作就是命题，刚工作前几年，我没有参与命题，后来参与了命题，发现命题的学问确实很深，有很多的问题需要考虑，命制一套好的试题确实很难，需要花费很多的精力和时间。除此以外，还有批阅试卷、统计分数、分析答题情况、试题评析等。

记不清楚是哪一年，学校要选拔一批学生参加数学竞赛，为了让学生取得好成绩，学校决定对学生进行适度的竞赛培训。因为没有竞赛培训经历，我不是很有信心，只接了两个专题，自己一边学习，一边培训学生。所有培训教师都很努力，结果学生竞赛成绩相当不错。后来学校以此次培训为契机，每年都会选拔一些学生参加竞赛培训，我在这个过程中也逐渐熟悉了数学竞赛培训工作。

我就这样在专业上成长起来了，在学校同龄教师中是比较优秀的，所以有了更多参与学校各种活动的机会。比如，学校新聘的教师上课，也会安排我去听课，并对课堂教学进行点评，帮助教师发现问题，促进教师教学成长。又如，学校推荐我代表学校参加市里的青年教师说课比赛，经过精心准备，加上临场正常发挥，还获得了一等奖。由于这次的优秀表现，后来我参加各种教学比赛活动的机会就更多了。另外，学校也申请了一些课题，我也作为主要研究人员参与进来，参加教学研究对我的专业提升确实有很大的帮助，在这个过程中慢慢学会了怎么做研究、怎么写论文。更为重要的是，通过这种活动，我要不断涉猎新的知识，并把这些知识灵活地运用到自己的教学中，使我在教学上做到了永不掉队、落伍。

虽然我的教龄只有十五年，我在学校里已经成了教学骨干，在当地也小有名气，同事都很羡慕，我也知道成功来之不易，若要保持这份荣誉难度很大，当然与国内那些著名的数学教师相比，差距还是很大。最近我就准备报考数学专业教育硕士，希望能够再次到大学里接受熏陶，通过系统学习提升自己的理论修养和专业能力。

从上述札记中可以看到，教师除了备课、上课、听课、评课、说课以外，还有作业批改、课外辅导、成绩考核、课外活动组织、数学竞赛培训、数学教学研究这些教学工作。

这里我们仅对这些常规教学工作做出初步介绍，至于这些教学工作如何开展，需要注意哪些事项，将在后续内容中进行具体分析。

(1) 备课。若要有效开展课堂教学，首先必须进行教学设计，传统提法就是备课，它是教师开展课堂教学的前提和保证。备课这项工作包括：研究课程标准，钻研教材，查阅参考资料，深入了解学生情况，制订教学计划(包括学期教学计划、单元教学计划、课时教学计划)，编写教案等。

(2) 上课。上课就是开展课堂教学，课堂教学是在教师的组织与引导下，按照课程标准要求，依据数学教材，结合学生学习实际，利用学校现有教学设施，有目的、有计划地完成教学任务，师生共同参与的一种教学活动。有人说到：医生的真功夫在病床上，教师的真功夫在课堂上。由此可见，做好课堂教学是教师的安身立命之本。所以，教师必须把自己的主要精力放在如何做好课堂教学工作上。

(3) 听课。听课是教师必须具备的一项基本功，教师通过听课这种活动，可以相互交流、相互学习。比如教师在听课过程中能够学习他人好的做法，有利于提高自己的课堂教学能力；在这一过程中帮助他人找出教学不足，有利于提高他人的课堂教学能力。总之，听课是教师一项不可少的、经常性的职责和任务，通过这项活动可以促进教师专业发展，形成良好教学氛围，提升教育教学质量。

(4) 评课。教师之间经常听课，外出参加一些会议也要观摩教学，对于这些课堂教学，教师应该从实践者的角度给出准确的判断和合理的评价，也就是说，要求教师能够评课。评课是教师必须具备的一项基本功，是提高教师教学水平的一条重要途径，评课需要教师深入思考课堂教学，仔细分析课堂教学，并且运用理论指导实践，从教学实践中总结形成理论。通过评课，同行之间可以相互学习，相互促进；专家可以了解教学实践动态，在此基础上发展相应的教学理论，同时要向一线教师提供改进的建议和切实的指导。

(5) 说课。说课就是在备课或上课的基础上，面对其他教师，面对教研人员，讲述自己的教学设计及其理论依据，在课堂教学中是否达到预期效果等。说课其实是一种教研活动，它给教师提供了公开交流的机会，使不同的观点得以碰撞与交锋，在这个过程中会使大家对于某个问题的认识更加深入、理解更有深度；它也是新手教师培养、在职教师进修的一种有效手段。

(6) 作业批改。一般来说，每节课后教师都应布置一些课外作业，主要目的是巩固所学的基本知识，熟练所教的基本技能，促进学生的知识理解，发展学生的思维能力。对于学生的课外作业，教师必须要检查和批改，这也是一项常规性的工作。通过批改作业，教师可以发现学生在学习上出现的问题，发现自己在教学上存在的不足，以便及时寻求方法去调整和解决。

(7) 课外辅导。课堂教学活动是面向全班学生开展的，肯定难以兼顾极少数的学生，所以教师必须弥补课堂教学的不足之处，在课外针对不同的学生进行不同的辅导，使学生能够在自己原有的基础上有所进步，也有利于教师了解学生学习情况，及时调整教学设计，改进教学方法，提升教学效果。

(8) 成绩考核。教师还要考核学生的学习情况，一般包括即时性的考核和正规化的考核。即时性的考核就是教师利用课前或者课后的几分钟时间，提出一些问题，要求学生作答，这种考核方式简单易行。正规化的考核就是组织考试，例如单元测试、期中考试、期末考试。对学生来说，成绩考核有检查和督促的作用；对教师来说，成绩考核结果也会促使教师反思自己的教学工作，总结经验，发现不足，进而采取针对性的补救措施。

(9) 课外活动组织。数学课外活动是数学课堂教学的一种补充学习形式，它是指在课余时间里，学生在教师指导下进行的有目的、有计划、有组织的数学学习活动。除了做好课堂教学工作，组织有效的课外活动也是教师的一项任务，通过组织课外活动，如制作数学教具、开展数学阅读、编辑数学园地、组织数学竞赛等，可以激发学生的数学兴趣，拓宽学生的数学视野，培养学生的实践能力。

(10) 数学竞赛培训。我们很多同学都参加过不同层次的数学竞赛，这离不开老师的培训和指导，数学竞赛培训就成了教师教学工作的一个组成部分。其实，数学竞赛培训是一件难度大、任务重的教学工作，它对教师提出了很多挑战，需要教师不断更新知识，阅读大量书籍，钻研大量习题。当然，在数学竞赛培训中教师既实现了自身的提高和发展，更为重要的是，通过数学竞赛可以发现一些数学“苗子”，激发他们的数学兴趣，开发他们的数学潜能。

(11) 数学教学研究。有人可能认为，身处教学一线的数学教师只要做好教学工作就可以了，没有必要开展数学教学研究，其实这种认识是极其错误的。其实，数学教学工作不是简单的重复性劳动，而是一种创造性的活动，这种工作本身就需要去研究。另外，数学教师参加教学研究也是提高业务能力的有效方法，它可以促使教师广泛阅读文献资料，了解新的理念，摒弃落后认识，转变教学观念，在教学研究中不断超越自己，最终提升教育教学能力，不断走向卓越。

第二章　数学教育学：形成历程与学科特点

第一节　数学教育学的形成历程

数学教育历史悠久，不过早期的数学教育并没有形成规模，基本上处于自发的和无意识的状态。随着近代社会发展进程加快，接受数学教育的人越来越多，在这个过程中，人们才意识到研究数学教育规律的重要性和迫切性。最早提出把数学教育从教育中分离出来，并且作为一门独立的科学加以研究的是瑞士教育家裴斯泰洛齐。1803 年，他在《关于数的直觉理论》一书中第一次提出了“数学教学法”这一名词。

在我国，早在 19 世纪末，学科教育研究就已经开始了，1 个多世纪以来得到了迅速发展。我国最早的数学教育理论学科，称为“数学教授法”。1896 年，盛宣怀创办南洋公学，1897 年内设师范院，也开设“教授法”课程。1898 年创办的京师大学堂里设有“算学教授法”课程。1904 年清政府颁布《奏定优级师范学堂章程》，规定师范生在二、三年级学习教育学，包括各级教授法。1913 年，《高等师范学校课程标准》规定，在教育学中讲一般教授法，不再开设分科教授法。之后，一些师范院校便相继开设了各科教授法。20 世纪 20 年代前后，任职于南京高等师范学校的陶行知先生，提出改“教授法”为“教学法”的主张，当时虽被校方拒绝，但这一思想却逐渐深入人心，得到社会承认。“数学教学法”一名一直延续到20世纪50年代末。无论是“数学教授法”还是“数学教学法”，实际上都只是讲授各学科通用的一般教学法。

1938～1939 年期间，北京师范大学的一些学者认为，单纯讲授数学教学方法，不能很好地联系中学数学教学实际，应把教学方法和教材分析联系起来，于是“数学教学法”便改为“中学数学教材教法”，这个看法是有远见的，而且得到了人们的认同。20 世纪 30 年代至 40 年代，我国陆续出版了几本有关“数学教学法”的书，如 1949 年商务印书馆出版了刘开达编著的《中学数学教学法》，对数学教学现状、教学目的、教学原则作了论述，还论述了算术、代数、几何、三角教学法。但这些书多半是在前人或国外学者关于教学法研究的基础上，根据自己的教学实践进行修补后经验的总结，其教育理论并未很成熟。

中华人民共和国成立后，在20世纪50年代，我国的“中学数学教学法”课程用的是从苏联翻译过来的伯拉基斯的《中学数学教学法》，其内容主要是介绍中学数学教学大纲的内容和体系及中学数学中主要课题的教学法，这些内容虽然仍停留在经验上，但比起以往所学的一般教学法已有很大的进步，毕竟成了专门的中学数学教学方法。20 世纪 70 年代，国外已把数学教育作为单独的科学来研究，我国也一直把“数学教学法”或“数学教材教法”作为高等师范院校数学系体现师范特色的一门专业基础课程。1979 年，北京师范大学等全国 13 所高等师范院校合作编写了《中学数学教材教法》(分为《总论》和《分论》)一套教材，其作为高等师范院校的数学教育理论学科的教材，是我国在数学教学论建设方面的重要标志。大家对其虽然有这样那样的看法，但这套书对推动我国的数学教学法的课程建设是功不可没的。

20 世纪 80 年代，我国的数学教育不仅与国际数学教育共同发展，而且无论在数学教学实践还是数学教育理论研究方面都形成了自己的特色，在数学教学法的基础上，开始出现数学教学的新理论。国务院学位委员会公布的高等学校专业目录中，在教育学这个门类下设“教材教法研究”一科(后来改为“学科教学论”)，使学科教育研究的地位得到确认。20 世纪 80 年代中期“学科教育学”研究在我国广泛兴起，不少高等师范院校成立了专门的研究机构，对这一课题开展了跨学科的研究。其实，20 世纪 70 年代苏联就出版了著名数学教育家斯托利亚尔的《数学教育学》一书，1984 年由北京师范大学丁尔陞先生等将其翻译成中文并由人民教育出版社出版发行，这时我国才正式有了“数学教育学”一词。

到 20 世纪 90 年代初为止，在全国具有相当规模和影响的“学科教育学”学术研讨会，已取得了不少的研究成果。目前这一研究热潮方兴未艾，正在向纵深处发展，并不断有新的研究成果问世。

20 世纪 90 年代以来，国内外数学教育发展迅速，数学教育研究极为活跃，我国的数学教学论研究也在已构筑的框架基础上不断深入和拓展。1990 年，曹才翰教授编著的《中学数学教学概论》问世，标志着我国数学教育理论学科已由数学教学法演变为数学教学论，由经验实用型转变为理论应用型。在 1991 年出版的张奠宙等编著的《数学教育学》一书中，把中国数学教育置于世界数学教育的研究之中，结合中国实际对数学教育领域内的许多问题提出了新的看法，并对数学教育工作者涉及的若干专题，加以分析和评论，这是数学教育研究的一个新的突破。1992 年，《数学教育学报》创办，对数学教育的理论研究与实践探索发挥了重要作用。二十几年来，涌现出了一批优秀科研成果，出版了一系列的数学教育著作，其内容已远远超过了前人的知识领域。同时，我国还加紧了对数学教学论专业人才的培养，国内各大师范院校已经增设了课程与教学论(数学)硕士学位授权点和博士学位授权点，主要培养数学教育的理论研究者，同时增设了教育硕士(学科教学：数学)专业学位，主要培养数学教育优秀的实践者。

如果由“数学教材教法”变成了“数学教育学”只是名词的变化，那就没有实质性的意义了。以前的“数学教材教法”更多关注具体的内容应该怎么讲授，很少从中提炼出规律性的东西，经验性的描述较多。“数学教育学”则要扭转上述的理论性不强、科学性不足的弊端，因此提高理论性、加强科学性是数学教育学发展的基本目标。除了强调研究成果从经验型向理论型转变外，另外一个典型的特征就是研究内容的丰富和拓展，早期数学教育研究主要关注“怎么教”的问题，当前除了关注“怎么教”以外，还关注“怎么学”“教什么”“教的如何”等问题，以上就是数学教育学的基本研究内容。除了这些主要研究内容以外，当然也包括由以上内容衍生和发展而形成的其他研究课题，如数学教育哲学、数学教育技术、数学教师教育等。总之，数学教育学发展到今天，已经是一个包含广泛的研究课题、拥有丰富的研究成果的学科了。

第二节　数学教育学的学科特点

一、综合性的独立学科

为了认识学生的数学学习特点，数学教育常常从心理学的研究中寻找学生学习心理的研究成果；为了揭示数学教育的基本原理，数学教育常常从教育学的研究中寻找有关的研究结论；为了开展有效的数学教学设计，数学教育常常从教学论的研究中寻找课堂教学设计的基本理论；为了进行定量的数学教育研究，数学教育常常把数学作为理论依据，建立反映数学教育过程、教学规律的数学模型，然后借助这个模型展开研究；为了透视数学教育的一些现象，数学教育常常运用哲学的一些观点去分析和揭示数学教育的基本规律。因此，将心理学、教育学、教学论、数学的原理与法则、哲学运用于数学教育研究，为数学教育研究提供了新的思想来源、理论基础及研究方法。近几年来，西方数学教育研究者从伦理学、语言学、民族学、社会学、历史学、政治学、人种学、人类学等视角对数学教育进行研究，得到了很多的新发现，产生了大量的新成果。因此，数学教育学与众多的学科有着密切的联系，它需要综合运用有关学科的基本原理和主要观点去分析研究数学教与学的过程，揭示数学教育的基本规律，形成数学教育的理论体系，这些都体现了数学教育学是一门综合性的学科。

但是，数学教育学并不满足于把上述学科的有关原理直接照抄照搬过来，然后添加一些数学方面的具体事例，而应当从数学教育学自身的研究对象出发，要么将上述有关学科的基本原理有机地融汇到数学教育研究中，要么将上述有关学科的研究方法恰当地运用到数学教育研究中，揭示数学教育的独特的规律。从这个意义上讲，数学教育学也是一门独立性的学科，它应该有自己的研究对象、独特的研究方法、自己的研究杂志、独立的研究身份、稳定的研究团体。其实，为了数学教育学的独立性，有关的研究者一直没有停止自己的努力，正如基尔帕特里克所言，“数学教育研究和数学教育本身一样，曾为自己的被认可而奋斗着。它企图提出自己的问题和形成解决这些问题的自己独有的方法；它企图为自己进行界说，并造就一群可以把自己称为数学教育研究工作者的核心人物。在过去的二十年间，这个自行界说的任务大体上得到了完成。有了国际范围内的研究工作者团体的存在，它搞集会、出版杂志和业务通讯，在学科之内和学科之间都开展了研究工作及其评论以促进协作，企图在有研究团体的成员参与的各种数学教育组织的讨论会上，保持着一种活跃的研究意识”。

二、实践性的理论学科

数学教育学的很多研究问题，从课程教材到课堂教学，从教学策略到学习方法，从课程编制到教学评价，都离不开数学教育实践。甚至可以这样去说，数学教育实践既是数学教育学研究的出发点，也是数学教育学研究的落脚点。

缺乏数学教育实践素材的数学教育理论是空洞的。数学教育理论研究必须要以数学教育实践作为素材，有些理论就是实践的提炼，有些理论就是实践的升华，数学教育理论也需要在实践中去反复试验和不断完善；与此同时，数学教育理论研究的一些问题正是源于数学教育实践，人们在数学教育实践中面临很多问题，存有诸多困惑，正是为了解决这些问题，为了消除这些困惑，才开展了大量的、系统的研究，通过这些研究不断地推动着数学教育研究向前发展，由此积累了丰硕的数学教育研究成果，也正是这些在实践中诞生的理论才具有顽强的生命力和持久的指导力。

缺少数学教育理论指导的数学教育实践是盲目的。数学教育实践必须要有数学教育理论予以引领，我们无法想象缺乏数学教育理论指导的数学教育实践会是何种面目：学校根据自己的意向去组织教学，教师按照自己的意愿去实施教学，学生按照自己的想法去进行学习……这样开展数学教学，必将导致数学教学实践的盲目和迷失，更不要说数学教学的质量和效果了。总之，如果缺乏数学教育理论指导，数学教育实践一切都将不可想象。

数学教育理论和数学教育实践的这种固有联系决定了数学教育学是一门实践性的理论学科。

三、数学味的教育学科

数学教育学在它的发展初期，确实有着只在一般教育学后列举一些数学例子的做法，就是先阐述一般的教育理论或教育观点，然后为了说明这个观点，举出一个或者几个数学例子加以证明，也就是一般教育理论的数学例子注解。这种现象在数学教育起步阶段是很普遍的，也是正常的。但是如果经历了这么多年的发展，仍然采用上述做法，那就不能称为数学教育学了。我们可以肯定的是，一般教育学加上数学例子，决不等于数学教育学。任何一门学科，总有它自身的特定对象和特有的规律性。阐述数学教育区别于其他学科教育的特征，探索数学教育特有的规律性，也就是说，指出数学教育学的数学味应是我们的一项基本任务。如数学概念的形成、数学模型的建立、数学问题的表示、数学技巧的构作、数学思想的创新、数学语言的特点，数学作为一种思想实验与其他学科实验的区别，数学抽象化特征以及形式化原则等。从理论上讲，数学教育学的研究成果是无法直接运用到其他学科教育学中的；反过来，其他学科教育学的研究成果也是无法直接运用到数学教育学中的。这样才真正凸显了数学教育学是一门数学味的教育学科。

其实，如今已有越来越多的研究成果有了数学味，如国外学者斯法德认为，在数学中，特别是在代数中，许多概念既表现为一种过程操作，又表现为对象、结构，概念往往兼有这样的二重性，概念学习则遵循先过程后对象的认知顺序。又如，皮尔和基恩提出了一个数学理解发展的理论模型，有一定的深刻性和新颖性，更为重要的是它的数学味。再如，范希尔夫妇提出了五个水平的几何思维水平发展理论，其对学生几何思维水平评价、几何课程编制、几何教学设计有很大的指导价值。这些理论都是立足于数学研究题材得出的研究结论，无疑它们的数学特征也是非常明显的。

四、发展中的新兴学科

数学教育学是一门发展中的新兴学科，主要基于以下三点考虑。

第一，形成历史时间较短。我们通过数学教育学的形成过程可以看出，数学教育历史虽然久远，但现代意义上的学校数学教育不过200年的历史，与人类科学文化的整个历史比较，这段时间不算很长，数学教育学仍是一个年轻的学科。荷兰著名数学教育家弗赖登塔尔就曾声明：数学教育学尚未形成。有人说，数学教育学还处在襁褓时期。还有人说，数学教育学还只是在地上匍匐爬行的孩子。2000年，在第九届国际数学教育大会上，前国际数学教育委员会秘书长尼斯做了题为“数学教育研究的主要问题和趋势”的大会报告，他说：“1972年，在第二届国际数学教育大会上，豪森称数学教育还只是处在形成时期，就像一个孩子，一个青少年，但是，现在我们可以称数学教育为年轻人了，可以考虑和探讨数学教育的发展、特点和成就了”。

第二，存有诸多争议问题。虽然大家已经普遍认同数学教育学是一门独立的学科，正如1969年召开的第一届国际数学教育会议在决议中所指出的：“数学教育学越来越成为具有自己的课题、方法和实验的独立学科”。但是，对一些基本的问题人们还是存在争议，比如对数学教育学的含义就有三种理解：第一种是把教材教法看作数学教育学；第二种是把数学学习论、数学课程论、数学教学论看作数学教育学的主要研究对象，即数学教育学是以“三论”为主要研究对象的综合性、实践性很强的理论科学；第三种是把“三论”为核心的课程体系看作数学教育学。当然还有其他很多问题，人们也未形成统一认识，这也是一门学科在发展中的必然现象。

第三，尚有问题需要研究。首先，经过这么多年的成长和发展，数学教育研究关注的对象年龄范围在逐渐扩大，从主要关注中学教育到小学教育，到教师教育、学前教育、大学教育，再到研究生教育，研究已经涉及各个年龄层次和群体的数学教育问题；其次，数学教育研究关注的问题范围在拓展，涉及课程问题、教师教育问题、学习问题、课堂教学问题、文化问题、语言问题、评价问题，领域已经相当广泛；再次，数学教育研究涉及数学的各个知识领域，如代数、几何、微积分、概率统计的教与学的问题。数学教育研究方法也呈现出了多样化的趋势，数学教育研究也形成了一些热点问题。即便如此，仍然还有很多问题没有揭示清楚，如抽象概念的学习机制、高层次思维的具体过程等。

正是基于以上几点认识，我们说数学教育学正在发展之中，随着数学教育研究队伍的壮大，数学教育研究交流的增多，并且随着研究不断深入和实践不断发展，人们必然还会提出新的研究问题，发现新的研究结论，数学教育学必将长期处于发展之中。

第二篇

基本理论篇

第三章　数学学习基本理论

数学学习论是揭示学生数学学习的心理过程和心理规律的理论，它是数学教育学的一个重要分支，主要研究学生数学知识学习、数学认知策略学习与数学情感领域学习的性质、过程、方法、方式及影响学生数学学习的多种因素及其相互关系。

第一节　学习概念的辨析

学习是影响和决定人类心理发展的主要因素，它是教育心理学中的一个术语，人们很早就研究学习问题了，但是其内涵与人们日常生活中的理解是不同的，如人们在日常生活中常说，“在学校里要好好学习”“努力学习科学文化知识”等，这里的“学习”多指人的行为的改善。而在教育心理学学习理论中的“学习”不仅指人类的学习，也包括动物的学习，它泛指有机体因经验而发生的行为的变化，而且这种变化并不意味着改变后的行为比原来的行为更可取。

心理学界对学习的解释众说纷纭，归纳起来大致分为三类。

(1) 行为主义学派认为，学习是指刺激—反应之间联结的加强，认为学习可定义为“由练习或经验引起的行为相对持久的变化”，这样以行为的变化来定义学习，使学习成为可观察、可测量的科学概念。

(2) 认知心理学派认为，学习是指个体认知结构的改变，学习是个体经由练习或经验引起的认知结构相对持久的变化。这个定义强调将“认知结构是否发生变化”作为衡量学习是否发生的标志。这是认知学派关于学习的实质最具特色、最有价值的观点。不过，如果说行为主义学派将行为是否发生改变作为衡量学习是否发生的唯一标准有失偏颇的话，那么，认知心理学派在论述学习实质时过于强调认知结构而忽视行为也可能犯了以偏概全的错误。

(3) 人本主义学派认为，学习是指个体经由练习或经验引起的自我概念的变化。这个定义强调将“自我概念是否发生改变”作为衡量学习是否发生的标志，这也成为人本主义学派关于学习的实质最具特色、最有价值的观点。人本主义学派的定义从宏观上看是合理的，但是，如果只是强调一个自我概念而不将其细化，在教育实践中则可能缺乏操作性。

综上可见，这些定义尽管存在偏颇之处，但它们从不同的角度揭示了学习的实质，从某种意义上讲，也为我们研究、学习提供了不同的视角，如鲍尔和希尔加德在《学习论》一书中将学习定义为：一个主体在某个规定情境中的重复经验引起的、对那个情境的行为或行为潜能的变化。不过，这种变化是不能根据主体的先天反应倾向、成熟或暂时状态(如疲劳、酒醉、内驱力等)来解释的。1995 年加涅在《学习的条件和教学论》一书中明确了一个普遍认可的、引用最多的学习定义：学习是指人的心理倾向和能力的变化，这种变化要能持续一段时间，而且不能把这种变化简单地归结为生长过程。我国著名学者施良方在《学习论》一书中给学习明确了一个较为完善的定义：学习是指学习者因经验而引起的行为、能力和心理倾向的比较持久的变化，这些变化不是因成熟、疾病或药物引起的，而且也不一定表现出外显的行为。

结合其他学者的观点，我们可将学习作如下定义：学习是指在教育目标的指引下，学习者因获得经验而产生行为变化的过程，既包括知识的获得、技能的习得、智力的开发与能力的培养，也包括情感、态度、观念的变化和行为、个性品质的形成或行为潜能上发生相对持久的变化。

关于这个定义，现作以下几点说明：①不是所有的行为变化都是学习，积累知识经验基础上的行为变化才是学习。②学习的结果产生行为的变化，有的行为变化是可以看见的，有的行为变化是无法看见的。例如，技能学习所导致的行为变化是可以看见的，人们常常将其称为“外显学习”，思想意识学习所导致的行为变化有些是无法看见的，人们常常将其称为“内隐学习”。③学习是一个渐进的过程，需要经历一段时间，有的经历的时间可能会很长。例如，学生学习如何判断函数的奇偶性，在第一次学习后，学生可能不会判断函数的奇偶性；在第二次学习后，在教师指导下学生可能会判断函数的奇偶性；在第三次学习后，学生已经会独立判断函数的奇偶性了；再经过一段时间学习后，学生可能就会灵活运用各种方法判断函数的奇偶性了。④行为的变化不仅表现为新行为的产生，有时也表现为旧行为的矫正或调整。例如，学生在求导运算时出错误了，后来在教师指导下改正了错误，能够正确地求导了，这时的行为变化就表现为行为的矫正。⑤学习后的行为变化不仅表现为实际操作上的行为变化，也包括态度、情绪、智力上的变化。

第二节　数学学习的特点

数学学习是指学生遵循数学课程标准、根据数学教学目标、依托数学教材，在教师的指导下进行的一种学科学习活动，它是学校学习的重要组成部分，是引发学生比较持久的行为变化的学习过程。在这个过程中，学生在数学教师的指导下获得数学基础知识、基本技能、基本思想、基本活动经验，提高从数学角度发现与提出问题、分析与解决问题的能力，发展数学抽象、逻辑推理、数学建模、直观想象、数学运算、数据分析等数学学科核心素养，形成积极的情感、态度和价值观。

数学学习既不同于日常生活中的学习活动，如学习打乒乓球、学习驾驶汽车、学习烹饪等，也不同于学校中的其他学科学习，如语文学习、物理学习、广播操学习等，数学学习有自身的一些典型特点。

一、学习对象：形式抽象与高度概括

数学是研究现实世界的空间形式和数量关系的科学，或者说数学是研究模式和关系的科学，高度的抽象性是数学的一个基本特点。数学中不仅有从客观世界中直接抽象出来较低层次的概念，还有在这些概念基础上经过多次抽象概括出来的更高层次的概念。数学的这种逐级抽象概括过程，使得大量的数学概念、数学原理和数学符号都远远脱离于现实世界的具体事物，即使数学中最基本的原始概念，在现实生活中也不存在，如点、线、面、体这些几何概念，任何几何图形都是由点、线、面、体组成的，但是由于数学中的点没有大小、线没有粗细、面没有厚薄，因而在现实生活中并不存在。几何体也绝不是生活中的实际事物，仅是一种抽象概念而已，正是数学的这种高度抽象性使得数学中的抽象概念可用来研究宇宙万物而被人们承认。另外，数学的抽象性、概括性还反映在高度形式化的数学语言和数学符号上，这给人们理解数学知识造成了一定的困难。因此，数学是高度抽象概括的理论，它比其他学科的知识更抽象、更概括。

数学学科的这一高度抽象性、概括性容易造成学生在数学学习中仅掌握形式的数学结论，而不了解形式结论所反映的背景事实的问题；仅认识数学符号，而不理解它们的真正含义；仅能够解答与例题类似的习题，而不会举一反三、灵活运用数学思想与数学方法解决问题，这一切都说明了数学学习更需要积极的思考能力和较强的抽象概括能力。

二、体系要求：逻辑严谨与概念精确

数学科学是建立在公理化体系基础上逻辑极为严谨的科学，数学的一切结论都是用完美的形式表现出来的并呈现在学生的面前，而略去了它被发现时曲折的、艰辛的过程，这就为学生学习数学的“再发现”带来了一定的困难。数学科学的体系是作为演绎体系展开的，学生学习数学需要有较强的逻辑推理能力，还需要熟练掌握推理的形式和论证的方法。虽然数学教材经过数学教学法的加工，但总体上看，数学教材仍是按照演绎体系组织编写的，学生进行数学学习不仅要看懂数学证明所采用的逻辑形式，而且需要动手实践、尝试论证，进行数学上的“再发现”“再创造”，以便保证能够熟练运用，也就是既强调数学教学要展现知识的发生发展过程，从演绎体系中看到数学是如何形成的、人们是如何思维的，更要求学生必须具备较强的逻辑推理能力。

三、思维要求：系统严密与思维精当

数学学习表面上是学习数学知识，实质上是学习数学的思维活动。数学在思维训练方面有特殊的作用，对数学的学习当然是对数学知识的学习，如果通过数学知识的学习没有学会数学的思维，没有把握数学思维的活动规律，那就等于没有学会数学。形式化地、表面化地学习数学知识，能够记忆教材上的知识、套用已学过的解法，但稍微改变问题的形式或提法，或者换成另外一种问题情境，学生就会一筹莫展、不知所措。学生自认为学会的知识却又不会运用，其原因是学生在思维上有了障碍，使得问题的条件与结论中的思维网络通道中断，或者说未能使隐含的思维链条显现出来。

在数学学习中，学生能对自己的思路作分析是极为重要的。如果理不清自己是怎样思考问题、试图按怎样的途径处理问题的，那么至少思路是不清晰的，问题是不可能获得正确解答的。学生在数学学习过程中往往不了解、不理解数学思维活动，数学教师在教学中应该了解学生怎样分析、怎样思考，注重引导启发、循循善诱，引导学生从自己的思路出发获得问题的解决；或者帮助学生分析其思路存在的问题，使学生明白自己的思路为什么不可行或者思维受阻的真正原因。这也从另一方面给数学教师提出了教学要求：教师应有意识暴露自己在解决问题过程中是怎样受阻的，又是怎样克服困难的，而不只是展示成功的思维过程。事实上，在教学过程中，适当展示思维受阻或者错误思维对学生的思维训练也具有一定的教育价值。对于学生而言，能清晰地看到思维过程，尤其是看到从“山重水复疑无路”转入“柳暗花明又一村”的过程是最有启发性的。只有这样，学生思维才会更加灵活，遇到问题才会冷静思考，面对问题才会想方设法寻找有效解决思路，而不至于手足无措、一筹莫展，导致自己陷入困境。

第三节　著名学习理论及其对数学教学的启示

西方学习理论主要有两大流派：联结学派的学习理论和认知学派的学习理论，这些理论对数学教育有着重要的启示作用，以下将对这些理论作一简要介绍，并分析这些理论对数学教学的启示。

一、联结学派的学习理论

(一) 桑代克的试误说

桑代克是美国极有声望的心理学家，他曾担任过美国哥伦比亚大学师范学院心理学教授，被公认为是联结理论的首创者。他从1896年起对动物的学习进行了实验研究，后来又研究了人类的学习及其测量方法，出版了《人类的学习》《学习心理学》《教育心理学》等著作。他在这些方面的研究和著作都曾在西方心理学界产生过很大的影响。

1. 桑代克把学习归结为刺激(S)—反应(R)的联结形式

桑代克以猫学习解决疑难问题为内容，进行了著名的学习实验。他把一只饥饿的猫放在迷箱里，迷箱外放着一盘食物。箱内设有一种打开门闩的装置。例如，绳子的一端连着门闩，另一端安有一块踏板。猫只要按下踏板，门就会开启。猫第一次被放入迷箱时，拼命挣扎，试图逃出迷箱。终于，它偶然碰到了踏板，逃出箱外，吃到了食物。桑代克记下猫逃出迷箱所需要的时间后，把猫再放回迷箱内，进行下一轮的尝试。猫仍然会经过乱抓乱咬的过程，不过需要的时间可能会少一些。经过这样多次连续的尝试，猫逃出迷箱所需要的时间越来越少，无效动作逐渐排除，以致到了最后，猫一进迷箱内，即去按动踏板，跑出迷箱，获得食物。

根据这个实验，桑代克认为“学习即联结，心即人的联结系统”“学习是结合，人之所以长于学习，即因他形成这许多的结合”。猫在学习打开迷箱的过程中，经过多次尝试与失败，在复杂的刺激情境中发现门闩作为打开箱门的刺激(S)与开门反应(R)形成了巩固的联系，这时学习便产生了，所以在上述实验中可以把学习看作是刺激与反应之间的联结，即S—R之间的联结，因此，人们又称各种联想主义的理论为S—R理论。这种学习过程是渐进的，通过“尝试与试误”直至最后成功的过程，即一定的联结是通过试误而建立起来的，所以桑代克的联结说又称为尝试错误说(简称“试误说”)。

2. 桑代克认为试误学习成功的条件有三个：练习律、准备律、效果律

(1) 练习律。练习律指学习要经过反复的练习，练习律又分为应用律和失用律。应用律是指一个联结的使用(练习)，会增加这个联结的力量；失用律是指一个联结的失用(不练习)，会减弱这个联结的力量或将其遗忘。

(2) 准备律。准备律包括三个组成部分：一是“当一个传导单位准备好传导时，传导而不受任何干扰，就会引起满意之感”。二是“当一传导单位准备好传导时，不得传导就会引起烦恼之感”。三是“当一个传导单位未准备传导时，强行传导就会引起烦恼之感”。这里的准备不是指学习前的知识准备或成熟方面的准备，而是指学习者在学习开始时的预备定势，简而言之，联结的增强和削弱取决于学习者的心理调节和心理准备。

(3) 效果律。效果律是指“凡是在一定的情境内引起满意之感的动作，就会和那一情境发生联系，其结果是当这种情境再现时，这一动作就会比以前更易于重现。反之，凡是在一定的情境内引起不适之感的动作，就会与那一情境发生分裂，其结果是当这种情境再现时，这一动作就会比以前更难于再现”。这也就是说，当建立了联结时，导致满意后果(奖励)的联结会得到加强，而带来烦恼效果(惩罚)的行为则会被削弱或淘汰。后来，桑代克对效果律进行了修改。他认为：从效果看赏与罚的作用并不等同赏比罚更有效，并且补充说明，准备律、练习律以及效果律，只靠单纯练习不能充分导致进步，要把练习、练习的结果和反馈联结起来，才能进步。

桑代克强调刺激与反应形成的一切联结都以应用和满足而增强，以失用和烦恼而减弱，因此数学教学应遵循这两条学习定律。有效的数学学习必须建立在学生浓厚的学习兴趣和强烈的学习欲望之上。教师应当先将学习内容中的乐趣告知学生，或以自己的热情激发学生的学习情绪；要仔细规定和严格控制反应顺序，通过反复练习，最终使学生理解所学知识；要注意学生在练习过程中是否疲劳和厌倦；要注意学习内容的难易程度，不可设置高难度的练习，使学生遭受失败和挫折，因而导致气馁。

(二) 巴甫洛夫的经典性条件反射学说

巴甫洛夫是俄国著名的生理学家，曾担任俄国科学院院士。1904 年，由于他在消化生理学方面的卓越研究荣获诺贝尔奖。在研究过程中，他发现与食物不同的刺激也可以引起唾液分泌，这就导致了他对心理学的研究，尤其是对条件反射的研究。他利用条件反射的方法对人和动物的高级神经活动做了许多研究，他的条件反射学说被公认为是发现了人和动物学习最基本的机制的理论。他的主要著作有《消化腺机能讲义》《动物高级神经活动(行为)客观研究二十年实验》《大脑两半球机能讲义》等。

1. 巴甫洛夫认为学习是大脑皮层暂时神经联系的形成、巩固与恢复的过程

巴甫洛夫认为，所有的学习都是联系的形成，而联系的形成就是思想、思维、知识。他所说的联系就是指暂时神经联系。他说："显然，我们的一切培育、学习和训练，一切可能的习惯都是很长系列的条件的反射。"巴甫洛夫利用条件反射的方法对人和动物的高级神经活动做了许多推测，发现了人和动物学习的最基本的机制。他做了一个相当著名的实验，他利用狗看到食物或吃东西之前会流口水的现象，在每次喂食前都先发出一些信号(一开始是摇铃，后来还包括吹口哨、使用节拍器、敲击音叉、开灯等)，连续了几次之后，他试了一次摇铃但不喂食，发现狗虽然没有东西可以吃，却照样流口水，而在重复训练之前，狗对于"铃声"是不会有反应的。他从这一点推知，狗经过了连续几次的经验后，将"铃声"视作"进食"的信号，因此引发了"进食"会产生的流口水现象，这种现象称为条件反射，这证明动物的行为是因为受到环境的刺激，将刺激的讯号传到神经和大脑，神经和大脑作出反应而来的。例如，一定频率的节拍器的声响(条件刺激 CS)与肉(无条件刺激 UCS)多次结合，原先只由肉(UCS)引起狗的唾液分泌(无条件反应 UCR)，现在节拍器单独出现可以引起类似的唾液分泌反应(CR)，也就是说当 CS—CR 之间形成了巩固的联系时，学习便发生了，所以，在上述情境中，狗学会了听一定频率的节拍器的声响。

2. 巴甫洛夫指出了引起条件学习的一些基本机制

(1) 习得律。有机体对条件刺激和无条件刺激(如狗对铃声与食物)之间的联系的获得阶段称为条件反射的习得阶段。这个阶段必须将条件刺激和无条件刺激同时或近于同时地多次呈现，才能建立这种联系。巴甫洛夫称这是影响条件反射形成的一个关键变量。无条件刺激在条件反射中起着强化作用，强化越多，两个兴奋灶之间的暂时神经联系就越巩固，如果反应行为得不到无条件刺激的强化，即使重复条件刺激，有机体原先建立起的条件反射也将会减弱并且消失，这就称为条件反射的消退。

(2) 泛化。泛化指条件反射一旦建立，那些与原来刺激相似的新刺激也可能唤起反应，这就称为条件反射的泛化。

(3) 分化(辨别)。分化是与泛化互补的过程。泛化是指对类似的事物作出相同的反应，辨别则是对刺激差异的不同反应，即只对特定的刺激给予强化，而对引起条件反射泛化的类似刺激不予强化，这样，条件反射就可得到分化，类似的不同刺激就可以得到了辨别。

巴甫洛夫的条件学习原理对数学教学有一定的启示，如在数学概念教学过程中，教师可以组织学生对数学概念同时进行泛化与分化的学习，注意区分概念的定义与概念的属性。教师可以给学生呈现数学概念的正例和反例，让学生去进行区分和识别，并要求学生说出反例不符合特定概念的理由，从而让学生准确地识别和理解概念。

(三) 斯金纳的操作性条件反射学说

斯金纳是美国当代心理学家，曾担任美国印第安大学、哈佛大学教授。斯金纳在巴甫洛夫经典性条件反射理论和桑代克的学习理论影响下，于 1937 年提出了操作性条件反射学说。他根据操作性条件反射的强化观点提出了自己的学习理论，将在动物学习实验研究中所确定的一些规律用于教学，提倡程序教学与机器教学，以改革传统的教学方式，这些观点曾得到广泛的支持。他的主要著作有《有机体的行为：一种实验分析》《科学与人类行为》《教学技术》《学习的科学和教学的艺术》《教学机器》等。

斯金纳在 20 世纪 30 年代发明了一种学习装置：一个箱子内装上一根操纵杆，操纵杆与另一提供食丸的装置连接，把饥饿的白鼠放进箱内，白鼠偶然踏上了操纵杆，供丸装置就会自动落下一粒食丸。白鼠经过多次尝试，会不断地按压操纵杆，直到吃饱为止。这时我们就可以说，白鼠学会了按压操纵杆以取得食物的反应，按压操纵杆变成了取得食物的手段。操作条件反射又叫工具条件反射，在操作条件反射中的学习，也就是操纵杆(S)与按压操纵杆反应(R)之间形成了固定联系。

斯金纳宣称自己的学习理论是一种描述性的行为主义，他认为一切行为都是由反射构成的。斯金纳认为行为可以分为两类：一是应答性行为，是由已知的刺激所引起的反应；二是操作性行为，是没有可观察的材料，而是由有机体本身发出的自发的反应。上述实验中的白鼠按压操纵杆反应就是由有机体自发发出的。前者是刺激型条件反射，后者是反应型条件反射。他通过实验研究了动物和人的行为，总结出了习得反应、条件强化、泛化作用与消退作用等规律。他把学习的公式概括为：如果一个操作发生后，紧接着给一个强化刺激，那么其强度就会加强。斯金纳认为，教育就是塑造人的行为，有效的教学和训练的关键就是分析强化的效果以及设计精密的操纵过程，也就是建立特定的强化机制。将这种理论运用到教学和程序教学中是有积极作用的，但他把意识的作用排除在科学之外是不可取的。

现在来比较经典条件反射与操作条件反射两者之间的不同。在经典条件反射中，强化伴随着条件刺激物，但它要与条件刺激物同时或稍后出现，这样条件反射才能形成。在操作条件反射中，强化物同反应相结合，也就是有机体必须先做出适当的反应，然后才能得到强化，这就是两种条件反射的根本区别。有的心理学把经典条件反射式的学习称作刺激替代。

斯金纳的操作性条件反射学习理论对数学教学是有启示的。比如，对数学基础相对较差的学生来说，如果将数学知识组织成有逻辑联系的“小步子”，使他们从最简单、最基本的数学知识出发，以“小步子”前进，对学习结果及时给出反馈意见。这样通过一定时间的学习和积累，大多数学生可能能够达到预期的学习目标，甚至能表现出自我创造力。

联结主义学习理论坚持用实验的方法对学习行为进行客观的研究是值得肯定的。他们重视学习的外部条件，重视环境对学习的影响，重视人的外在行为反应。他们对学习的实质、学习的过程、学习的规律、学习的动机、学习的迁移及教学方法等进行了长期的探讨，积累了比较丰富的资料，为学习理论的发展奠定了良好的基础，也推动了学习理论的深入发展，其功绩和影响不容低估。

联结主义学习理论还揭示了学习的机制，特别是巴甫洛夫经典条件反射的学习理论对刺激的信号意义进行了辨别，对教学理论和实践都有重要的影响。巴甫洛夫的高级神经活动学说被公认为揭示了人类与动物学习的最基本的机制：学习就是暂时神经联系的形成的理论，这个学说也有深远的意义，但是由于当时科学发展水平的限制，巴甫洛夫的学说未能阐明学习的内部条件与内部过程。当然，联结主义学习理论的不足是把人的学习和动物学习等同起来，忽视人类学习的社会性和主观能动性，这是最大的不足。

二、认知学派的学习理论

认知是指认识的过程以及人们对认识过程的分析。美国心理学家吉尔伯特认为，认知是一个人“了解”客观世界时所经历的几个过程的总称。它包括感知、领悟和推理等几个比较独特的过程，这个术语含有意识到的意思。认知的建构已成为现代教育心理学家试图理解学生心理的核心问题。

认知学派的心理学家认为学习在于内部认知的变化，学习是一个比 S—R 联结要复杂得多的过程。他们注重解释学习行为的中间过程，即目的、意义等，认为这些过程才是控制学习的可变因素。以下主要介绍认知学派的主要代表人物及其理论的主要内容。

(一) 苛勒的顿悟说

学习的认知理论起源于德国格式塔心理学派的完形理论。格式塔的德语名词是 Gestalt，含义是完形，指被分离的整体或组织结构。格式塔心理学是以反对元素分析、强调心理的整体组织为基本特征的。他认为每一种心理现象都是一个分离的整体，是一个格式塔，是一种完形。人脑对环境作组织的反应，提供一种组织或完形，即顿悟，其作用就是学习。格式塔心理学的创始人是德国心理学家韦特墨、考夫卡和苛勒。苛勒历时 7 年，以黑猩猩为对象进行了多个实验，依据试验结果，撰写了《猩猩的智慧》一文，提出了顿悟说。

1. 学习是组织、构造一种完形，而不是刺激与反应的简单联结

1917 年苛勒在《猩猩的智慧》一书中发表了他的顿悟学习理论。他认为学习并不是简单的刺激—反应之间的联结，也不是侥幸的试误，而是通过对学习情境中事物关系的理解构成一种完形而实现的，是通过有目的的主动了解和顿悟而组织起来的一种完形。例如，在黑猩猩连接短棒取得悬挂在高处的香蕉的实验中，黑猩猩在未解决这个难题之前，对面前情境的知觉是模糊和混乱的。当它看出几根短棒接起来与悬挂在高处的香蕉的关系时，它便产生了顿悟，解决了这个问题。猩猩的行为往往是针对目的物的，而不仅仅针对短棒，这就意味着猩猩领悟了目的物与短棒之间的关系，在视野中构成了目的物与短棒的完形，才发生连接短棒取得香蕉的动作。因此，学习在于建立一种完形的组织，并非各部分之间的联结。

2. 学习是顿悟，而不是通过尝试错误来实现的

猩猩在学会了连接几根短棒以取得悬挂在高处的香蕉时，在以后的类似情境中(如利用一根竹竿探取笼外手臂所不能及的香蕉；将两三个箱子叠起来以摘取悬挂在笼顶的香蕉等)立即运用已经“领悟”了的经验。苛勒把这种突然的学会叫顿悟。学习就是对情境整体关系作了仔细了解后的豁然开朗，是经过“突变”学会的，学习是知觉的重新组织和构造完形的过程。这种知觉经验变化的过程不是渐进的尝试与发现错误的过程，而是突然领悟，是由不能到能的突然转变，而经过顿悟学会的内容，由于学习者在学习情境的观察中加深了理解，既能很好保持，又能灵活运用，这是一种对问题的真正解决，与试误中的偶然解决是不一样的。

总之，顿悟说重视的是刺激和反应之间的组织作用，认为这种组织表现为知觉经验中对旧的组织结构(格式塔)的豁然改组或对新组织结构的顿悟。格式塔的学习理论对学生数学学习有一定的启示，如注意新旧知识之间的联系(如一元二次不等式的解集是借助二次函数直观图像得到的)、注重不同知识之间的联系(如数与形之间的联系)、构造法(如构造函数证明不等式)等。学习过程的思维顿悟作用无疑对学生的数学思维的发展和数学能力的形成有积极的促进作用。

(二) 托尔曼的认知——目的论

托尔曼是美国心理学家，担任过加利福尼亚大学、哈佛大学的心理学教授，曾任第 14 届国际心理科学联合会主席。他对各个心理学派采取兼容并包的态度，以博采众家之长而著称。他既欣赏联结派的客观性和测量行为的简便方法，又受到格式塔整体学习观的影响。他的学习理论有很多名称，如符号学习说、学习目的说、潜伏学习说、期待学习说。

托尔曼对 S—R 联结说的解释并不满意，认为学习的结果不是 S 与 R 的直接联结，主张把 S—R 公式改为 S—O—R 公式。在后一公式中，O 代表有机体的内部变化。

1. 一切学习都是有目的的活动

托尔曼认为，学习是有目的的，是趋向于目标、受目标指引的。学习产生于有目的的活动中，尽管刺激可以引起反应的发生，但学习者对刺激的主观认识指导着试误反应的进行。托尔曼认为，学习就是期待的获得，学习者有一种期待的内在状态，推动学习者对达到目的的环境条件产生认知。有机体的行为都在于达到某个目的，并且学会达到目的的手段。

2. 为达到学习目的，必须对学习条件进行认知

托尔曼认为，有机体的学习不仅具有目的性，而且具有认知性，因为有机体在达到目的的过程中，会碰到各种各样的情境和条件，有机体必须对这些情境和条件进行认知，才能学会达到目的的手段，并利用掌握的手段去达到学习的目的。

托尔曼用“符号”来代表有机体对环境的认知，并且认为，学习者在达到目的的过程中，学习的是能达到目的的符号及其所代表的意义，是形成一定的“认知地图”，这才是学习的实质。托尔曼为了探索动物在学习过程中的认知学习变化，他设计了一些巧妙的实验(例如白鼠走迷宫的学习实验)。

托尔曼的学习目的和学习认知概念，直接来自格式塔学派的完形说，汲取了完形派思想中的某些积极成果，认为行为表现为整体的行为，这种有目的的整体性的行为是学习认知的结果。托尔曼把试误论与目的认知论相结合，认为在刺激和反应之间有目的与认知等中介变量，不但要研究行为的外部表现，还要探讨内部的大脑活动。从内容上看，他是强调认知理论的，从形式上看仍采用 S—R 说，故有人说“托尔曼是混血儿，是兼而取之”。

关于学习出现的原因，托尔曼与联结主义的观点相反，他认为外在的强化并不是学习产生的必要因素，不强化也会出现学习。他设计了著名的潜伏学习的实验。在这个实验中，发现动物在未获得强化前已出现学习倾向，只不过未表现出来，托尔曼称为潜伏学习。潜伏学习事实揭露以后，证明了学习并不是 S—R 之间的直接联结。动物在未受奖励的学习期间，认知结构也发生了变化。为什么没有食物奖励，动物也可以学习呢？托尔曼认为，动物的行为是有目的的行动，也就是它在走迷宫时，根据对情境的感知，在头脑里有一种预期(或者假设)，动物的行动受它的指导。将预期证实则是一种强化，这就是内在的强化，即由学习活动本身带来的强化。所以，托尔曼的“认知—目的”的学习理论对现代认知学习理论的发展有一定的贡献。他的学习理论对人类学习有普遍的意义，如帮助学生建立学习目标，确定学习志向。具体到数学学习中，应该重视培养学生的数学学习兴趣，帮助学生端正数学学习态度，促使学生树立数学学习的信心，进一步强化学生的数学学习动机。

(三) 皮亚杰的认知发展论

皮亚杰是瑞士人，是近代最有名的儿童心理学家。他一生留给后人 60 多本专著、500 多篇论文，曾到许多国家讲学，获得过几十个名誉博士、荣誉教授和荣誉科学院士的称号。他提出的认知发展理论成了这个学科的典范。

皮亚杰认为认知发展是一种建构的过程，是个体在与环境不断的相互作用中实现的。智力既非起源于先天的成熟，亦非起源于后天的经验，而是起源于主体的动作。这种动作的本质是主体对客体的适应。所谓认知发展是指个体自出生后在适应环境的活动中，对事物的认知及面对问题情境时的思维方式与能力表现随年龄增长而改变的历程。皮亚杰的认知发展理论摆脱了遗传和环境的争论与纠葛，旗帜鲜明地提出内因和外因相互作用的发展观，即心理发展是主体与客体相互作用的结果。

皮亚杰认知发展理论有四个重要的概念。①图式：认知结构。“结构”不是指物质结构，是指心理组织，是动态的机能组织。图式具有对客体信息进行整理、归类、改造和创造的功能，以使主体有效地适应环境。②同化：主体将环境中的信息纳入并整合到已有的认知结构的过程。同化过程是主体过滤、改造外界刺激的过程，通过同化，加强并丰富原有的认知结构。同化使图式得到量的变化。

③顺应：当主体的图式不能适应客体的要求时，就要改变原有图式，或创造新的图式，以适应环境需要的过程。顺应使图式得到质的改变。④平衡：平衡是主体发展的心理动力，是主体的主动发展趋向。皮亚杰认为，儿童一生下来就是环境的主动探索者，他们通过对客体的操作，积极地建构新知识，通过同化和顺应的相互作用达到符合环境要求的动态平衡状态。皮亚杰认为主体与环境的平衡是适应的实质。

皮亚杰认为影响儿童的心理发展主要有四个基本因素。①成熟：成熟指的是有机体的成长，特别是神经系统和内分泌系统等的成熟。成熟的作用是给儿童心理发展提供可能性和必要条件。②经验：分为两种，一种是物理经验，另一种是数理逻辑经验。③社会环境：指社会互动和社会传递，主要是指他人与儿童之间的社会交往和教育的影响作用。其中，儿童自身的主动性是其获得社会经验的重要前提。④平衡化：这种认知发展的内在动力是影响认知发展各因素中最重要的、决定性的因素。

皮亚杰把认知发展分为四个阶段：①感知运动阶段(0～2 岁左右)。这个阶段的儿童的主要认知结构是感知运动图式，儿童借助这种图式可以协调感知输入和动作反应，从而依靠动作去适应环境。②前运算阶段(2～7 岁左右)。儿童将感知动作内化为表象，建立了符号功能，可凭借心理符号(主要是表象)进行思维，从而使思维有了质的飞跃。③具体运算阶段(7～12 岁)。本阶段儿童的认知结构由前运算阶段的表象图式演化为运算图式，该时期的心理操作着眼于抽象概念，属于运算性(逻辑性)的，但思维活动需要具体内容的支持。④形式运算阶段(12 岁左右)。这个时期，儿童思维发展到抽象逻辑推理水平。

皮亚杰对于教师、教学、教育也有自己的认识和理解，非常值得我们在数学教学中去体会和运用。“我们所期望的教师不仅仅是一个讲授者，仅仅满足于传达现成的答案，而是善于激发学生主动探究未知事物的导师。”“我们应该注重学生内部的认知重组过程，而不能像行为主义者那样把学习速度作为学习的唯一目标。学生掌握解决问题的程序和方法，比掌握知识内容更重要。”“教育的首要目的在于造就有所创新、有所发明和有所发现的人，而不是简单重复前人做过的事情。”

(四) 布鲁纳的认知发现论

布鲁纳是美国著名的教育心理学家，曾任哈佛大学教授。他于 1960 年创建了哈佛大学认知研究中心，并任中心主任；1962—1964 年间任白宫教育委员会委员，主要著作有《教育过程》《思维之研究》《教学理论探讨》《认知生长之研究》。

布鲁纳的认知学习理论受完形说、托尔曼的思想和皮亚杰发生认识论思想的影响，认为学习是一个认知过程，是学习者主动地形成认知结构的过程。布鲁纳的认知学习理论与完形说及托尔曼的理论又是有区别的，其中最大的区别在于完形说及托尔曼的学习理论是建立在对动物学习进行研究的基础上的，所谈的认知是知觉水平上的认知，而布鲁纳的认知学习理论则是建立在对人类学习进行研究的基础上的，所谈的认知是抽象思维水平上的认知。他的基本观点主要表现在三个方面。

1. 学习是主动地形成认知结构的过程

认知结构是指一种反映事物之间稳定联系或关系的内部认识系统，或者说是某一学习者的观念的全部内容与组织。人的认识活动按照一定的顺序形成，发展成对事物结构的认识后，就形成了认知结构，这个认知结构就是类目及其编码系统。布鲁纳认为，人是主动参与获得知识的过程的，是主动对进入感官的信息进行选择、转换、存储和应用的，也就是说人是积极主动地选择知识的，是记住知识和改造知识的学习者，而不是知识的被动接受者。布鲁纳认为，学习是在原有认知结构的基础上产生的，不管采取的形式怎样，个人的学习都是通过把新的信息和原有的认知结构联系起来，去积极地建构新的认知结构的。

布鲁纳认为学习包括三种几乎同时发生的过程，这三种过程是：新知识的获得、知识的转化与知识的评价。这三个过程实际上就是学习者主动地建构新认知结构的过程。

2. 强调学习学科的基本结构

布鲁纳非常重视课程设置和教材建设。他认为，无论教师选教什么学科，务必要使学生理解学科的基本结构，即概括化了的基本原理或思想，也就是要求学生以有意义的联系起来的方式去理解事物的结构。布鲁纳之所以重视学科的基本结构的学习，是受他的认知观和知识观的影响的。他认为，所有的知识都是一种有层次的结构，这种具有层次结构性的知识可以通过一个人发展的编码体系或结构体系(认知结构)而表现出来。人脑的认知结构与教材的基本结构相结合会产生强大的学习效益。如果把一门学科的基本原理弄清楚了，有关这门学科的特殊课题也就不难理解了。

在教学过程中，教师的任务就是为学生提供最好的编码系统，以保证这些学习材料具有最大的概括性。布鲁纳认为，教师不可能给学生讲遍每个事物，要使教学真正达到目的，教师就必须使学生能在某种程度上获得一套概括了的基本思想或原理。对学生来说，这些基本思想、原理就构成了一种最佳的知识结构。学生对知识的概括水平越高，知识就越容易被理解和被迁移。

3. 通过主动发现形成认知结构

布鲁纳认为，教学一方面要考虑人的已有知识结构和教材结构，另一方面要重视人的主动性和学习的内在动机。他认为，学习的最好动机是对所学材料的兴趣，而不是奖励、竞争之类的外在刺激。因此，他提倡发现学习法，以便使学生更有兴趣、更加自信地主动学习。

发现法的特点是关心学习过程胜于关心学习结果，具体知识、原理、规律等应该让学习者自己去探索、去发现，这样学生便积极主动地参与到学习过程中。“学习中的发现确实影响着学生，使之成为一个‘构造主义者’”，学习是认知结构的组织与重新组织。他既强调已有知识经验的作用，也强调学习材料本身的内在逻辑结构。

布鲁纳认为发现学习有以下几点作用：提高智慧的潜力；使外来动因变成内在动机；学会发现；有助于对所学材料保持记忆。所以，认知发现论是值得重视的一种学习理论，它强调学习的主动性，强调已有的认知结构、学习内容的结构、学生独立思考等的重要作用，这些对数学教学是有积极意义的。

(五) 奥苏伯尔的认知同化论

奥苏伯尔是美国著名的教育心理学教授，主要著作有《意义言语学习心理学》《教育心理学：一种认知观》《学校学习：教育心理学导论》。

奥苏伯尔与布鲁纳一样，同属于认知结构论者，认为“学习是认知结构的重组”，他着重研究了课堂教学的规律。奥苏伯尔既重视原有认知结构(知识经验系统)的作用，又强调学习材料本身的内在逻辑关系。他认为学习变化的实质在于新旧知识在学习者头脑中的相互作用，那些新的有内在逻辑关系的学习材料与学生原有的认知结构发生关系，进行同化和改组，在学习者头脑中产生新的意义。以下是奥苏伯尔的认知同化论的主要观点。

1. 有意义学习的过程是新的意义被同化的过程

奥苏伯尔的学习理论将认知方面的学习分为机械学习与有意义学习两大类。机械学习的实质是形成文字符号的表面联系，学生不理解文字符号的实质，其心理过程是联想。这种学习在两种条件下产生：一种条件是学习材料本身无内在逻辑意义；另一种条件是学习材料本身有逻辑意义，但学生原有认知结构中没有适当的知识基础同化它们。有意义学习的实质是个体获得有逻辑意义的文字符号的意义，是以符号为代表的新观念与学生认知结构中原有的观念建立实质性的而非人为的联系。有意义学习过程就是个体从无意义到获得意义的过程。这种个体获得的意义又叫心理意义，以区别于材料的逻辑意义，所以有意义学习的过程也就是个体对有意义的材料获得心理意义的过程。

有意义学习是以同化方式实现的，所谓同化是指学习者头脑中某种认知结构吸收新的信息，而新的观念被吸收后，使原有的观念发生变化。概念被同化的特征是学习者将概念的定义直接纳入自己的认知结构的适当部位，通过辨别新概念与原有概念的异同而掌握概念，同时将概念组成按层次排列的网络系统。

奥苏伯尔认为，有意义的数学学习必须具备以下条件：①新的学习材料本身具有逻辑意义，教材一般符合这个要求(外部条件：数学课程与数学教师)；②学习者认知结构中具有同化新材料的适当知识基础(固定点)，便于与新知识进行联系，也就是具有必要的起点(内部条件：认知因素)；③学习者还必须具有进行有意义学习的心向，即积极地将新旧知识关联起来的倾向(内部条件：情感因素)；④学习者必须积极主动地使这种具有潜在意义的新知识与认识结构中的旧知识发生相互作用(内部条件：情感因素)。

2. 同化可以通过接受学习方式进行

接受学习是指学习的主要内容基本上是以定论的形式被学生接受的。对学生来说，学习不包括任何发现，只要求学生把教学内容加以内化(即把它结合进自己的认知结构中)，以便将来能够将其再现或派作他用。

接受学习是有意义的学习，它也是积极主动的，与“教师讲、学生听”的灌输教学有本质的不同。学生在校学习的主要任务是接受系统性的知识，要在短时间内获得大量的系统性的知识，并能得到巩固，主要依靠接受学习。接受学习强调从一般到个别，发现学习强调从个别到一般。接受学习和发现学习都是积极主动的过程，它们都重视内在学习动机与学习活动本身带来的内在强化作用。

(六) 加涅的学习条件论

加涅是美国加利福尼亚大学的教授，被公认为是当今美国一流的教育心理学家和学习实验心理学家。他的理论代表现代认知派学习观的一个新动向、新发展。加涅的主要著作有《学习的条件》《教学设计原理》《知识的获得》等。

加涅认为学习是一种将外部输入的信息转换为记忆结构和以人类作业为形式的输出过程，要经历接受神经冲动、选择性知觉、语义性编码、检查、反应组织、作业等阶段，反馈及强化贯穿于整个学习过程。学习受外部和内部两大类条件所制约。外部条件主要是输入刺激的结构与形式，内部条件是主体先前习得的知识技能、动机和学习能力等。加涅认为，教育是学习的一种外部条件，其成功与否在于是否有效地适合和利用内部条件。

加涅认为，人类的学习是复杂而多样的，简单的低级学习是复杂高级学习的基础。他把学习分为八个层次，即：①信号学习；②刺激—反应学习；③连锁学习；④词语联想学习；⑤辨别学习；⑥概念学习；⑦原理(法则)学习；⑧解决问题的学习。他指出每一类学习中蕴藏着前一类的学习，同时加涅也提出构成一个人学习行为的八个有机联系的系统(动机→领会→习得→保持→回忆→概括→操作→反馈)，并指出每一阶段有其各自的内部心理过程和影响它的外部事件。教学就是遵循学习者学习过程的这些特点，安排适当的外部学习条件。教师是教学的设计者和组织者，也是学生学习的评价者，他承担发动、激发、维持和组织学生的学习活动的教学任务。加涅的学习条件论提醒教师，提高教学质量要重视学习者的内外条件，并应创造良好的教学环境和教学条件。

认知学派的学习理论为教学论提供了理论依据，丰富了教育心理学的内容，为推动教育心理学的发展立下了汗马功劳。认知学派学习理论的主要贡献是：①重视人在学习活动中的主体价值，充分肯定了学习者的自觉能动性；②强调认知、意义理解、独立思考等意识活动在学习中的重要地位和作用；③重视人在学习活动中的准备状态，即一个人学习的效果不仅取决于外部刺激和个体的主观努力，还取决于一个人已有的知识水平、认知结构、非认知因素，准备是任何有意义学习赖以产生的前提；④重视强化的功能。认知学习理论由于把人的学习看成一种积极主动的过程，因而非常重视内在动机与学习活动本身带来的内在强化的作用；⑤主张人的学习的创造性。布鲁纳提倡的发现学习论强调学生学习的灵活性、主动性和发现性。他要求学生自己观察、探索和实验，发扬创造精神，独立思考，改组材料，自己发现知识，掌握原理原则，提倡一种探究性的学习方法，强调通过发现学习促使学生开发智慧潜力，强化学习动机，牢固掌握知识，进而形成创新能力。

认知学习理论的不足之处是没有揭示学习过程的心理结构。我们认为学习心理是由学习过程中的心理结构，即智力因素与非智力因素两大部分组成的。智力因素是学习过程的心理基础，对学习起直接作用；非智力因素是学习过程的心理条件，对学习起间接作用。只有将智力因素与非智力因素紧密结合起来，才能使学习达到预期的目的，而认知学习理论不是很重视非智力因素的研究。

三、中国传统的学习观点

中国是学习心理学思想的发源地，早在公元前 500 年左右，孔子就提出“学而时习之”，而西方学习理论创始人桑代克等人涉及这一观点，则只是近百年来的事情。我国传统的学习思想是十分丰富的，从孔子开始，就有不少思想家、教育家在这方面发表过许多颇有价值的见解，其涉及的范围比较广泛。以下我们就来介绍我国古代的一些学习观点。

中国传统学习观点包含：从人才成长的高度来探究学习理论，注意学习知识与思想、意志、品德培养相结合。我国古代思想家、教育家早在春秋战国时期，就在学习与教学理论上积累了宝贵的理论遗产，形成了不同的理论流派。

(一) 孔子的学习观点

孔子是中国春秋末期的思想家、政治家、教育家和儒家学派的创始人，名丘，字仲尼，鲁国陬邑(今山东曲阜)人。孔子一生从事教育事业，积累了丰富的教育经验，提出了宝贵的教育理论，并在此基础上阐明了较为完善的教育心理思想。

1. 揭示学习的意义

孔子自己“学而不厌”“不知老之将至”，对别人则“诲人不倦”、言传身教，从毕生经验中提炼出“学而时习之”这句名言，揭示了学习活动的意义。孔子否定自己“生而知之”。他学无常师，虚心向别人学习，认为“三人行，必有我师焉”。事实上，自文武周公统治之道，至《易》《书》《诗》《礼》《乐》《春秋》，他都留心学习，以至能一身兼通六艺。他教导弟子们要“敏而好学，不耻下问”，告诫他们若“少而不学”，就会“长无能也”。他还说，“人不好学”就不会成为“君子”。可见，他把学习看作是获得知识、提高能力、培养道德的重要途径。

2. 探索学习过程的规律

孔子提出了“学”“思”“习”“行”的学习思想，提出学与思、习、行四方面必须互相结合，统一进行，初步摸索出人类知识习得的客观规律，反映了由不知到知、由知到行的发展过程。“博学”：孔子强调“博学”，即广泛地去获取丰富的感性知识和书本知识。孔子主张多闻多见，所谓“博学于文”便是此意，把它作为学习目的，把“多闻”“多见”作为“博学”的主要途径，认为“多闻阙疑”“多见阙殆”，阐述了闻和见是获得知识的最初源泉。他说：“多闻择其善者而从之，多见而识之，知之次也。”“慎思”：孔子强调人们在学习中要认真、严谨地进行思考。孔子把“思”和“学”相提并论，认为“学而不思则罔，思而不学则殆”。他还主张“一以贯之”，即通过“思”，把见闻的知识融会贯通起来。一方面把“学”作为“思”的基础，要求通过“多闻”“多见”，努力获得感性知识；另一方面，把“思”作为“学”的提高，要求通过多问几个“如之何”，开动脑筋思考，获得理解。“时习”：孔子强调人们在学习中要及时、经常地进行温习。孔子很重视“习”，要求学生“学而时习之”“温故而知新”。这些话的意思是到适当的时候，就要进行复习、练习。笃行：孔子强调人们要把所学到的道理，切实地体之于身，付诸实践。孔子特别重视行，他所谓的行，虽然着重于道德修养，但也不排斥知识应用于实际的道理。孔子要求他的弟子要学以致用，反对学习脱离实际行动，认为学而不行，学得再多也无用处。他说：“诵诗三百，授之以政，不达；使于四方，不能专对；虽多，亦奚以为？”又说：“君子耻其言而过其行。”

3. 提出学习的心理条件

(1)“志”和“信”的学习信念、动机。孔子常常用“志于学”和“志于道”来要求自己，勉励弟子，主张“笃信好学”“谋道不谋食”，反对学生丧志混日，他说：“饱食终日，无所用心，难矣哉!”

(2)“好”与“乐”的学习兴趣、爱好。孔子十分重视“好学”精神，认为“知之者不如好之者，好之者不如乐之者。”意思是说，有知识不如爱好学习，凭兴趣学习不如乐于学习，对学习要有深厚的情感。

(3)“学贵有恒”的学习意志。孔子认为“人而无恒，不可以作巫医，”(没有恒心的人，连巫医也做不成)，人必须做个“有恒者”，在治学路上，勇往直前，不可半途而废。他说：“譬如为山，未成一篑，止，吾止也；譬如平地，虽覆一篑，进，吾往也。”

(4)“不耻下问”的学习态度。孔子认为学习必须老老实实，他说：“知之为知之，不知为不知，是知也。”他用四“毋”来要求自己和学生：“毋意、毋必、毋固、毋我。”意思是不凭主观意见，不武断，不固执，不自以为是。规定“入太庙，每事问”，并且择善而从，有过则改，“过而不改，是谓过矣”。

4. 总结学习的方法

以学为主，学、思、习、行相结合；学而时习，温故知新；多闻、多问、多见、多识；举一反三，闻一知十；由博返约，一以贯之；告往知来，叩其两端，即从已知推出未知，从正反两面求得正确答案；先做好学习的准备，“工欲善其事，必先利其器”；每天检查学习结果：“吾日三省吾身……传不习乎”。

5. 差异心理的思想

孔子把人分为“上知”“中人”和“下愚”三种类型，认为有的人能“闻一知十”，有的人则只能“闻一知二”，其灵活性有所不同。孔子把性格分为“狂者”“中行”和“狷者”三种类型，认为有的人戆直，有的人迟钝，有的人偏激，有的人莽撞，有的人果断，有的人通达，有的人多才多艺。孔子也了解到人的能力存在差异，有的人可“为宰相”，有的人可“应对宾客”，有的人可做一部门或一地方的长官。

(二) 孟子的学习理论

孟轲是战国时期的思想家、教育家，是儒家的主要代表人物之一，字子舆，世称孟子，鲁国邹邑(今山东邹县)人，被儒家后学推崇为“亚圣”。

《孟子》一书包含有不少心理学的思想。他提出性善论，认为人生来即有“恻隐”“羞恶”“辞让”“是非”的“四端”，只要“扩而充之”就可发展成为仁、义、礼、智四种道德因素，但又认为处在萌芽状态的四个“善端”像一颗种子，可能发展为“善”，也可能发展成“不善”，因此强调环境和教育在人性发展中的作用。

孟子的学习思想是：自得—居安—资深—左右逢源。他说：“君子深造之以道，欲其自得之也。自得之则居之安，居之安则资之深，资之深则取之左右逢其原，故君子欲其自得之也。”孟子认为：居安思虑，体会深刻，方使知识积累深厚，才能达到取之不尽、运用自如的地步。他还认为，努力探求就能获得知识，放弃探求就会失去知识，这些思想无疑是可取的。

孟子在意志心理上颇有见识。他主张“尚志”，认为“志”是“气之帅”，提倡“不动心”，即要求“持其志，无暴其气”；宣扬“富贵不能淫，贫贱不能移，威武不能屈”的“大丈夫”精神；主张经受“苦其心志，劳其筋骨，饿其体肤，空乏其身”的刻苦锻炼。

孟子的教育心理思想颇为丰富。他不仅认为人的心理存在个别差异，宇宙的万事万物也存在个别差异："权，然后知轻重；度，然后知长短。物皆然，心为甚"，并以此为基础考察了因材施教的方法，提出了一系列德育原则和方法，如因材施教、以身作则、尽心知性、扩而充之、求其放心、反求诸己、知耻改过、自我锻炼等。他也提出过不少学习的原则和方法，如深造自得、循序渐进、专心有恒、博约结合、虚心求知等，这些对当时和后来的影响都是很大的。

(三) 荀子的学习理论

荀子是战国末期的思想家、教育家，亦称荀况、荀卿，后人称荀子。荀子是先秦诸子中的最后一位大师，是唯物主义思想家。他继承孔子"学而知之"的观点，建立他的唯物主义学习理论：闻—见—知—行。他说："不闻不若闻之，闻之不若见之，见之不若知之，知之不若行之，学至于行而止矣。"又说："君子之学也，入乎耳(通过闻见获得信息)，著乎心(通过思维加工信息)，布乎四体，形乎动静(认识要付诸行动，使认识与行动相结合)。"他强调环境、教育在培养道德行为中的重大作用，因而主张"居必择乡，游必择士"，还提出治养、诱导、自察、自省、言行一致等德育方法。他认为学习的意义很大，可使人获得知识，增长才能，养成品德，使人做到"知明而行无过"。他把学习过程分为三个阶段："入乎耳""著乎心""布乎四体、形乎动静"，即感知、思维和运用，也提出"积""锲""壹""精""思""行"等学习方法。荀子认为教师应具有四种品质："尊师而惮"，要有尊严威望，受人尊重；"艾而信"，要有丰富的经验、崇高的信仰；"不陵不犯"，要循序渐进，有条有理；"知微而论"，要洞察细微，善于发挥。

后来，孔子的孙子子思在《中庸》中将孔子的"学""思""习""行"的思想发展成"博学之"—"审问之"—"慎思之"—"明辨之"—"笃行之"的学习思想。也就是说，做学问一定要做到学、问、思、辨、行，坚持不懈，不达目的尚不罢休，别人用一分或十分力气能达到的，自己要用百分或千分力气，如果能这样做，则愚者变智、弱者变强。他强调了学习者的主观能动性，并提示学习发展的五个阶段，使我国古代的学习理论又前进了一步，并且以上五者是互相渗透、反复进行的过程，五者之间，行是首要的，而学、问、思、辨是行的基础。这种学习思想是我国古代教育实践经验的总结，对历代教育与教学实践起着重要的指导作用，在我国教育史上有着重大影响。

孔子、孟子、荀子的学习观点没有涉及数学学习，但无疑对数学教育有着积极的意义和重要的启示。

第四节 数学学习的基本过程

学习过程有两种基本的理论：一种是以桑代克、斯金纳为代表的刺激—反应联结的学说，这种学说认为学习的过程是盲目的、渐进的，尝试错误直至最后获得成功的过程，学习的实质就是形成刺激与反应之间的联结；另一种是以布鲁纳、奥苏伯尔为代表的认知学说，这种学说认为学习的过程是原有认知结构中的有关知识与新学习的内容相互作用而形成新的认知结构的过程，学习的实质是具有内在逻辑意义的学习材料与学生原有的认知结构关联起来，新旧知识相互作用，从而新材料在学习者头脑中获得了新的意义，以下主要在认知理论的基础上研究数学学习的基本过程。

一、数学学习的一般过程

(一) 数学认知结构

所谓数学认知结构，就是学生头脑里的数学知识按照他自己理解的深广度，结合自己的感觉、知觉、记忆、思维、联想等认知特点，组合成的一个具有内部规律的整体结构。简而言之，数学认知结构就是学生头脑中的数学知识结构。为了明确数学认知结构，可从以下几个方面加以理解。

第一，数学认知结构是数学知识的逻辑结构与学生的心理结构相互作用的产物。数学知识的逻辑结构是指由数学知识之间内在的联系联结而成的整体。什么是学生的心理结构呢？一般认为，智力因素及其结构就是学生学习过程的心理结构。智力因素是由观察力、记忆力、想象力、注意力和思维能力五个因素组成的，这五个因素以思维能力为核心组成一定的完整结构。

第二，数学认知结构有其个性特点。在知识总量大体相等的情况下，有的学生对知识理解得很深刻，组织得有条理，知识很容易储存和提取；相反，有的学生对知识理解得较肤浅，知识支离破碎、杂乱无章，既不利于储存，又不容易提取。

第三，数学认知结构具有层次性。在学习过程中，学生形成了一定的数学认知结构之后，一旦遇到新的信息，就会利用相应的认知结构对新信息进行处理和加工。当然，由于学生的认知结构有其个性特点，所以每个学生对新信息的处理和加工的能力是不同的，即形成了不同层次、不同水平的数学认知结构。

第四，数学认知结构是在数学认识活动中形成和发展起来的，随着认识活动的进行，学生的认知结构不断地分化和重组，并且变得更加精确、更加完善。也就是说，数学认知结构是不断发展变化的。

(二) 数学学习的一般过程

根据学习的认知理论，数学学习的过程是新的学习内容与学生原有的数学认知结构相互作用，形成新的数学认知结构的过程。依据认知结构的变化，数学学习的过程可以划分为四个阶段：输入阶段、相互作用阶段、操作阶段和输出阶段。

第一阶段是输入阶段。输入阶段实质上就是教师创设数学学习情境，给学生提供新的学习内容。在这一学习情境中，学生原有的数学认知结构与新学习的内容之间发生认知冲突，使学生在心理上产生学习的需要，这是输入阶段的关键。

第二阶段是相互作用阶段。新学习的内容输入以后，学生原有的数学认知结构与新学习的内容之间相互作用，数学学习就进入相互作用阶段。学生原有的数学认知结构与新学习的内容相互作用有同化和顺应两种基本的形式。所谓同化，就是把新学习的内容纳入到原有的数学认知结构中去，从而扩大原有的认知结构的过程；所谓顺应，就是当原有认知结构不能接纳新的学习内容时，必须改造原有认知结构以适应新学习内容的过程。需要指出的是：同化和顺应是学习过程中原有的数学认知结构与新学习的内容相互作用的两种不同形式，它们往往存在于同一学习过程中，只是侧重不同而已。

第三阶段是操作阶段。操作阶段实质上是在第二阶段产生新的数学认知结构雏形的基础上，通过练习等活动，使新学习的知识得到巩固，初步形成新的数学认知结构的过程。通过这一阶段的学习，学生学到了一定的技能，使新学习的知识与原有的认知结构之间产生了较为密切的联系。

第四阶段是输出阶段。这一阶段是在第三阶段初步形成新的数学认知结构的基础上，通过解决数学问题，使新学习的知识完全融入原有的数学认知结构之中，形成新的认知结构的过程。通过这一阶段的学习，学生的能力得到进一步的发展。

二、数学学习的特殊过程

(一) 数学概念学习

概念是反映事物本质属性和特征的思维形式。事实上，人们在实践活动中，首先通过感知、接受客观事物的各种信息，形成感性认识，然后经过比较、分析、综合、概括等思维活动，抽象出客观事物的本质属性，形成关于这类事物的概念。

数学概念是从过去的经验或认识中归纳、抽象出现实世界空间形式与数量关系本质属性的思维形式，从而使它们有效地适合于当前各种问题情境的一种结构。这样既能减轻人们的认识负担，又能帮助人们更好地认识客观规律。内涵和外延是构成数学概念的两个重要方面，数学概念的内涵反映数学对象的本质属性，外延是数学概念所有对象的总和。以平行四边形为例，它的外延包含着一切正方形、菱形、矩形以及一般的平行四边形，而它的内涵包含着一切平行四边形所共有的“有四条边，两组对边互相平行”这两个本质属性。

数学研究的对象是脱离了客观事物的具体物质内容而独立存在的数量关系和空间形式，因此与其他学科的概念相比，数学概念具有以下特点：一是数学概念的抽象形式化；二是数学概念的逻辑严密性；三是数学概念的表征符号化。

1. 原始概念的学习

原始概念是指数学中不加以定义的概念。显然，数学原始概念的外延最宽泛，是最高的属概念。如数学中的点、线、面、体、集合等都是原始概念。由于数学是用公理化思想方法整理而成的演绎体系，各个分支都以原始概念为基础而形成了概念系统。所以，数学学习是由原始概念学习逐渐进入到一般概念学习的。

数学原始概念的学习过程有四个步骤：一是观察，就是学生观察一些原始概念的肯定例证，从中获得更多的信息，形成对原始概念的初步认知；二是归纳，就是归纳获得的信息，初步认知客观事物的本质属性；三是强化，就是进一步考察有关的肯定例证和否定例证，通过比较来强化对本质属性的认识，获得原始概念的意义并形成论证；四是回忆，就是让学生独立地举出应用原始概念的例子，从记忆中提取概念。

同时，学生在原始概念的学习中应该做到：第一，学习原始概念必须认识原始概念所代表的事实，即客观事物的本质属性，理解它们的实际意义。因此，学生要在观察、归纳的基础上加强理解，并在此基础上形成论证。第二，原始概念的认知方式是顺应的过程，在学习中应充分调动学生已有的知识经验，使新学习的原始概念与某些意义联系起来，从而有利于学生掌握原始概念。第三，应使学生认识学习的必要性，并了解原始概念在概念体系中的地位和作用。

2. 一般概念学习

一般概念的学习有三种形式：概念形成、概念同化以及二者的比较和综合。

一是概念形成，指在教学条件下，教师从大量具体的例子出发，从学生实际经验的肯定例证中以归纳的方式概括出一类事物的本质属性的方式。概念形成的具体过程为：①辨别一类事物的不同例子，概括出具体例证的共同属性；②提出它们的共同本质属性的各种假设，并加以验证；③把本质属性与原有认知结构中的适当的知识联系起来，使新概念与已知的有关概念区别开来；④把新概念的本质属性推广到一切同类事物中去，以明确它的外延；⑤扩大或改组原有的数学认知结构。对初次接触的或较难理解的数学概念，采用概念形成的方式能够降低学习难度。

二是概念同化，是指学生在数学学习时，对直接用定义形式陈述的概念，以主动方式与其认知结构中原有的有关概念相互联系、相互作用，并领会新概念的本质属性，从而获得新概念。概念同化的具体过程为：①揭示概念的本质属性，给出定义、名称和符号；②对概念进行特殊分类，揭示概念的外延；③巩固概念，利用概念的定义进行简单的识别活动；④概念的应用与联系，用概念解决问题，并建立所学概念与其他概念之间的联系。这种教学过程比较简明，能够使学生比较直接地学习概念，因此是学生获得概念的基本方式。

三是概念形成与概念同化的比较与结合。综上可知，概念形成主要依靠的是学生对具体事物的抽象概括，而概念同化主要依靠的是学生对新旧知识之间的联系；概念形成与人类自发形成概念的方式接近，而概念同化则是具有一定思维水平的人自觉学习概念的主要方式。中学阶段，低年级概念形成用得比较多，高年级概念同化逐渐增多，并成为获得概念的主要方式。但对较难理解的或新学科(新内容)开始时的一些概念，仍适宜采用概念形成的学习方式。同时还应注意：在概念学习过程中，概念形成与概念同化往往又是结合在一起使用的，这样既符合学生学习概念时由具体到抽象的认识规律，掌握形式的数学概念背后的事实，又能使学生在有限的时间内较快地理解概念所反映的事物的本质属性，掌握更多的数学概念，提高学习效果。

3. 概念学习的 APOS 理论

数学教育家杜宾斯基认为，学生学习数学概念是需要进行心理建构的，这一建构过程需要经历四个阶段，我们就以函数概念为例进行具体说明。第一，活动(action)阶段。理解函数需要进行活动或操作。例如，在有现实背景的问题中建立函数关系 $y=x^2$，需要用具体的数字构造对应：$2\to4$；$3\to9$；$4\to16$；$5\to25$；$\cdots$ 通过操作活动理解函数的意义。第二，过程(process)阶段。即把上述操作活动综合成函数过程。一般的有 $x\to x^2$，其他各种函数也可以概括为一般的对应过程：$x\to f(x)$。第三，对象(object)阶段。即把函数过程上升为一个独立的对象来处理。比如，函数的加、减、乘、除、复合运算等，在表示式 $f(x)\pm g(x)$ 中，函数 $f(x)$ 和 $g(x)$ 均作为整体对象出现。第四，概型(scheme)阶段。这时的函数概念以一种综合的心理图式存在于学生的脑海中，在数学知识体系中占有特定的地位。这一心理图式中含有具体的函数实例、抽象的过程、完整的定义以及与其他概念的区别和联系(方程、曲线、图像等)。

APOS 理论集中于对特定的学习内容——数学概念学习过程的研究，对数学概念所特有的思维形式“过程和对象的双重性”做出了有效分析，对数学学习过程中学生的思维活动做出了深入研究，正确揭示了数学学习活动的特殊性，提出了概念学习要经历“活动”“过程”“对象”和“概型”四个阶段。从数学学习心理学的角度分析，以上四个学习层次分析是合理的，反映了学生数学概念学习过程中真实的思维活动。其中“活动阶段”是学生理解概念的一个必要条件，通过“活动”让学生亲身体验、感受概念的直观背景和概念之间的关系。“过程阶段”是学生对“活动”进行思考，经历思维的内化、压缩过程，学生在头脑中对活动进行描述和反思，抽象出概念所特有的性质。“对象阶段”是通过前面的抽象，认识到了概念的本质，对其赋予形式化的定义及符号，使其达到精致化，成为一个具体的对象，在以后的学习中以此为对象去进行新的活动。“概型阶段”的形成要经过长期的学习活动来完善，起初的概型包含反映概念的特例、抽象过程、定义及符号，经过学习建立起与其他概念、规则、图形等的联系，在头脑中形成综合的心理图式。APOS 理论揭示了数学概念学习的本质，是具有数学学科特征的学习理论。

(二) 数学命题学习

表示两个或多个概念之间关系的语句(判断)称为命题。数学命题的标准形式是“若 P 则 Q”，这是一种肯定对象在一定条件下具有某种属性的判断。因为判断可真可假，所以命题也可真可假。数学上把真实性为人们所公认而又不加以证明的命题称为公理。在数学科学体系中，一般要求公理组具有无矛盾性、独立性和完备性。但在中学数学课程中，由于学生的可接受性，人们往往把一些公理体系以外的真命题称为公理，即不一定严格要求公理体系的独立性。根据已知概念和已知命题，遵循逻辑规律、运用推理方法，已证明真实性的命题称为定理，因此命题学习实际上是学习若干概念之间的关系，也就是学习由几个概念联合所构成的复合意义。命题学习主要是指学生对数学公理、定理、公式、法则和性质的学习。它包括发现命题、理解其语句所表达的意义以及论证命题。就其复杂程度来说，它一般高于数学概念学习，是意义学习的一种最高形式。

命题学习实质上是新旧知识相互作用并形成新的认知结构的过程。一般来说，新学习的命题与学生原有认知结构中的有关知识构成下位关系、上位关系、并列关系。与这三种关系对应，数学命题有三种不同的学习形式，即下位学习、上位学习和并列学习。

1. 下位学习

下位学习就是把新知识归属于认知结构的某一适当部位并使之相互联系的过程。由于认知结构中原有的有关观念的包摄和概括水平高于新学习的知识，因而新旧知识所构成的这种类属关系又称为下位关系，所以这种学习称为下位学习。几何概念的掌握大多是属于这种情况，是以自上而下为基础的。

例如，学习者先学习多边形概念，再学习三角形、四边形概念。又如，学习者先学习一般三角形的概念，再按边分类或者按角分类，学习其中的特殊三角形概念。再如，学习者先学习映射的概念，再学习一种特殊的映射——函数的概念。这些学习的过程属于下位学习。下位学习实际上是一种同化过程，即把后来的下位概念学习纳入到先前的上位概念结构中去，从而充实上位概念的结构。

2. 上位学习

上位学习是一种从下而上的学习，就是要在几个原有观念的基础上学习一个包摄或概括程度更高的命题或概念。由于这里新学习的命题或概念在概括程度上高于原有观念，所以这种学习可以称为上位学习。

例如，学习者在学习了二次函数的极值、三角函数的极值等基础上学习包摄或概括程度更高的一般函数的极值概念，这种学习实际上是一种上位学习。

又如，关于拟柱体的体积定理“如果拟柱体的上、下底面的面积分别为 S'，S，中截面的面积为 S_0，高为 h，那么它的体积是 $V_{拟柱体}=\frac{1}{6}h\left(S'+4S_0+S\right)$”，它实质上是从棱柱、棱锥、棱台的体积公式 $V_{棱柱}=Sh$，$V_{棱锥}=\frac{1}{3}Sh$，$V_{棱台}=\frac{1}{3}h\left(S_{上}+\sqrt{S_{上}S_{下}}+S_{下}\right)$ 中，分析它们之间的内在联系，归纳综合为概括水平更高的拟柱体体积公式，即拟柱体体积公式相对于棱柱、棱锥、棱台的体积公式而言就构成了上位学习。

再如，在学习一般二次曲线时，学习者对几种特殊的二次曲线(圆、椭圆、双曲线、抛物线)进行概括，改建原来具有的特殊二次曲线的认知结构，重新构建一般二次曲线的数学认知结构，这样的学习也属于上位学习。

3. 并列学习

在上位学习和下位学习中，新定理都与原有认知结构中的观念有着直接的联系，所以新定理中的关系容易揭示，学生容易获得。并列学习则没有这种直接的联系，因而学习起来难度相对较大。并列学习的关键在于寻找新定理与原有认知结构中的有关定理的联系，使得它们能够在一定意义下进行类比。在并列学习中，概念之间的关系是通过类比处于并列关系的旧定理中的概念之间的关系获得的。例如，方程的同解原理和不等式的同解原理是并列关系，学习了方程的同解原理后，学习不等式的同解原理，就可以采用类比的方法，建立两者之间的联系，从而掌握不等式的同解原理。

在中学数学课程中，许多新命题的学习都属于并列学习，即在原有数学认知结构中有关知识的基础上，类比出新命题中涉及的知识，发现它们之间的联系，形成新的数学认知结构。

(三) 数学认知策略学习

学生从学校毕业后，研究数学和教授数学的人极少，使用数学的人也不太多。这样看来，对那些将来不从事数学相关专业工作的绝大多数学生来说，是不是就没有必要学习数学了？实际上，很多数学教育家已经意识到，数学知识中蕴含的数学思想方法在学生未来的工作和生活中应用更加广泛，所以数学教学应加强数学思想方法的教学。其实，数学思想方法是一种特殊的学习结果，现代心理学将其称为认知策略。

1. 数学认知策略的性质

我们不妨先从数学教师熟悉的数学思想方法谈起，如教师在进行“一元二次方程的根与系数的关系”教学时，教材先要求学生求出几个一元二次方程的两个根 x_1，x_2，然后计算 x_1+x_2，x_1x_2 的值，具体如表 3-1。

表 3-1　一元二次方程的两个根与系数的关系

方程	系数			两个根 x_1，x_2	两根之和 x_1+x_2	两根之积 x_1x_2
	二次项系数	一次项系数	常数项			
$x^2-5x+6=0$						
$x^2-2x-3=0$						
$2x^2-3x+1=0$						
$4x^2+3x-1=0$						

教师要求学生填完上述表格，然后引导学生根据上述表格中的数据猜测一元二次方程 $ax^2+bx+c=0(a\neq 0)$ 两根之和、两根之积与方程的各项系数 a，b，c 之间的关系。根据几个特例归纳猜想形成结论，当然这个结论未必正确，因此，学习者还要通过一元二次方程的求根公式加以推导证明，最后得出韦达定理。

上述教学过程中，除了韦达定理这个具体内容以外，还蕴藏着“归纳——猜想——证明”的数学思想方法。这个数学思想方法在教材中没有明确给出，需要教师认真分析、精心设计才能让学生体会到。在实际教学中，多数教师往往重视韦达定理这一知识教学，而忽视了这一知识获得过程中蕴含的数学认知策略的教学。

“归纳——猜想——证明”这一思想方法，与求方程的两个根、两根之和、两根之积以及韦达定理证明等数学运算并不一样，它是在这些数学运算以外控制和调节这些数学运算的。学生在求出了第一个方程的两个根以及两根之和、两根之积后，根据归纳的基本要求，必须要有多个方程的根与系数的信息，因而还需计算其余几个方程的两个根、两根之和、两根之积以及系数；计算出四个方程的根与系数的信息后，提炼上述方程的根与系数的共同特征，进行数学猜想，推测一元二次方程根与系数之间的关系；形成猜想以后，还要检验、证明这一猜想，要么确认它，要么否定它。

这些运算之所以能在教材上、在教学中有条不紊地调出来，有组织地加以执行，是因为教材编写人员、教师的认知结构中除了这些数学运算以外，还有控制和调节这些数学运算的程序，具体地说即是“归纳——猜想——证明”的数学思想方法。显然，求方程的两个根、两根之和、两根之积的运算是数学学习活动中的认知过程，“归纳——猜想——证明”的思想方法就是对上述认知过程进行组织、控制和调节的。从中我们不难看出，数学思想方法作用的直接对象不是外在的数学符号，而是内在的学习或认知过程。加涅就把过程控制和调节自己注意、学习、记忆和思维的内部心理过程的技能称为认知策略。

通过上述分析可知，数学认知策略实质上是一种技能，它对数学学习过程起控制和调节的作用。更为形象地说，这一技能是为完成某个学习目标而组织调用有关数学知识的，数学思想方法大都属于数学认知策略。

我国数学课程改革非常关注数学学习的过程，并明确地将过程性目标作为数学课程目标的重要组成部分。从教学角度看，过程是指教学的过程，是相对于教学的结果而言的，是达成教学目标、完成教学任务必须经历的活动流程。在上例中，教学的结果是韦达定理，它是静态的；教学的过程是得出韦达定理的“归纳——猜想——证明”的过程，它是动态的。显然，这一过程实质上就是一种特殊的认知技能——数学认知策略。

2. 数学认知策略的习得

数学认知策略本质上属于程序性知识，它的习得要服从程序性知识习得的规律，要经历从陈述性知识向程序性知识的转化过程。但是，数学认知策略又属于一种对内调控的程序性知识，它的习得与数学概念学习、数学命题学习是有区别的。基于数学认知策略的这种特殊性，可将数学认知策略习得过程分为三个阶段。

1) 孕育阶段

这一阶段，学生在数学知识与技能的学习过程中，接触蕴含数学认知策略的例子。这时学生学习的主要目标是掌握数学知识、获得数学技能，并没有明确意识到知识技能获得过程中蕴含的思想方法，只是在数学知识与技能学习过程中附带体验数学思想方法的运用。这一阶段持续时间较长，学生接触和体验数学认知策略的例子也比较多，但是这些仅是体验而已，并没有上升为明确的认识。

化归法是一种重要的数学思想方法，它是把未知的问题化为已知的问题、陌生的问题化为熟悉的问题、复杂的问题化为简单的问题的方法。学生若要习得这一方法，在数学学习中必须先要接触大量化归法的例子。例如，在小学时，学生学习平行四边形的面积公式时，是将平行四边形的面积转化为长方形的面积；学习梯形的面积公式时，是将梯形的面积转化为平行四边形的面积；在初中时，学生学习求解二元一次方程组时，是通过代入消元法或加减消元法将其转化为求解一元一次方程，学生学习求解三元一次方程组时，也是通过代入消元法或加减消元法将其转化为求解二元一次方程组。上述两个例子中的教学内容相隔时间相对较长，学生在学习时，主要学习平行四边形面积公式怎样得到、如何应用，梯形面积公式怎样得到、如何应用，主要学习如何解二元一次方程组、如何解三元一次方程组，其中的化归思想方法隐含在所学习的具体内容中，学生往往难以明确意识到。

2) 明确阶段

这一阶段，学生明确意识到所学内容中蕴含的数学思想方法。在孕育阶段，学生已学习了很多蕴含数学思想方法的例子，这一阶段，学生要对这些例子进行有意识地分析与比较，从这些不同内容的例子中抽象、提炼出相同的思想方法。这种抽象、提炼活动，要以学生能同时注意到这些例子为前提，心理学的研究发现，工作记忆是建立新知识的内部联系、新旧知识之间联系的地方。所以，例子与例子之间的类同，例子与数学认知策略之间的联系，都要借助工作记忆。在工作记忆中加工处理的信息是人们能直接意识到的，因而在明确阶段，学生同时注意到这些例子是数学认知策略学习得以进行的重要条件。

这一阶段，学生学习过程本质上是从例子到规则的。有人认为，从例子到规则这一过程过于漫长，既然数学思想方法对于学生来说非常重要，那就先把数学思想方法明确告诉学生，然后再举例子说明。其实，上述做法对于数学认知策略学习并不适用。这是因为，一方面，给出数学认知策略的言语表述后，学生要运用认知结构中已有的概念和规则去理解和同化。由于数学认知策略描述的是人的思维活动规律，其间涉及思维的概念和规则，而学生学习的内容大都是具体的数学概念和规则，运用后者难以理解前者。另一方面，在用例子说明数学认知策略时，例子更加容易理解。如果学生难以理解例子本身涉及的数学概念和规则，更谈不上明确认识其中蕴含的思想方法。另外，数学教材不是按照数学认知策略学习这一线索来编排和组织的。这样，在某段集中的时间，学习内容不太可能都蕴含某一特定的认知策略。从这些意义上讲，数学认知策略学习应采用从例子到规则的学习。

3) 应用阶段

这一阶段，学生练习运用已经明确的数学认知策略，从而形成控制和调节自己的数学认知活动的技能。数学认知策略学习也要进行变式练习，在练习中不断获得反馈，数学认知策略学习有以下的特点。

一是变式练习范围广泛。数学认知策略是阐释人类思维活动的规律，有很强的概括性，可以解释很多领域的思维活动。同样一个数学认知策略，可以适用于数学学科的多种内容，甚至可应用于物理、化学等其他学科中。如特殊化是一种数学思想方法，即当研究的问题比较复杂时，先研究问题的特殊情况，找到特殊情况的解决方法,然后从特殊情况的解决方法中受到启发而找到问题的解决方法。这种方法不仅适用于数学学科，也适用于物理、生物等其他学科。

二是练习内容必须为学生所熟悉。对呈现给学生的练习题，学生要具备相关的原有知识，如果内容不熟，他们也会难以运用策略。如果要进行数学认知策略练习，只有等到学生对不同领域的数学知识都比较熟悉时才能进行。这也说明数学认知策略的教学不应过早进行。

三是学生在练习中必须获得信息。具体地说，学生在练习中必须获得数学认知策略运用的条件和效益的信息，以作为以后选择数学认知策略的依据。人们在策略训练研究中发现，教会学生执行某种策略程序比较容易，但是教会学生主动运用策略比较困难，即碰到问题时，若不给予提示，学生一般不会主动运用已习得的策略。造成这种现象的原因有两个：一是学生没有认识到策略运用的条件，虽然已经掌握许多策略，在碰到具体问题时还是不知运用哪种策略；二是学生在练习中没有体会到运用策略给他们的学习与解题带来的效益，没有意识到运用策略可以有效解决问题。如果学生在学习中感受到运用策略带来的便利和快捷，他们在后续内容学习中会倾向于继续运用。

(四) 数学情感领域学习

有些学生虽然在数学学习上获得高分,但是在数学学习过程中并未感到快乐，有的甚至并不喜欢数学，也就是说学生在数学学习上并未获得积极的情感体验。数学课程改革已充分意识到这个问题，以学生的全面发展为理念，改变传统教学过于注重知识传授的倾向，从知识与技能、过程与方法、情感态度与价值观三个维度重新厘定课程目标，在重视传统教学对认知能力的培养的基础上，也重视对学生非认知品质的培养。

1. 数学情感领域学习的性质

所谓情感领域，是指作为学习结果的情感、动机、态度、意志等非认知的因素。在数学教学中，教师需要培养的主要非认知因素，主要有动机、态度和情感，其中动机的培养主要归结为学生自我效能感的培养。

1) 自我效能感

自我效能感指人们对自身完成既定行为目标所需的行动过程的组织和执行能力的判断。它与个体拥有的技能无关，但与个体对所拥有的能力的判断有关系，相当于我们经常所说的自信心。

自我效能感是影响学生学习行为的重要因素。第一，自我效能感影响学生选择学习任务。一般来说，学生倾向于避开超出自己能力的学习活动，选择自己有能力完成的任务。但有研究者认为，学生对自己能力估计过高，会使自己选择力不能及的任务，会因无法完成任务受到挫折伤害；对自己能力估计过低，则会限制自己潜能发挥而失去奖励的机会。所以，我们应对自己做出稍稍超出自己能力的评价，这样既能促使我们去选择具有一定挑战性的任务，又能为能力的发展提供可能。第二，自我效能感影响学生学习的坚持性。研究发现，自我效能感强的学生，在困难的情境中会投入更多的努力，学习得更好；但在他们认为是容易的情境中，会付出较少的努力，学习得很差。也就是说，学生自我效能感越强，会付出越多的努力，学习持续时间也会越长。第三，自我效能感影响学生的思维方式和情感反应。自我效能感强的学生，在遇到困难时不会表现出太多的焦虑和痛苦，更多地去考虑外部环境的特点和要求；他们在遭遇失败时，倾向于将其归因于自身努力不够；自我效能感弱的学生，在遇到困难时，会表现出较多的焦虑，而且过分关注自身的缺点和不足；他们在遭遇失败时，与能力相当但自我效能感强的学生相比，倾向于将其归因于自己能力的不足。

2) 态度

态度是习得的、影响个人对特定对象做出行为选择的有组织的内部准备状态或反应的倾向性。也就是说，态度只是一种内部的准备状态，即准备做出某种反应的倾向性，但并不是实际反应本身。比如，有的学生认为数学枯燥无味，不太喜欢学习数学，但这种倾向性并不一定表现为上数学课前的逃课行为，有时恰恰相反，这个学生可能按时上课，认真听讲，甚至数学学习成绩也很优秀。

现代心理学认为，态度是由认知成分、情感成分和行为倾向成分构成的。认知成分是个体对态度对象的观念，情感成分是个体在对态度对象认识的基础上进行一定的评价而产生的内心体验，行为倾向成分是个体对态度对象准备做出某种反应的倾向。例如，一个学生对数学的态度比较积极，其中认知成分可能是，在班级学生中数学成绩总是排名第一，这可以带来荣誉感；情感成分可能是当排名第一时得到老师表扬、获得同学钦佩这种心理需要得到满足或解题顺畅时的兴奋感；行为倾向成分指这个学生偏爱数学的行动的准备倾向。

在数学学习过程中，学生在教师的教法、他人的看法及自身的体验等多种因素的影响下，形成了一些有关数学的态度。这些态度，有些是积极的，有些可能是消极的。

3) 情感

情感是客观事物与人的主观需要之间关系的反映。人有生理、安全、归属与爱、自尊、认知、审美及自我实现七种需要，前四种属于缺失性需要，需要得到了满足就不再需要了，后三种属于成长性需要，这类需要得到满足后还会有进一步的需要。

数学课程给人类提供了从数量和空间的角度认识世界的思想和观念，可以满足人们的认知需要，并产生理智感，同时数学课程中又蕴含了许多美的因素，可以满足人们的审美需要并产生美感。审美需要是在认知需要的基础上出现的，因此数学课程中的美感是更为高级的情感体验，我们可将数学课程中的情感教育目标归结为审美感受的获得和体验。

教师在数学教学中可让学生感受数学美，具体包括：①和谐美。这是指部分与部分、部分与整体之间的和谐一致，其中一种主要表现形式是对称美。②简洁美。这包括计算过程短、推理步骤少、逻辑结构浅显而明确、数学表达准确而简明等。③奇异美。这是指做出的结果或有关的发展出乎人们的意料之外，从而引起人们极大的惊诧和赞叹。④统一美。这是审美对象在形式或内容上的某种共同性、关联性或一致性，它能给人一种整体和谐的美感。

2. 数学情感领域学习的规律

1) 自我效能感形成的规律

自我效能感的形成至少要经历两个阶段:先要获得有关自身能力水平的信息,后对这些信息进行认知加工，形成对自身能力的知觉。一般来说，学生是通过以下四种渠道获得自身能力的信息的：①个体自身的成败经验，这是最有影响力的信息来源。个体在某个任务上获得成功会提高自我效能感，失败会降低自我效能感。②他人的成败经验，又叫替代性经验。当学生在完成某项任务时，以前没有在这项任务上的成败经验时,就倾向于从榜样的成败经验中判断自身能力的状况。③他人的言语说服。别人对自己能力的评价也是学生获得自身能力状况的重要信息源。④个体自身的生理状态。个体自身的生理状态也能传递有关自己能力的信息。对不同渠道的信息，学生需要考虑加工的因素不尽相同。

(1) 对自身成败经验的认知加工。在获得自身成败经验的基础上，学生要考虑到任务的难度、付出的努力以及获得外部的帮助等因素来做出自我效能感的判断。一般来说，在简单任务上的成功不大会增强自我效能感；在困难任务上的成功则有助于提高学生的自我效能感，付出很少努力就完成了困难任务，意味着水平很高，付出艰苦努力才获得成功，意味着能力低下，这不大可能提高自我效能感。另外，如果学生认为自己的成功受外部环境因素控制，学生只有在获得极少外部帮助的情况下完成困难的任务，才有助于提高自我效能感。

(2) 对替代性经验的认知加工。在用他人的成败经验来判断自己的能力时，学生主要从两个方面考虑：一是自己与榜样的相似性。如果学生认为自己与效仿的榜样非常类似，则榜样的成功经验有助于增强学生的自我效能感，如某个同学看到与自己学习差不多，或者与自己一样也留过级，或者和自己性格一样内向的同学，几何学得很好，则他也会认为自己有这个能力。二是学生从榜样解决困难问题中习得了榜样所使用的策略，而且这种策略十分有效，导致榜样取得成功，那么掌握这种策略的学生也会提高自我效能感。

(3) 对说服性信息的认知加工。说服者对学生能力的评价能否为学生接受，变成学生自己对自己能力的评价,要看说服者的信誉及其对活动性质的了解情况。如果学生对劝说者非常信任，则劝说者对学生能力的评价就容易被接受。如果劝说者对学生能力的评价常与实际不符，则学生就不再信任该劝说者，他的评价也不会再影响学生的自我效能感。另外，如果劝说者有顺利完成学生要完成的任务的经验，而且有客观评价他人的丰富经验，那么劝说者对学生能力的评价也容易被学生接受。

(4) 对生理性信息的认知加工。学生对生理状态信息的加工，一方面体现在对生理状态原因的分析上。如果学生将某种生理状态视为由能力不足引起的，如课堂上回答老师提问时的紧张是因为自己回答不了提问，这会削弱自我效能感；

如果学生将某种生理状态视为常人都会有的经历，例如将课堂上回答老师提问时的紧张看作所有人都会有的体验，这会增强自我效能感。另一方面，一定的生理状态在记忆中总是与不同的事件联系在一起的，体验到了某种状态，会回忆起与之相连的事件，回忆起的事件会对自我效能感判断产生影响。例如，悲伤的状态引发了人们对失败的回忆，从而降低自我效能感；欣喜的状态引发了人们对成功的影响，从而增强自我效能感。

2) 态度改变的规律

态度的学习包括两个方面：一是形成先前未有的态度，二是改变已经形成的态度。从心理学角度看，态度改变具有以下规律。

(1) 认知失调是态度改变的必要条件。个体具有一种一致性需要，即维持自己观点或信念的一致。如果个体的观点或信念不一致，就称为认知失调，认知失调出现以后，个体会在一致性需要的推动下，试图通过改变自己的观点或信念重新获得一致。在这个过程中，个体态度有可能会发生变化。例如，传统数学教学使学生形成了如下数学学习态度：学数学就是老师讲、学生听，老师举例、学生模仿。现代数学教学倡导新的学习方式，让学生去探究，让学生去合作，让学生去讨论，教师应成为学生学习的引导者、合作者和促进者。学习方式有了变化，学生就会认知失调，为了重新达到平衡，学生有可能改变学习态度，也有可能维持原有态度。

(2) 观察、模仿榜样是态度形成与改变的有效方式。这里选择出来的观察、模仿榜样，往往体现了一定的态度或一定的行为选择模式，并且榜样的态度还受到了一定奖励。这样就会替代性地在学生身上产生强化作用，即学生也倾向于模仿榜样的行为选择，从而习得相应的态度。榜样可以是活生生的人，如学生周围的同学、老师等，也可以是电影、电视、书中描写的人物，他们都能向学生示范要学习的态度。

(3) 直接强化行为选择是态度形成与改变的有效途径。教师对学生的行为选择(体现了态度)进行直接强化有助于态度的形成与改变。例如，有些学生对解题形成了错误的态度：题目要么在几分钟内做出来，要么做不出来。如果学生在做某道数学题时，冥思苦想了好长时间才做出来，随后又受到了老师或家长的表扬或奖励，这样学生有可能形成“解题有时要花很长时间”的态度，以取代原先错误的态度。

3) 审美感受获得的规律

个体对一定事物的情感是以对该事物的认知为基础的，在这个基础上，再运用一定的标准对这一认识进行评价，从而就形成了情绪情感体验。

对数学美的感受，其心理过程也大致如此。学生要对蕴含数学美的数学学习内容进行一定的认知加工，这种认知加工可以具体化为运用数学概念和规则进行推理、计算等活动。在认知加工活动中或者认知加工活动结束之后，学生运用一定的审美标准对自己的认知活动的过程与结果进行评价，如果符合自己的审美标准，就会产生审美体验。这里所说的审美标准可以是我们在前面提及的和谐美、简洁美、奇异美、统一美等外在标准，也可以是学生运用自己设定的标准或自己原有的相关知识经验进行评价。

第四章　数学课程基本理论

第一节　数学课程概念的辨析

一、课程词源分析

各类教育著作几乎没有不提及课程的，但人们对课程界定很难达成共识。我们首先考察人们是如何使用“课程”这一术语的，以及它的不同定义，这样会有助于我们拓展对课程的理解。

在我国，“课程”一词最早见于唐宋时期。唐朝孔颖达为《诗经·小雅·巧言》中“奕奕寝庙，君子作之”句作疏：“维护课程，必君子监之，乃依法制。”但他用这个词的含义与我们现在通常所说的课程的意思相差甚远。宋代朱熹在《朱子全书·论学》中多次提到课程，如“宽着期限，紧着课程”“小立课程，大作功夫”等。虽然他只是提到了课程，并且没有明确界定，但意思还是清楚的，即功课及其进程。这与现在很多人对课程的理解基本是相似的。

我国古代的“课程”实际上是“学程”，只有教学内容规定，没有教法规定；近代“课程”则与“教程”相近，注重教学的范围与进程，而且这种范围与进程的规定，又是按照学科的逻辑体系展开的。另外，任何一门学科都从属于学科系列，而这种学科系列又是由学校教育性质决定的。在这种情况下，学校课程只能是“教程”。鉴于目前课程过于“教程”化，其缺陷越来越明显，未来课程将向“学程”转化。

在英语中，课程(curriculum)一词最早出现在英国著名教育家斯宾塞《什么知识最有价值》一文中，它是从拉丁语 currere 一词派生出来的，意为“跑道”(race-course)。根据这个词源，最常见的课程定义是“学习的进程”(course-of-study)，简称学程，这一解释在英文字典中很普遍。课程既可以指一门学程，又可以指学校提供的所有学程。这与我国一些教育辞书上对课程的狭义和广义的解释基本上是一致的。

然而，如今这种界定受到越来越多的质疑和批评，甚至对课程一词的拉丁文词源也有不同的看法。因为 currere 的名词形式原意为“跑道”，重点是在“道”上，为不同的学生设计不同的轨道就成了顺理成章的事情，从而引出了一种传统的课程体系；而 currere 的动词形式是指“奔跑”，重点是在“跑”上，这样着眼点会放在个体对自己经验的认识上。每个人都是根据自己以往的经验来认识事物的，因此每个人的认识都有其独特性。课程实际上是一个人对自己经验的重新认识。

二、课程概念辨析

目前课程定义较多，有人统计过，课程的定义不少于200个。我们若把各种课程定义进行归类，大体上可分为六种类型。

1. 课程即教学科目

我国古代的课程有礼、乐、射、御、书、数六艺，欧洲中世纪初的课程有文法、修辞、辩证法、算术、几何、音乐、天文学七艺，都是把课程等同于所教的科目。西方的学校就是在七艺基础上增加其他学科，逐渐建立起现代学校课程体系的。斯宾塞也是从指导人类活动的各门学科的角度探讨其知识的价值和训练的价值的。我国很多教育学教材也呈现出这样的观点：课程即学科，或者指学生学习的全部学科(广义课程)，或者指某一门学科(狭义课程)。

2. 课程即有计划的教学活动

这一定义把教学的范围、序列和进程，甚至把教学方法和教学设计，即把所有有计划的教学活动都组合在一起，试图对课程有一个比较全面的看法。例如，有学者认为："课程是指一定学科有目的的、有计划的教学进程。这个进程有量、质方面的要求，它也泛指各级各类学校某级学生所应学习的学科总和及其进程和安排。"相对而言，这个定义考虑较为周全。

3. 课程即预期的学习结果

这一定义在北美课程理论中比较普遍。有人认为，课程不应该指向于活动，而应该直接关注预期的学习结果或目标，也就是说要把重点从手段转向目的。这要求课程事先制定一套有结构、有序列的学习目标，所有教学活动都是为达到这些目标服务的。

4. 课程即学习经验

有人把课程定义为学习经验，是试图把握学生实际学到了什么。经验是学生在对所从事的学习活动的思考中形成的。课程是指学生体验到的意义，而不是要学生再现的事实或要学生演示的行为。虽然说经验要通过活动才能获得，但活动本身并不是关键，因为每个学生都是独特的学习者，他们从同一活动中获得的经验并不相同。所以，学生的学习取决于他们自己做了什么，而不是教师做了什么。也就是说，只有学习经验才是学生实际认识到的或学习到的课程。这种课程定义的核心是把课程的重点从教材转向个人。

5. 课程即社会文化的再生产

有人认为，任何社会文化中的课程实际上都是(而且也应该是)这种社会文化的反映。学校教育的职责是再生产对下一代有用的知识技能。政府有关部门根据国家需要规定所教的内容，专业教育工作者的任务是要考虑如何把它们转化成可以传递给学生的课程。这种定义依据的基本假设是：个体是社会的产物，教育就是要使个体社会化。课程应该反映各种社会需要，以便学生能够适应社会。可见，这种课程定义的实质在于使学生顺应现在的社会结构,从而把课程的重点从教材、学生转向社会。

6. 课程即社会改造

有一些教育家认为，课程并不是使学生适应或者顺从社会文化，而是要帮助学生摆脱现在社会制度的束缚。因此有人提出“学校要敢于建立一种新的社会秩序”的口号。他们认为，课程的重点应该放在当代社会的问题、社会的主要弊端、学生关心的社会现象等方面，要让学生有通过社会参与形式从事社会规划和社会行动的能力。学校课程应该帮助学生摆脱对外部强加给他们的世界观的盲目依从，使学生形成批判的意识。

上述各种课程定义从不同的角度或多或少都涉及课程的某些本质，但也都存在明显的缺陷。人们目前普遍认同课程计划、课程标准和教材构成了课程的主要内容这一观点，也将研究焦点放在以下三个方面。

第一个方面是“学科”说，即将课程分为广义的课程和狭义的课程。广义的课程是指所有学科的总和，狭义的课程是指一门具体的学科。

第二个方面是“进程”说，即课程是一定学科有目的、有计划的教学进程，不仅包括教学内容、教学时数和顺序安排，还包括规定学生必须具有的知识、能力、品德等的阶段性要求。

第三个方面是“总和”说，即将列入教学计划的各个具体学科和它们在教学计划中的地位、开设顺序等总称为课程。它有三个标准：计划的课程(文件、标准、教材)、实施的课程(教师在课堂上所教授的)和获得的课程(学生通过学习活动所获得的)。

三、数学课程及其主要研究内容

数学课程是学校课程体系的一个组成部分，是完成整体课程任务、实现学生全面发展的一个重要方面，是学生在学校教育中获得的数学的知识、技能、思想、方法、能力、情感以及与之相关的全部经验。

数学课程主要有以下几个重要的研究问题。

(1) 数学课程目标确定。依据国家教育方针，分析国家教育目的，确定数学课程目标。

(2) 数学课程内容选取。依据数学课程目标，分析影响数学教育因素，主要包括社会发展、数学学科、学生发展，在分析学生发展和社会发展对数学需求的基础上，选择和确定数学课程内容。

(3) 数学课程内容组织。什么时候学习什么数学内容有利于学生身心发展、有利于学生系统掌握数学知识；如何组织教学材料，将材料以什么形式呈现给不同年龄、不同需求的学生，这些问题本质上都是数学课程内容组织问题。

(4) 数学课程实施。数学课程实施的主要途径就是数学课堂教学，当然也包括相关的教育行政部门和有关的教育管理人员领导、组织、管理和评价数学课程的实施。

(5) 数学课程评价。针对数学课程目标，依据现行数学课程，研究数学课程评价的方式和方法，编制测量工具，对数学课程进行科学的评价，不断提高数学课程质量，并为未来数学课程的设计和发展提供依据。

(6) 数学课程资源开发。数学课程资源是指形成数学课程的要素来源以及实施数学课程的必要的、直接的条件。按照数学教育发展的要求，广大数学教师应成为数学课程资源的开发者，不能仅停留在表层知识的开发上，还要挖掘深层的知识和数学思想方法，充分利用各种教学资源，充分发挥他们在学生数学学习中的积极作用。

第二节　数学课程影响因素

人们在数学课程设计时，首先要认清和研究三个影响因素—社会、数学、学生，它们是数学课程目标确定、数学课程内容选择、数学课程内容编排、数学课程资源开发、数学课程组织实施、数学课程评价的依据，也表现为数学课程的制约因素。

英国著名数学课程论专家豪森在其所著的《数学课程发展》一书中指出：“促使课程发展的动力来自各个不同方面，最大的动力来自社会。另外，动力来自数学，动力来自教育本身”。我国著名数学教育家丁尔陞在其所著的《中学数学课程导论》一书中，将制约数学课程的主要因素归结为：社会生产的需要，科技进步的要求，教育发展的要求，数学发展的要求，儿童发展的要求和社会政治、文化、哲学思想的影响等六个方面。究其本质而言，仍可以概括为社会、数学、学生三个主要因素。

一、社会与数学课程

数学因为具有抽象化、形式化、符号化的基本特征，常常被人们看成是一门“中性”的学科，超然于自然、社会之外。但实际上，无论数学多么抽象，它都不可能游离于社会之外，一是研究数学的人就处于这个社会之中，肯定受到社会诸多因素影响；二是数学在相当程度上就是对社会现象的抽象和提炼。数学课程更是在其存在之时就与社会结下了不解之缘，因为数学课程作为学校教育不可缺少的一个组成部分，它必然承载着学校教育所承担的社会职责(如传承人类文化、培养合格公民等)，更因为数学课程的改革发展和价值追求必须与社会的发展和需要一致时方能实现。豪森在分析和评价 20 世纪 60、70 年代的数学课程改革运动并展望未来课程发展前景时，采取了“将数学课程发展放在历史的，以及更普遍的社会的、教育的背景中去加以考察”的研究立场。这一研究立场紧紧抓住了数学课程发展的社会背景和社会基础，无疑是科学和正确的。

1. 社会与数学课程之间的关系

社会与数学课程之间的关系主要有两个基本观点。

第一，社会发展对数学课程具有决定性的作用。首先，社会需求直接或间接地决定着数学课程应具有的时代标准和价值取向，是制定数学课程标准、选择数学课程内容的依据。比如，社会发展到了信息社会，对每个公民的数学素养提出了更高要求，如果只是片面强调传统意义上的数学教育的实用性的目的和思维训练的目的，显然很难达到现代社会的要求，数学课程应该承载更多的教育功能，应该在培养人的数学素养上形成新的教育价值追求。其次，社会发展对数学课程的决定性作用还表现为社会发展需要常常成为数学课程改革的直接动力，这一点已经为数学课程发展历史所证明，而且在当前各国数学课程改革方案中有鲜明的体现。例如，全美数学教师联合会(NCTM)制定的《美国学校数学课程与评价标准》依据工业社会向信息社会发展的要求，明确提出了关于数学教育的四个社会目标，即具有良好数学素养的劳动者；终身学习的能力；平等的教育；明智的公民，并根据这些目标进一步提出了五个具体标准：学会认识数学的价值、对自己的数学能力有信心、能数学地解决问题、学会数学地交流、学会数学地推理。这些社会目标集中地反映了社会发展对数学课程改革的影响。

第二，数学课程对社会发展的适应是能动的，数学课程应该通过有效的设计和实施主动服务社会，促进社会发展。人类已经进入了信息化社会，数学与人类生活和社会发展更加紧密地联系在一起，与人类理性思维和社会文明更加紧密地联系在一起。数学课程所担当的社会责任、所蕴含的价值内涵应该从对社会需求的一般性适应向积极地服务社会转变，并且前瞻性地为社会未来发展需求做好积极准备。

2. 社会发展需求对数学课程的影响

(1) 社会生产发展的要求。数学教育发展史表明，数学课程的产生和发展总是伴随着社会生产力的发展水平同步进行的。比如在当今社会的生活领域、经济领域和生产领域，采集数据、处理数据、分析数据并根据分析结果做出预测和决策已经成为社会发展的基本需求，数学课程就应该做出相应的体现和反映，数据处理的意识、思想、方法应成为数学课程的主要内容。

(2) 科学技术进步的要求。科学技术发展对数学的影响主要表现在两个方面：一方面，它改变了人们对数学知识和数学方法的需求。比如，以前计算尺和对数表是经常使用的计算工具，现在被计算器、计算机取代了。目前由于信息技术被广泛运用，人们广泛采用数学实验方法，数学的技术性特征也就随之显现出来。另一方面，科学技术发展又不断向数学提出了更高的要求，数学化的手段在各种高新科学技术的发展中发挥着越来越重要的作用，以至于人们认为，高科技本质上就是一种数学技术。这两方面的影响都应在数学课程中体现出来。

(3) 教育自身发展的要求。从教育自身发展看，满足社会的需求、促进社会的发展是教育的客观规律之一，教育发展的要求在实质上体现着社会发展的要求。国家发布的教育方针、国家制定的教育法规、国家规范的办学方向、社会定位的培养目标等都直接影响着数学课程的目标、内容和结构。

(4) 社会文化传统的影响。社会文化传统是一种历史的积淀，它必然具有社会传承性。这种社会传承性既伴随着数学课程的发展，也影响着数学课程的发展。充分认识社会文化传统对数学课程的影响，既有利于继承和发展本国的数学课程传统，也有利于在不同社会文化传统背景下开展数学课程比较研究。当前，有关数学课程的社会文化研究已引起了人们的重现。比如，国际上受到关注的“民俗数学”就是具有民族特征、地域特征及一定文化传统特征的数学。又如，由于东亚一些国家和地区的学生在一些国际数学测试中总是成绩优异，一些西方学者开始关注东方的数学教育，并积极开展了研究。近几年来，我国也有一批学者开展了基于中国文化传统的数学课程研究，主要涉及中国传统数学教育观、科举考试文化、寻找东西方数学教育的平衡点、东亚数学教育的特征、双基教学、变式教学等。

3. 社会因素对数学课程及其设计的影响

社会因素对数学课程及其设计的影响首先体现在数学课程目标上，也主要体现在数学课程目标上。比如，《美国学校数学课程和评价标准》中的四个社会性目标反映了社会因素对数学课程目标的直接影响。

由于社会因素的多样性，它对数学课程目标的影响较为复杂。英国学者欧内斯特认为，不同的数学教育目标体现着不同的社会集团的利益和需要，从这一角度出发，他根据英国数学课程改革发展的历史和现状，对社会各利益群体的数学教育目的观进行了系统分析，认为可分为三种数学教育目的，而这又分别与三个不同的社会集团——教育家及教育工作者、数学家或数学共同体、企业和社会界的代表——的利益直接对应，即①人本主义的目的，指通过数学教育促进人的充分发展或自我完善，特别是理性思维和创造性才能的充分发展；②数学的目的，关注的主要是数学知识的传授，希望教师通过把作为专门学问的数学知识传授给学生，以保证数学的未来发展；③实用主义的目的，主要关注实用的数学技能的掌握。他对不同的数学教育目的观的背景分析也是以社会的来源和影响为依据的。例如他在分析“大众教育派”的数学教育目的时指出：大众教育观的目的在于通过判断性数学思维，增强大众的民主意识和公民义务责任感，即以社会背景的数学问题为前提，把个人培养成为自信的问题提出者和问题解决者，这些目的出自一个希望，即数学教育应该为促进社会大众的社会分工做出贡献。

认识社会因素对数学课程及其设计的影响，更为重要的是应立足于社会发展的时代特征，并把握其和数学课程所形成的关系。现今社会是信息化社会、知识型社会、学习型社会，社会与教育的关系更加密切，数学课程与社会及人的发展联系更加紧密。社会对数学课程的育人价值提出了更高的要求，这些要求既体现在数学课程的宏观或中观目标中，更需要转化为数学课程组织与实施的微观目标。也就是说，社会发展因素对数学课程及其设计的影响是全方位的。

二、数学与数学课程

任何一门课程都是以其依托的学科知识为基本载体的，也就是说，学科知识是学科课程的原生性来源。数学就是数学课程的原生性来源，但实际上数学课程并不等同于数学。

1. 作为学科的数学和作为科学的数学

作为学科的数学与作为科学的数学是不一样的，因为数学课程除了数学内容之外，还包括课程目标、课程实施、课程管理、课程评价等非数学的结构要素。其实，我们还可以从两者的主要区分点去认识：第一，知识范围不同。作为学科的数学只能是作为科学的数学的一部分。第二，选择标准不同。作为学科的数学服从于课程目标，要根据学生发展的必要性和适应性选择，作为科学的数学服从于数学内部的逻辑结构和真理性标准。第三，层次不同。如在抽象性和严谨性标准上两者有明显的差异。第四，内容结构、表现方式不同。作为学科的数学注重知识情境、现实背景、适度的形式化，作为科学的数学注重系统性、逻辑性和形式化。

我们指出两者不同，不是将其割裂开来、对立起来，而是为了更好地把握两者之间的联系。作为学科的数学和作为科学的数学只有范围、层次、表现形式、结构特点上的差异，在数学本质上(如数学的符号、语言、思想、方法、精神、价值观)是一致的。也可以这样来认识，作为学科的数学是来源于作为科学的数学的，并且数学课程的演变是受制于数学科学的发展的。作为学科的数学就承担起了一种责任：作为学校知识体系的一门主要科目，作为数学学习活动的一种知识素材，要引领学生通过数学知识学习逐步认识数学的本质和价值。

2. 数学对数学课程及其设计的影响

数学对数学课程及其设计的影响主要表现为以下三个方面。

1) 数学观的变化对数学课程观的影响

数学观表现为对数学本质的一种基本认识和态度。数学在发展过程中自身特征有了一些新的变化，人们认识数学本质的角度也有所增多，所以数学观也就逐渐丰富起来。人们的数学观相应地发生了新变化，即从把数学简单地等同于无可怀疑的知识汇集的静态的绝对主义数学观向一种动态的经验和拟经验的数学观转变，即把数学看成是一个含有实验、猜想、试误、证明、改进等活动，并依据个体和群体共同努力实施的社会过程。随着计算机的使用及数学在现代社会中应用的扩展，数学本质特征的表现日趋多元化。通过调查教师和学生的数学观发现，人们在数学观上存在狭隘性和片面性，由此对数学教育也产生了很多误区。有正确的数学观，才会有正确的数学课程观，数学课程设计应以现代数学观为指导，确立与其相对应的数学课程目标。

2) 数学的价值取向直接制约着数学课程的价值取向

数学教学中，虽然数学课程的价值取向还带有若干功利主义的倾向，但从数学与数学课程之间的辩证关系出发，应该将数学课程的价值取向回归于数学价值的本原，即数学课程应充分地反映数学的科学价值、社会价值和教育价值，数学课程在设计时必须把握这个方向。

3) 数学的发展及其内容体系为选择和确定数学课程内容提供了依据

数学为数学课程内容提供了具体素材，数学的发展及其在社会中的地位和价值常常成为“在学校中到底应教给学生什么样的数学”这一问题的思考基础。数学为数学课程内容提供的素材，不仅指那些来自数学各个分支的对学生有用的静态的知识体系，也包括蕴含在知识中的数学思想方法、数学活动及其过程以及数学的态度与精神。

3. 数学与数学课程关系的若干代表性观点

下面简要介绍数学与数学课程关系的几个代表性的观点。

苏联数学教育家斯托利亚尔认为，数学课程要受到现代数学的影响，但不等于在中学教现代数学。数学教育现代化首先的意思是教学的思想接近于现代数学，即把中学数学教学建立在现代数学思想的基础上，并且使用现代数学的方法和语言。

英国学者欧内斯特从数学哲学和数学教育哲学的角度剖析了数学观对数学课程的影响。人们如果承认数学是“可误”的社会建构，那么数学就是一个探究和认识的过程，是人类不断创造和发明的广阔领域，是不会终结的产物，这种动态的数学观对数学教育有重要的启示。

荷兰著名数学教育家弗赖登塔尔认为，在教学过程中，学生应该学习数学化，即数学地组织现实世界的过程，数学教育必须通过数学化来进行。另外，他还提出了“数学结构的教学现象学”观点，主张从数学发生发展的深刻背景中去探索人类的认知过程，特别是教学过程中概念形成与获得的规律。

张景中提出了“教育数学”这一新概念。他认为，数学教育要靠数学科学提供素材，对素材进行教学法的加工使之形成教材；而教育数学则是为了教育的需要，对数学研究成果进行再创造式的整理，以提供适宜教学法加工的材料，这往往需要数学上的创新。也就是说，数学的知识要成为数学课程的内容，仅仅靠教学法的加工是不够的，还必须在它们之间架设一座桥梁，这座桥梁就是教育数学，它本身是对数学的再创造。

张奠宙认为，数学教学的目标之一是要把数学知识的学术形态转化为教育形态，具体的转化途径有四条：颠倒教材中形式化的表述顺序；通过范例和具体活动去激活学生对数学的思考；广泛揭示数学的内在联结；在数学思想方法层面上形成教育形态。

以上这些关于数学和数学课程关系的观点，虽然不具有一致性和系统性，但对于如何编制数学课程、如何组织数学教学有积极的意义。

三、学生与数学课程

教育作为人类社会特有的活动，是随着社会的进步不断发展的。在漫长的发展进程中，在不同的时代背景下，教育的价值取向有着各种各样的表现及相应的教育哲学依据。教育发展到了今天，越来越显示出一个主题，即学生的主体地位，这是人本主义在教育活动中的体现。

所以，数学课程设计必须紧扣学生这个主体，要让学生在课程教学下实现全面发展和个性发展，学生与数学课程的关系就建立在一个更本质的联系上。从这一角度看，学生对数学课程的制约作用主要体现在以下三个方面。

1) 促进学生的发展成为数学课程设计与组织的本体性依据，是数学课程的首要目标

长期以来，数学课程基于自身的特点，过于注重知识逻辑结构和形式推理，过于重视数学技能训练，加上数学课程在应试竞争中的重要地位，使得纯粹的数学解题技能训练一度成为数学课程的首要目标，这种数学课程观及数学课程实践在数学教育改革历史进程中，已经被证明行不通，它只会对数学教育产生消极的影响，更不利于学生数学素养的培养。在数学教育与人的生存发展联系更加紧密的今天，这种观点更应该被摒弃。

2) 数学课程的组织与实施必须建立在学生身心发展的基础上

学生的身心发展对数学课程的影响和制约体现在相辅相成的两个方面：一方面，数学课程对学生的心理要有适应性，数学课程目标的确定、内容的选择和体系的安排，都应该考虑学生已有的心理发展水平和认知特点；另一方面，数学课程对学生的心理发展又要有促进性，这种促进不只是促进智力的发展，还要促进

包括非智力因素在内的学生身心的全面发展。

数学课程要适应和促进学生心理发展的客观要求，使得数学学习心理的研究成为热点。20 世纪数学学习心理的研究经历了从行为主义到认知主义的发展历程，如今以建构主义为核心的众多的学习理论已经为数学学习心理规律探索奠定了坚实的理论基础。数学学习心理研究更深入地走向对数学课程学习的具体活动的研究层面，如关于数学概念学习的认知机制、数学解题的模式识别、数学问题解决与建构性活动特征、数学理解的内部机制与过程、数学思维的结构与特征、数学证明的认知结构、代数几何的认知问题以及语言、性别与数学学习，等等，这些研究使人们能够在数学学习的具体活动中去把握具有数学学科特征的学习心理规律，是对数学课程与学生关系的更深层次的研究。

3) 以学生的发展作为数学课程的根本目标

数学课程不仅出发点在学生，它的落脚点也在学生，学生发展成为数学课程结构的核心和数学课程运行的主线，学生发展是数学课程的根本目标，并对社会和数学两个因素起着协调和统控的作用。

总之，社会、数学、学生都是数学课程的制约因素，这些因素从不同的角度、在不同的层面上影响数学课程。在数学课程发展过程中，不能只去考虑单一因素，只关注孤立因素的数学课程无法实现数学教育的价值追求，只有有机协调与有效整合三个因素，才能构建出真正符合时代发展要求的数学课程。

第三节　数学课程设计基本要素

一、数学课程目标设置

数学课程目标就是对数学课程的设计、实验、审定与实施所提出的总体要求，是数学课程评价的基本依据，是数学教育活动的起点与归宿。在设置数学课程目标时，必须考虑社会发展的需要、数学发展的需要及学生发展的需要。

20 世纪 80 年代以来，许多国家和地区的数学课程目标都发生了很大变化，不同国家和地区的数学课程目标有各自的价值取向，这些目标可以分为三类。

第一类是实用目的，包括以数学方式解决日常生活中遇到的问题；提供将来大部分职业所需要的数学训练；为将来升读理科及有关学科所需的数学奠定基础。

第二类是学科目的，包括数、符号及其他数学对象的运算能力；数学推理与逻辑思维；数学构造与解决问题的能力；以数学的方式表达及交流。

第三类是文化目的，包括欣赏数学之美；认识古今数学在各地文化中的角色及其与其他学科的关系。

这些目标虽然在表述上有所差异，但从中也反映出一些共同的特点：更加关注人的发展，关注学生素养的提高；面向全体学生，从精英向大众转变；关注个体差异，不作统一要求；注重联系现实，关注学生体验。进入 21 世纪后，许多国家和地区都进行了数学课程改革，各国数学课程目标呈现出了以下共同特征：注重问题解决、注重数学应用、注重数学交流、注重数学思想方法、注重培养学生的情感、态度与价值观。

(一) 数学课程目标制定依据

数学课程目标制定的主要依据是社会的需求、数学的特征和学生的发展。

第一，数学教育是学校教育的组成部分，数学课程目标必须体现社会或国家教育的总目标。其实，无论是教育的总体目标，还是一门课程的具体目标，都必须适应社会的需求。教育的作用就是把自然的人培养成为社会的人，使个体得以充分发展，使其成为合格的社会公民，所以社会的政治经济和科学技术的需求决定着数学课程的目标制定，尤其是科学技术总是推动着数学课程的改革和发展。

第二,数学课程目标要能够充分反映数学的三个基本特征——高度的抽象性、逻辑的严谨性与应用的广泛性。我国以往的数学课程目标比较重视知识和技能，忽略了数学的应用。随着数学科学的发展，它日益显示出应用的广泛性。在这种形势下，人们对数学的价值有了更深刻的认识。因此，相关专家在制定数学课程目标时，除了重视数学知识、技能、能力以外，还应该把学生创新意识和实践能力的培养放到应有的地位。

第三，数学课程目标要体现学生的发展。学生的发展既包含能力的发展，又包含心理的发展。数学对大多数学生来说是一门比较难学的学科，数学在学校教育中居于一种特殊的地位，常常作为学生进入不同职业和发展轨道的筛选工具。相关专家在制定数学课程目标时，必须把数学教育的选拔功能和发展功能有机地结合起来，既要重视社会对学生发展的客观要求，又要注意学生个性化发展的需要，使学生各方面都能得到充分发展。

(二) 义务教育数学课程目标

我国《义务教育数学课程标准(2022 年版)》确立的课程目标如下。

通过义务教育阶段的数学学习，学生逐步会用数学的眼光观察现实世界，会用数学的思维思考现实世界，会用数学的语言表达现实世界(简称“三会”)。学生能

(1) 获得适应未来生活和进一步发展所必需的数学基础知识、基本技能、基本思想、基本活动经验。

(2) 体会数学知识之间、数学与其他学科之间、数学与生活之间的联系，在探索真实情境所蕴含的关系中，发现问题和提出问题，运用数学和其他学科的知识和方法分析问题和解决问题。

(3) 对数学具有好奇心和求知欲，了解数学的价值，欣赏数学美，提高学习数学的兴趣，建立学好数学的信心，养成良好的学习习惯，形成质疑问难、自我反思和勇于探索的科学精神。

(三) 普通高中数学课程目标

我国《普通高中数学课程标准(2017 年版 2020 年修订)》确立的课程目标如下。

通过高中数学课程的学习，学生能获得进一步学习以及未来发展所必需的数学基础知识、基本技能、基本思想、基本活动经验(简称“四基”)；提高从数学角度发现和提出问题的能力、分析和解决问题的能力(简称“四能”)。

在学习数学和应用数学的过程中，学生能发展数学抽象、逻辑推理、数学建模、直观想象、数学运算、数据分析等数学学科核心素养。

通过高中数学课程的学习，学生能提高学习数学的兴趣，增强学好数学的自信心，养成良好的数学学习习惯，发展自主学习的能力；树立敢于质疑、善于思考、严谨求实的科学精神；不断提高实践能力，提升创新意识；认识数学的科学价值、应用价值、文化价值和审美价值。

二、数学课程内容选择

(一) 数学课程内容选择原则

数学课程内容选择要有利于促进学生科学世界观的形成，有利于使学生对数学的历史进程、现代数学的本质特征及在其他科学技术、国民经济中的应用获得清晰的认识，有利于学生学习在国民经济各个部门中从事实际工作和升入高等学校继续学习的有关内容。

相关专家在选择内容时，首先要考虑社会的需求，其次是要能够实现课程目标以及适应学生的心理特点，最后要考虑到教师的素质和其他办学条件等。根据这些主要因素，数学课程内容在选择时需要遵循以下原则。

1. 基础性原则

中学数学教育是基础教育，学习数学是为了使学生具备进一步学习和参加工作的数学修养，因此在选择数学内容时要遵循基础性的原则。从能力培养上来看，掌握最基本的知识是知识转化为能力的最中心的环节，掌握基础知识有利于实现迁移。需要指出的是，这里的基础不是指学习现代数学的逻辑基础，而是指升学和就业所必需的基础，是数学科学的初步知识。

但随着社会的不断发展、科技的不断进步，基础知识的范围也会随之而发展变化。有的本是基础知识的，可能现在已被更重要的基础知识所取代；有些不属于基础知识的，现在却需要作为必要的基础来学习。例如数理统计、概率、信息技术知识在20世纪都未曾列入中学数学课程中，现在已成为每个公民必须具备的基本知识，被列入中小学数学课程中。因此相关专家在数学课程内容选择时，要与时俱进地理解基础，遵循基础性与发展性相结合的原则。

2. 可接受原则

可接受原则就是所选择的数学内容应与学生的心理水平和认知能力相适应。对学生的接受能力估计不足，选择的数学课程内容过少或过于简单，会影响学生的发展；若选择的内容超出了学生的接受能力，学生就无法理解和掌握，也会影响教学质量。

数学课程内容的选择应难易适中，与学生的认知水平和接受能力相适应，既要保证大多数学生能理解，又要着眼于学生的发展。数学课程内容应具有一定的广度和深度，使每一个学生尽可能得到充分的发展。也就是说，所选择的内容是学生能够接受的，但必须要通过一定的努力才能掌握。

3. 弹性化原则

一个国家的数学课程内容若没有统一的基本要求，那么，提高全民族的数学素养和培养合格的建设人才等设想就会落空；但若只强调统一，而忽视灵活性，就会造成一些学生“吃不饱”、一些学生“吃不了”的现象，影响人才培养质量。所以，在选择课程内容时一定要注意统一性和灵活性的结合。

首先，相关专家可根据各地区的实际情况，对课程内容进行灵活取舍，较发达地区的要求可高一些，内容多一些；较偏远的地区内容可适当少一些，要求低一些。而且在选择题材方面，发达地区和偏远地区、城市和农村都较不相同，应该根据具体条件选择一些贴近学生生活实际的题材。

其次，相关专家可根据时代的发展需求，对课程内容进行改进。为适应社会的不断发展，教材要进行定期的修改和调整，精简一些传统的内容，适当增加一些近代和现代数学的初步知识以及社会生活常识。

最后，灵活性和统一性相结合的一个重要体现就是，必修内容和选修内容相结合。必修内容是每一个学生都必须掌握的，选修内容是对基础知识加以引申和推广而得到的，它既可作为数学课外活动题材，又可供不同学生来选择，为自己的学习目标实现奠定基础。

我国高中数学课程就分必修课程、选择性必修课程和选修课程，这就是为不同发展需要的学生作准备的。必修课程为学生发展提供共同基础，是高中毕业的数学学业水平考试的内容要求，也是高考的内容要求。选择性必修课程是供学生选择的课程，也是高考的内容要求。选修课程为学生确定发展方向提供引导，为学生展示数学才能提供平台，为学生发展数学兴趣提供选择，为大学自主招生提供参考。

4. 衔接性原则

衔接性原则包含两个方面：一是中学作为学校教育的一个阶段，应做好它与小学教育和大学教育的衔接；二是中学数学课程内部本身在内容上必须相互衔接。就前者来说，中学数学课程内容是小学数学内容基础上的发展，同时也应是进入高一级学校学习的基础。就后者来说，数学是一门系统性很强的科学，前面的内容必须是后面学习内容的前提，后面学习的内容是前面学习内容的发展。

从课程的整体性出发，衔接性原则还体现在数学与其他学科的衔接上。内容的选择不能仅仅从数学学科的角度出发，也要联系其他学科，既考虑别的学科对数学的需要，也注重数学与其他学科知识的综合与渗透。

5. 情境性原则

情境性原则指的是，数学课程内容应注重情境的设计和一些背景性知识的介绍。将情境性蕴含于课程内容中，有利于激发学生的学习兴趣，让学生认识到数学的发生和应用。

数学课程内容中要提供具体的实践情境，增加书本与社会生活和学生现实生活的联系，素材应尽量来源于自然、社会与科学中的现象和问题。这些现实是学生能够看得见、听得到或者感受到的。

数学课程内容中应设计一些背景性的辅助材料，如数学发展史上的人物、事件、典故、趣题等，使学生对数学的发生发展过程和数学文化有所了解，激发学生的学习兴趣，体会数学在人类发展中的重要作用。

上述所说的选取原则各有侧重，但又是相互联系的。在数学课程内容选择时，应把上述几项要求结合起来考虑。另外还要考虑数学课程目标、教师素养、学校教学条件等因素。

(二) 国际数学课程内容特点

数学课程目标是数学课程内容选择的一个主要依据，随着各个国家和地区的数学课程目标发生新的变化，数学课程内容也发生了变革，呈现出了以下共同特点。

数学课程内容的设计考虑了全体学生的需要，使数学课程为学生成为未来的合格公民服务。各国和各地区的课程中增加了许多弹性内容，以满足不同学生学习的需要。比如，日本提出了“综合学习”，新加坡将数学课程分成了“普通课程”和“特殊课程”。

数学课程内容范围有所扩展，选择更多与学生生活密切联系的内容。美国的学校数学课程强调让学生面对具体的情境“做”数学，认为人们是在一些具有目的的活动中收集、发现和创造知识的，这个活动过程不同于掌握概念和程序。英国《科克罗夫特报告(Cockcroft Report)》认为，数学课程内容应当拓展，丰富学生的审美和语言体验，给他们探索周围的环境提供手段，使他们发展逻辑思维能力，还要使他们具备数值技能。

数学课程内容的选择应符合现代社会的需要，让学生学习现代社会所必需的、有用的数学。数学的应用性决定了学习内容必须是“有用”的。各国在选择课程内容时，都考虑到了现代社会各个领域所必需的、有用的数学。美国、新加坡、英国等分别在小学和中学阶段开设了“概率与统计”等相关科目。

考虑到数学学科本身的发展，将现代数学中新的内容和新的技术引入数学课程之中。随着信息化时代的来临，原有课程内容体系明显滞后，各国都及时地把现代数学中的新内容引入到数学课程中。另外，科学技术的发展，计算机和计算器等技术的广泛运用也给数学教育注入了新的活力。

三、数学课程内容组织

(一) 数学课程内容组织原则

1. 心理化原则

心理化原则主要包括三层含义：第一，学生的认知发展规律是由具体形象思维到经验抽象思维，再到理论抽象思维的。因此，教师在数学课程内容组织时，要使数学知识的抽象程度与学生认知发展的各个阶段相适应。第二，教师在数学课程内容组织时，要符合学生的认识规律，由浅入深，由易到难，循序渐进，要由感性到理性，由实践到理论再到实践。第三，数学课程内容组织要有利于发挥知识迁移效果，做到先行知识的学习与后继知识的学习能够相互促进。

2. 系统性原则

系统性原则主要包括以下几个方面的要求：第一，数学课程内容组织必须具有逻辑性，即数学的概念和命题的排列必须依赖它们赖以存在的思维顺序展开，数学教材上的一切数学概念的展开都应以概念间的内在联系为依据，形成概念系统，数学命题的建立也要以学科公理为基础，用逻辑推理的方式证明。第二，数学课程内容组织应具备连续性，数学知识之间的过渡应该连续，对于抽象水平较高的概念、原理、思想方法应采取逐级渗透的方式进行整体安排。第三，数学课程内容组织应具有层次性，才能使教材成为一个前后相继的结构系统。按照奥苏伯尔的观点，数学课程首先必须安排最一般、最基本的概念和原理，然后逐步呈现其属概念和下位原理。

3. 一体化原则

标准、教材、教法的一体化是数学课程内容组织的一条重要原则。一方面，数学课程标准体现了数学课程的目标和要求，数学教材作为数学课程内容编排的结果是数学课程标准的具体化；另一方面，合理有效的教学方法是落实数学课程标准要求以及帮助学生掌握数学知识、形成数学能力的保证，因此，标准、教材、教法是不可分割的整体。为了贯彻这一原则，数学课程内容组织不仅要反映数学课程的具体目标和教学要求，而且要体现学生数学学习的心理过程。

4. 兼顾性原则

这是由数学课程的多元性所决定的，数学课程内容组织需要兼顾多种制约因素，处理多种关系，如各个学习阶段的衔接问题、各个学科之间的配合问题、各个地区之间的差异问题等。

(二) 数学课程内容组织方式

数学课程内容选取之后，就要对数学课程内容进行教学法的加工，形成数学知识的序列及其相互联系的结构，这是建立数学教材体系、构建数学课程结构的过程。目前数学课程内容的呈现方式有多种，各种方式侧重不同。从内容顺序看，有直线前进和螺旋上升两种方式；从知识结构安排看，有分科编写和混合编写两种方式；从价值取向看，有追求结论与通晓过程两种方式。

1. 直线前进和螺旋上升

直线前进模式是将每一知识模块由浅入深在某段学习时间内一次学完。这种编写模式，使教材编写起来比较流畅，一气呵成，但往往对学生的认知规律考虑较少，有时不利于学生对知识的巩固和理解。

螺旋上升模式就是各个知识模块在各阶段、各年级适当重现，逐步加深，这种教材所占篇幅较多，看上去缺乏严谨性和系统性，但往往有利于学生的认识逐步深化，也有利于各学段学习内容的相对完整。

现代心理学的研究表明，学生的数学学习是一个从量变到质变的过程，是既连续又有层次的过程，是螺旋式上升的过程，因此数学课程内容组织应该将直线前进和螺旋上升两种方式结合起来。现在数学课程编写都充分考虑到了直线式和螺旋式相结合的处理方式，既能够体现知识的衔接性和系统性，又能够考虑学生的认知发展特点。

2. 分科编写与混合编写

按大的知识模块把数学分为若干科目，每个科目按照其特有的知识体系编写教材，这就是分科编写，其特点是各科内容单独编排，自成体系。这种方式有利于揭示知识模块的内在规律性，相对而言，理论比较严密，层次比较清晰，但是其不足之处是忽视和淡化了不同科目知识之间的横向联系。

混合编写是把各个科目内容拆解，放在一起混合编排，组成一个知识体系。混合编写方式有利于反映数学知识之间的交叉性和关联性，也有利于学生认识数学的多样性和统一性，还有利于在数学课程内容中渗透近代数学的思想和方法。

数学课程上述的两种处理方式，各有其优越性，也有某些不足。不同国家(地区)或同一国家在不同的历史时期，上述两种方式都运用过。目前我国数学课程主要采用混合编写，旨在加强各部分知识之间的联系。

3. 追求结论与通晓过程

数学课程如果只提供数学活动的最终结果，一味追求不知从何处引发的结论，学生即使长期学习数学，可能仍然不会学习数学、不会运用数学。这就是追求结论取向的处理方式的弊端。

为了改变这种情况，数学教材内容编排，要注意设置恰当的问题情境，指出学习的背景和意向，提供观察、尝试、操作、猜测、归纳、验证等方面的材料，让学生自己去探究数学知识，让学生自己去发现数学结论，帮助学生通晓数学过程。例如相关专家可以按“问题情境——建立数学模型——解释、应用与拓展”的模式来编写教材，即从具体问题情境中抽象出数学问题，使用各种数学语言表达问题、建立数学模型、获得合理解答、形成有效知识的学习过程。

四、数学课程资源开发

数学课程资源是指应用于教与学活动中的各种资源。主要包括：①文本资源——如教科书、教师用书、教与学的辅助用书、教学挂图等；②信息技术资源——如网络、数学软件、多媒体光盘等；③社会教育资源——如教育与学科专家、图书馆、少年宫、博物馆、报纸杂志、电视广播等；④环境与工具——如日常生活环境中的数学信息、用于操作的学具或教具、数学实验室等；⑤生成性资源——如教学活动中提出的问题、学生的作品、学生学习过程中出现的问题、课堂实录等。

教师在数学教学过程中恰当地使用数学课程资源，将在很大程度上提高学生从事数学活动的水平和教师从事教学活动的质量。教材编写者、教学研究人员、教师和有关人员应依据课程标准，有意识、有目的地开发和利用各种课程资源。

(一) 数学课程资源具体类型

1. 文本资源

文本资源包括教科书、教师用书、学生学习辅助用书、教师教学辅助用书等。

学生学习辅助用书主要是为了更好地激发学生学习数学的兴趣和动力，帮助学生理解所学内容，巩固相关技能，开拓数学视野，进而满足他们学习数学的个性化需求。这一类用书的开发不能仅仅着眼于解题活动和技能训练，单纯服务于应试。更重要的，还应当开发多品种、多形式的数学普及类读物，使得学生能够有足够的机会阅读数学、了解数学、欣赏数学。

教师教学辅助用书主要是为了加深教师对教学内容的理解，加强教师对学生学习过程的认识，提高教师采用有效教学方法的能力。为此，在编制教师教学辅助用书时，提倡以研讨数学教学过程中的问题为主线，赋予充分的教学实例，注重数学教育理论与教学实践的有机结合，使之成为提高教师专业水准的有效读物。

2. 信息技术资源

信息技术资源能向学生提供并展示多种类型的资料，包括文字、声音、图像等，并能灵活选择与呈现；可以创设、模拟多种与教学内容适应的情境；能为学生从事数学探究提供重要的工具；可以使得相距千里的个体展开面对面交流。信息技术是从根本上改变数学学习方式的重要途径之一，必须加以充分应用。

信息技术资源的开发与利用需要关注以下三个方面。

其一，将信息技术作为教师从事数学教学实践与研究的辅助性工具。为此，教师可以通过网络查阅资料、下载富有参考价值的实例、课件，并加以改进，使之适用于自身课堂教学；教师可以根据需要开发音像资料，构建生动活泼的教学情境；教师还可以设计与制作有关的计算机软件、教学课件，用于课堂教学活动研究等。

其二，将信息技术作为学生从事数学学习活动的辅助性工具。为此，教师可以引导学生积极有效地将计算器、计算机用于数学学习活动之中，如，在探究活动中借助计算器(机)处理复杂数据和图形，发现其中存在的数学规律；使用有效的数学软件绘制图形、呈现抽象对象的直观背景，加深对相关数学内容的理解；通过互联网搜寻解决问题所需要的信息资料，帮助自己形成解决问题的基本策略和方法等。

其三，将计算机等技术作为评价学生数学学习的辅助性工具。为此，应当积极开展基于计算机环境的评价方式与评价工具研究，如，哪些试题或评价任务适宜在计算机环境下使用，哪些不适宜，等等。

总之，一切有条件和能够创造条件的地区和学校，应积极开发与利用计算机(器)、多媒体、互联网等信息技术资源，组织教学研究人员、专业技术人员和教师开发与利用适合自身课堂教学的信息技术资源，以充分发挥其优势，为学生的学习和发展提供丰富多彩的教育环境和有力的学习工具和评价工具；应为学生提供探索复杂问题、多角度理解数学的机会，丰富学生的数学视野，提高学生的数学素养；应为有需要的学生提供个体学习的机会，以便于教师为有特殊需要的学生提供帮助；应为教育条件欠发达地区的学生提供教学指导和智力资源，更有效地吸引和帮助学生进行数学学习。

值得注意的是，教师在教学中应有效地使用信息技术资源，发挥其对学习数学的积极作用，减少其对学习数学的消极作用。例如，教师不应在数学教学过程中简单地将信息技术资源作为缩短思维过程、加大教学容量的工具；不提倡用计算机上的模拟实验来代替学生能够操作的实践活动；不提倡利用计算机演示来代替学生的直观想象，弱化学生对数学规律的探索活动。同时，学校之间要加强交流，共享资源，避免相关教学资源的低水平重复，也可以积极引进国外先进的教育软件，并根据本学校学生的特点加以改进。

3. 社会教育资源

在数学教学活动中，教师应当积极开发利用社会教育资源。例如，邀请有关专家向学生介绍数学在自然界、科学技术、社会生活和其他学科发展中的应用，帮助学生体会数学的价值；邀请教学专家与教师共同开展教学研究，以促进教师的专业成长。

学校应充分利用图书馆、少年宫、博物馆、科技馆等，寻找合适的学习素材，如，学生感兴趣的自然现象、工程技术、历史事件、社会问题、数学史与数学家的故事和其他学科的相关内容，以开阔学生的视野，丰富教师的教学资源。

报纸杂志、电视广播和网络等媒体常常为我们提供许多贴近时代、贴近生活的有意义话题，教师要从中充分挖掘适合学生学习的素材，向学生介绍其中与数学有关的栏目，组织学生对某些内容进行交流，以增强学生学习数学的兴趣，提高学生运用数学解决问题的能力。

4. 环境与工具

教师应当充分利用日常生活环境中与数学有关的信息，开发成为教学资源。教师应当努力开发、制作简便实用的教具和学具，有条件的学校可以建立“数学实验室”供学生使用，以拓宽他们的学习领域，培养他们的实践能力，发展其个性品质与创新精神，促进不同的学生在数学上得到不同的发展。

5. 生成性资源

生成性资源是在教学过程中动态生成的，如，师生交流、生生交流过程中产生的新情境、新问题、新思路、新方法、新结果等。合理地利用生成性资源有利于提高教学有效性。

(二) 数学课程资源开发维度

从历史上看，数学的发展与人类文明的发展是同步的，从人类出现书写记数算起(古埃及的象形数字出现在公元前3400年左右),数学已有五千多年的发展史，现在数学已经渗透到社会的各个领域。因此，数学课程资源是无比丰富的，是取之不竭、用之不完的。我们可以从科学教育、应用教育、人文教育与美学教育四个维度来开发数学课程资源。

1. 科学教育维度

这一部分内容要能充分体现数学的思想性和创造性,要突出数学发展的轨迹、科学发展的轨迹，要能使学生体会到，数学作为人类文化的一部分，其永恒的主题是“认识宇宙，也认识人类自己”，要能使学生深切地感受到数学是“科学研究的典范”，是思维的艺术。

(1) 数学教材内容的拓展。教材是学生学习数学的重要依据，虽然它主要是逻辑加工的产物，淡化了“数学文化”的色彩，但它毕竟是扎根于数学文化长河之中的，只要我们对教材相关内容进行适当的加工、拓展和补充，就可使相关教材内容重新焕发出文化的活力。

(2) 数学名题。数学是一门古老而又常新的学科，问题是促进数学发展的源泉和动力。从古到今，有着极其丰富有趣的数学问题，它们构思巧妙，孕育着深刻而丰富的数学思想方法，犹如颗颗珍珠闪烁着人类智慧的光辉。

(3) 科学中的数学。数学为自然科学、社会科学和人文科学提供了合理而有效的理论框架和思维方法。这部分内容主要体现数学的理论性和思想性，因为所涉及的专业知识较多，数学教师最好与相关学科的教师相互协作，设计成专题向学生介绍，内容要深入浅出、通俗易懂，使学生领会其中所应用的数学思想。

2. 应用教育维度

数学在教师和学生眼里仍然是“冰冷”的，是没有“气息”的。要让学生实际地感受到数学是有用的、是人们生存的有力工具、是一门实用技术，教师就必须把数学教育根植于现实生活之中，还数学以应有的、实在的“仆人”身份。

(1) 身边的数学。教师要以学生的生活环境为背景，选取那些与人们的行为活动直接相关的问题，所选取的实例应是学生力所能及的，具有可操作性。通过这些问题的探究，学生能感受到“数学就在身边”，数学可使人们更加合理地做出判断和选择。

(2) 其他学科中的数学。在学生的知识结构中，学生最熟悉的是各门功课中的知识，如果能在除数学之外的其他学科中(尤其是文科类学科中)看到数学的身影，那他们的数学意识就会得到加强。另外，这种“跨学科的综合”也是当今基础教育课程改革的特点，学生能力发展的要求。针对这些跨学科的内容，数学教师可与其他学科教师相互协作、共同设计。

3. 人文教育维度

数学和其他科学、艺术一样，是人类共同的精神财富，是人类智慧的结晶，它表达了人类思维中生动活泼的意念，表达了人类对客观世界深入细致的思考，以及人类追求完美和谐的愿望。

(1) 数学家生平。教师可以主要介绍数学家艰辛的研究过程，展示数学家执着追求真理的精神风采，呈现数学家高尚的人格品质。如果还能够介绍一些数学家所说过的名言格句与后人对他们的精彩评价，可使所选内容更具感染力。

(2) 对数学的发展产生重大影响的历史事件。例如“《几何原本》与人类理性”“微积分与极限思想”“电子计算机与数学技术”等。教师通过这些专题的介绍，使学生体会到数学在人类社会进步中的重要作用以及社会发展对数学发展的积极影响。

(3) 中国数学发展史中的优秀成果。在数学发展史上，我国数学家的丰功伟绩是不可磨灭的。从公元前 3 世纪到公元 16 世纪左右，我国在数学领域始终处于领先地位。大约在三千年前，我们的祖先就知道了自然数的四则运算，到宋元时期进入了古代数学发展的“黄金时代”，创造了无比辉煌的数学成果。在当代，著名数学家陈景润在哥德巴赫猜想的证明上处于世界最前列；吴文俊在计算机的几何证明上所取得的成绩居世界一流等。通过这些材料，能够让学生看到我们的国家和民族在数学上取得的巨大成就，从而激发他们的民族自尊心和自信心，增强他们继承和发扬民族光荣传统的自豪感和责任感。

4. 美学教育维度

数学是美的，然而，数学的这种“冷而严肃”的美，只有解读后才能被人们体会得到。美是人们的一种心理体验，庞加莱说：“数学的优美感，不过是问题的解答适合我们心灵的需要而产生的一种满足感。”通常一些外观的美，仅靠感知就能体验出来，而数学美则不然，它包含有很强的认知成分，虽然我们可以给学生一些欣赏美的标准(如简洁、对称、奇异、统一等)，但按照建构主义的观点，只有那些在学生“数学现实”的基础上建构起“个人意义”的东西才能被他们所理解。因此，我们应该从学生的角度出发，充分挖掘教材中数学美的内容，通过对数学美的展示和解释，使学生理解和欣赏它们，从而使学生更喜欢数学。

(1) 数学美的解读。数学美育内容的挖掘和展现可按四个层次进行：美观→

美好→美妙→完美。此外，还可以利用计算机惊人的计算能力和无限的创意功能来展示和创造利用其他手段无法展现的数学美的内容。例如，利用几何画板描绘优美的曲线以及演示分形几何图形等，让学生去欣赏美、创造美。

(2) 艺术中的数学。教师通过对数学在音乐、绘画、文学等艺术领域的应用内容的介绍，提高学生的艺术鉴赏能力。例如，达·芬奇绘画艺术中的“黄金分割”、中国古代文学作品和戏曲中的“数字文化”“数学悖论”与“《红楼梦》的两难结构”等。这些内容最好以“数学活动”的形式来展开，通过合作、交流、讨论，使学生以数学理性的角度去分析和欣赏艺术作品，体验数学的艺术美，从而达到提高文化品位的目的。

第五章　数学教学基本理论

第一节　教学及数学教学概念辨析

一、教学语义分析

教学既可以指日常生活所使用的普通名词，也可以指作为专业术语所使用的科学概念。日常语言在一定程度上阐明了“教学”一词在论述教育问题时的各种含义，但是并不表明二者等价。为了准确理解“教学”一词的含义，有必要对“教学”进行语义分析。

1. 教学即学习

早在商代，甲骨文中“教”“学”两字都已出现，并有多种写法，而且教与学具有同源性，是对同一人类社会活动的指称。比较这两个字的构成，可以说“教”字来源于“学”字，或者说教的概念是在学的概念的规定性中又加上了一层规定性。“教学”两字连用从古人注解中可以看出其词义是一种教者先学后教、教中又学的单方向活动。因此，古汉语中的“教学”并不是现代意义上的教学，“教学即学习，是指通过教人而学，借以提高自己”是“教学”一词最早的语义。

2. 教学即教授

19 世纪末至 20 世纪初，各地兴办学校，导致班级授课制兴起，这对教师提出了更高的要求。于是，人们对教师的“教”重视起来，“怎样教”成了当时的热门话题。与此对应的“教授”一词就被人们普遍接受，因此“教学”一词有了第二种语义：在近代班级集体教学组织形式下，“教学”的语义演变为“教授”。

3. 教学即教学生学

1917 年，我国著名教育家陶行知从美国学成回国后，发现当时学校存在一个突出问题：重教太过，他认为“教的法子必须要根据学的法子……先生的责任不在教，而在教学，教学生学”，并极力主张将“教授”改为“教学”。这样“教学”一词又有了第三种语义“教学生学”。

4. 教学即教师的教与学生的学

中华人民共和国成立后，我们在全面学习苏联的过程中，接受了苏联教育家对“教学”所下的定义：“教学过程一方面包括教师的活动(教)，同时也包括学生的活动(学)，教和学是同一过程的两个方面，彼此不可分割地联系着。”也就是说，教学是教师教和学生学的统一活动。这种解释一直沿用至今，也是“教学”的第四种语义。

以下是关于教学三种比较有代表性的定义。

所谓教学，乃是教师教、学生学的统一活动；在这个活动中，学生掌握一定的知识和技能，同时身心获得一定的发展，形成一定的思想品德(王策三)。

教学就是指教的人指导学的人进行学习的活动。进一步说，指的是教和学相结合或相统一的活动(李秉德)。

教学是以课程内容为中介的师生双方教和学的共同活动(顾明远)。

二、数学教学及其本质

在上述教学语义的基础上，我们可对数学教学做出如下定义：数学教学是数学活动的教学，在这个活动中，使学生掌握一定的数学知识，习得一定的数学技能，经历数学的活动过程，感受数学的思想方法，发展良好的思维能力，获得积极的情感体验，形成良好的思维品质。

人们对数学教学的认识是不断发展和深入的，有些认识更加符合数学教学的规律，如强调师生双边活动、强调师生在数学教学活动中共同发展、强调数学教学不仅是知识的教学也是数学思维活动的教学、强调数学教学应提高学生对数学及其价值的认识、关注情感因素在数学教学活动中的作用、全面认识教师在数学教学活动中的角色等。

(一) 数学教学是师生双边活动的过程

20 世纪以来，随着现代认知心理学的产生和发展，人们对学习的实质有了更深入的认识：每个学生都有自己的活动经验、知识积累、思维方式和问题解决策略；学生的学习不是一个被动接受知识、强化储存的过程，而是利用原有知识处理各项新的学习任务，通过同化和顺应等心理活动不断构建和完善认知结构的过程，所有这些都必须在教师引导下的学习活动中进行。数学学习也不例外，但由于数学学科的特点，数学学习活动具有自身的特殊性。现代数学教学理论充分注意到这一特殊性，关注学生的主体参与，关注教师的积极引导，强调在数学教学活动中师生之间必须互动，使学生在教师引导下经历“数学化”的过程。

1. 数学教学活动应让学生经历“数学化”的过程

数学的高度抽象造成了其难懂难学，如果教学方式不当，还会加深其难懂难学的印象。这就需要学生自己去感受、去感悟，用内心的体验与创造的方法学习数学，只有当学生通过思考建立起自己的数学理解力时，才能真正懂得数学，学好数学。教师让学生经历“数学化”的活动过程，正是为学生的感受、体验和思考提供有效的途径。我们应让学生置身于学习活动中，从自己的经验和认知基础出发，在教师引导下，通过观察、实验、归纳、类比、抽象、建构等活动，去发现数学概念，去猜测数学结论，然后进一步去证实或否定这些发现或猜测。学生通过这种“数学化”的活动过程获得的数学知识，与被动接受、强化储存获得的数学知识相比，效果是不同的。这种“数学化”的活动过程，既能使学生更好地获得和理解数学知识，又能使学生更好地认识数学及其价值。

2. 数学教学活动应该帮助学生构建和发展认知结构

学习的本质是个体构建和完善认知结构的过程。因此，为了帮助学生构建和发展认知结构，数学教学必须鼓励学生积极地、有效地参与数学教学活动，包括行为参与和思维参与。这需要有学生的身体投入、心理投入，通过思考问题、讨论困惑、发表观点、交流看法等方式，通过同化和顺应的心理活动，不断地构建和完善认知结构，把客观的数学知识内化到认知结构中。

以上正是对数学教学本质认识的深化和发展，需要教师积极转变教学观念和教学方法，这种转变是有困难的，对教师而言是一种挑战，但是教师必须要依据帮助学生构建和发展认知结构这一目标进行教学设计、组织课堂教学，并逐渐成为一种自觉的教学行为。数学教学应该在促进学生有意义的数学活动中进行，教师应创设蕴含数学的有效情境，通过逻辑或实证的方法，采取实践、对话、讨论、互动等多种方式，激发学生的动机，激活学生的思维，使学生主动参与到数学教学活动中。

3. 数学教学活动应是师生之间的互动过程

无论是让学生经历“数学化”的过程，还是帮助学生构建和发展认知结构，数学教学活动都需要在师生互动过程中进行和完成。传统数学教学强调知识的传授、技能的训练、教师的主导(实际上是教师控制)。教师的教学基本上是灌输式的讲授，学生的学习基本上是听讲、模仿、记忆、再现教师所讲知识，是被动接受知识的过程，忽视学生在学习过程中的主体性，也缺乏师生之间、生生之间的互动。对于数学学习来说，这样一种数学教学活动导致的一个直接结果就是扼杀了学生数学学习的积极情感，学生觉得数学学习枯燥无味，没有兴趣学习数学，心里害怕学习数学，也对数学及其价值形成错误认识，认为数学就是做题，数学没有什么用处，学好数学也没有用，这样教师在客观上由于控制太多影响了学生的主动参与，学生在主观上也缺乏主动参与的意向和动力。

强调师生互动的教学活动是对学习本质认识发展和深化的必然结果。学生是在活动过程中通过互动和交流来建构数学知识的。为此，教师要设计一系列具有可操作性的、体现数学内涵的活动，通过丰富的情境信息和数学关系，引导和组织学生经历观察、实验、比较、分析、抽象、概括、推理、建构等活动，在真实情境中、在活动过程中、在互相交流中，使学生去认识和理解数学，去建构和获得数学。

在上述这些活动中，教师既是数学教学的设计者，也是课堂教学的组织者，还是学生学习的合作者。当学生遇到困难时，要在数学上给予启发帮助，要在方法上给予引导指点，要在情感上给予赞赏鼓励，帮助学生建立数学学习的动力、树立克服困难的信心。同时，教师要为学生创设互动环境，包括物理环境、心理环境(融洽的课堂气氛、和谐的师生关系)，要主动了解、积极思考学生在活动过程中出现的种种问题，包括心理上的、数学上的、认知上的，针对学生问题给予具体指导帮助，让学生在师生互动过程中构建和发展认知结构。

(二) 数学教学是师生共同发展的过程

我国古代就提出了“教学相长”这一思想，现代教学是以学生发展为本，突出学生发展，但也关注教师发展，强调教师在教学中实现专业成长，这是对教学本质认识的提升，对教学相长思想的发展。对于数学教师来说，既要在数学教学活动中努力促进学生发展，为学生的学习和发展打好基础，同时又要不断提高自身的数学教学水平，致力于成为富有创新精神的教师、具有独特个性的教师。

1. 数学教学必须促进学生发展

数学教育作为学校教育的重要组成部分，在发展和完善人的教育活动中起着别的学科不能替代的作用。在学校教育中，数学教育主要是在课堂中通过数学教学活动来进行的。因此，我们应该认识到数学教学不仅仅是知识的教学，在知识教学中也要努力体现数学的思想方法，应体现数学的价值、数学的教育价值，应促进学生全面和谐发展。回顾传统数学教学，往往只重视知识点的教学，千方百计地把知识点不断地深化，忽视对数学思想的揭示，忽视学生的长期发展。

国际 21 世纪教育委员会向联合国教育、科学及文化组织提交的报告中指出，面向 21 世纪教育的四大支柱是：学会求知、学会做事、学会共处、学会做人。我们在数学教学中也应体现这四个方面，利用数学科学的特点，努力促进学生的发展，以适应未来社会对人才培养的要求。我们在数学教学活动中要以发展的观点来认识和开展基础知识和基本技能的教学，有意识地通过数学知识的学习过程使学生感悟数学的思考方式；要通过数学推理过程培养学生批判、质疑、说理、求真的理性思维和理性精神；通过数学问题的解决培养学生发现和提出问题、分析和解决问题的能力，进而发展学生的应用意识和创新精神，以及在解决挑战性的问题中培养学生克服困难的顽强意志和锲而不舍的精神等。这样，学生在未来人生历程中，即使有很多人不是以数学为事业，也不从事数学研究或数学教育的工作，他们也许会忘记具体的数学内容，但是，数学留给他们的思考方式、精神态度、意识观念将使学生终身受益，为学生的学习和发展奠定良好基础。

2. 数学教学必将促进教师发展

数学教学必将促进教师发展，这主要体现在三个方面。

第一，在课堂教学中强调学生的主体性、强调师生的互动性，教师必须变革传统数学教学，要由传授知识者转变为学生学习的组织者、引导者和合作者，这一转变在认识上、数学上和教学上都对教师提出了新的挑战，这不仅需要教师转变观念，而且在教学行为上要有一系列实质性的改变。因为在互动过程中，无论师生之间，还是生生之间，他们都会在数学上、认知上和情感上产生多方面的冲突，如何面对这些冲突，如何处理这些冲突，如何解决这些冲突，这些对教师而言是新问题。在面对这些问题时，需要教师去思考，需要教师去解决，教师也正是在这一过程中不断地提高和发展。

第二，强调学生在数学教学中发展，需要教师了解学生的认知规律，学习数学教育理论，反思数学教学实践，而不是过去以知识教学为主的数学教学。教师需要挖掘数学知识内在的、蕴含的教育价值，这就必须整体认识和加深理解数学课程内容，分析和研究如何在进行知识教学的过程中去体现数学的价值及其教育价值。这一转变也是一个新的挑战，教师要以积极的态度去迎接这一挑战，接受挑战、不断前进的过程正是教师提高和发展教研能力的过程。

第三，数学教学倡导创造性的教学，倡导个性化的教学，这些需要教师认真思考、加强学习、更新知识，准确把握课程内容，进行弹性教学设计，这对教师也是新的挑战。教师应该满怀信心地去面对和接受这一挑战。教师追求创造性的教学、践行个性化的教学过程正是自己专业发展的过程。这一过程，教师投入越多，成长就会越快。

总之，在数学教学过程中，教师会产生各种困惑、会遇到各种困难、会碰到各种问题，因此，这是一条有挑战性但是有利于教师成长的道路，在促进学生发展过程中，教师也必将在不断学习、不断探索中实现自我发展。

第二节　数学教学的宏观设计

“设计”几乎涉及人类一切有目的的活动。诚然，教学领域的活动也离不开设计。那么，何为数学教学设计？怎样进行数学教学设计？以下主要介绍数学教学设计的概念、意义与设计流程。

一、数学教学设计概述

（一）数学教学设计的概念

数学教学是数学教师引起、维持、促进学习者数学学习的行为方式。数学教师的主要行为包括教师的呈示、对话与辅导，辅助行为包括激发动机、期望效应、课堂交流和课堂管理等。数学教师通过这些行为活动，在课堂上有计划、有组织、有目的地使学习者获得数学知识、技能，形成道德品质和世界观，发展智力和个性。为了提高数学教学质量，在开展教学前，教师要对教学行为进行周密的思考和妥善的安排，考虑教什么、如何教、达到什么要求等，也就是必须先对数学教学活动进行设计。

教学设计是指教师运用系统方法，将学习理论与教学理论的原理转换成对教学目标、教学条件、教学方法、教学评价等教学环节进行具体计划的系统化过程。其目的是解决教育教学问题而对教学系统的核心要素进行系统设计，也就是为了促进学习而对学习过程和学习资源进行系统设计。它是教育技术学的核心理论与方法，是连接学习理论、教学理论与教学实践的桥梁，是一门用来指导实际教学过程、为“如何教”及“如何学”提供具体处方的规定性理论。

本书主要介绍课堂教学设计，其研究的对象是单元、课时的教学设计，因此课堂教学设计是一个微观层次上的概念。一般地说，课堂教学设计是指为了达到预期的教学目标，运用系统的观点和方法，遵循教学的基本规律，对课堂教学活动进行系统规划、实施和评价的过程。其基本活动方式是针对教学过程中的教学目标、教学内容、教学对象、教学结构、教学媒体、教学方法、教学评价等基本组成要素，以整体的系统观为指导来规划教师和学生的教与学的行为，其本质是一个分析教学问题，确立解决方法，实施解决方法，收集信息反馈，评价实施效果，修改方法再次实施，直到达到预期教学目标的过程。

(二) 数学教学设计的意义

进行数学教学设计有非常重要的意义，主要表现在以下几个方面。

1. 数学教学设计有助于数学教学科学化

数学教学设计与传统的备课是不同的，备课主要依靠个人经验，备课质量往往取决于经验的多少，备课的决策往往取决于个人的主观意向，缺少科学的理论指导，没有明确的分析方法，没有科学的操作程序。数学教学设计则是将数学教学活动的设计建立在科学理论的基础上，以数学学习论、数学教学论等理论为依据指导教学活动设计，运用科学的系统方法分析数学教学问题，设计数学教学方案，把数学教学理论转化为数学教学操作，使数学教学走上科学化的轨道。

2. 数学教学设计有助于数学教学现代化

数学教学设计是一种数学教学技能，它在教育理论指导下，运用现代的科学方法和科学技术包括多媒体信息技术，对数学教学活动进行设计，使数学教学逐步实现现代化。

3. 数学教学设计有助于数学教学最优化

数学教学设计是在科学理论的指导下，运用科学的方法和技术，对数学教学的目标、内容、方法、形式和手段进行系统的分析、组织、实施和评价，进行一系列的优化设计、优化控制和优化决策，构建最优化的教学结构，使数学教学系统达到最佳状态，因此它有助于数学教学最优化。

二、数学教学设计流程

近几年来，教学设计过程模式的研究取得了很大进展，出现了很多的教学设计模式，尽管它们各不相同，但还是具备一些共同的属性。从构成要素看，所有教学设计过程模式都包括学习者、目标、策略、评价；从涉及的步骤看，所有教学设计过程模式都包括教学目标设计、教学策略设计、教学评价设计；从理论基础和实施方法看，大致分为三类：以“教”为主的教学设计模式、以“学”为主的教学设计模式、“学教并重”的教学设计模式。数学教学倡导教师的主导作用、学生的主体地位，所以主要介绍“学教并重”的教学设计模式，这一模式既充分发挥了教师在教学过程中的主导作用，又凸显了学生在学习过程中的主体地位。“学教并重”教学设计方法步骤如图 5-1 所示。

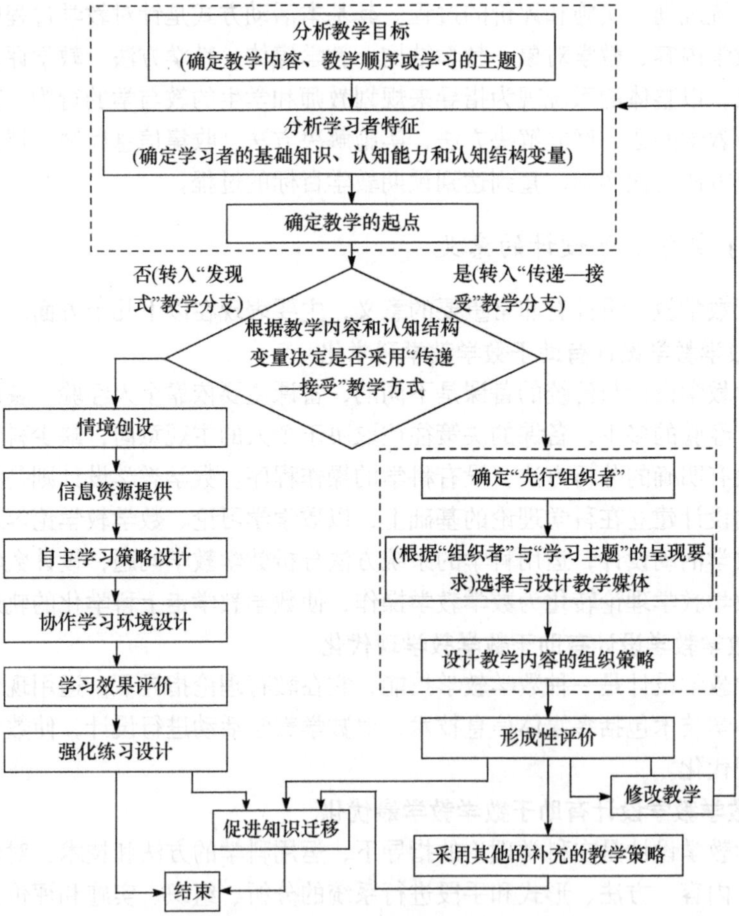

图 5-1　“学教并重”教学设计流程图

“学教并重”教学设计流程具有以下四个特点：①可根据教学内容和学生的认知结构情况灵活选择“发现式”或“传递—接受”教学分支；②在“传递—接受”教学过程中基本采用“先行组织者”教学策略，同时也可采用其他的“传递—接受”策略(甚至是自主学习策略)作为补充，以达到更佳的教学效果；③在“发现式”教学过程中也可充分吸收“传递—接受”教学的优点(如进行学习者特征分析和促进知识的迁移等)；④便于考虑情感因素(即动机)的影响：在“情境创设”框(左分支)或“选择与设计教学媒体”框(右分支)中，可通过创设情境或呈现媒体激发学习者的动机；而在“学习效果评价”环节(左分支)或根据形成性评价结果所做的“修改教学”环节(右分支)中，则可通过讲评、小结、鼓励和表扬等手段促进学习者三种内驱力的形成与发展(视学习者的年龄与个性特征决定内驱力的种类)。

(一) 教学目标分析

进行数学教学设计先要明晰教学目标。教学目标是由课程标准规定的，教师须将目标进一步具体化和清晰化。我们当然要关注“学生要学什么数学”，但更重要的是“学生学完这些数学能做什么”。数学教学目标是设计者希望通过数学教学活动达到的理想状态，是数学教学活动的结果，也是数学教学设计的起点。

1. 教学目标的确定

教学目标的分析与确立是数学教学设计中的一个重要环节，它决定着教学的总方向，学习内容的选择、教与学的活动设计、教学策略和教学模式的选择与设计、教学环境的设计、学习评价的设计都要以教学目标为依据来展开。

根据教学目标的含义和表述方式，我们可以将教学目标分为“总教学目标”和“子教学目标”两类。总教学目标是针对数学课程(或某个教学单元)整体内容提出的要求，一般具有概括性和原则性，在课程标准中通常有明确的表述，但这类目标一般是总体上的教学要求，不够具体，因此我们不能直接根据总目标来选择教学内容、安排教学进度、选择教学活动。为了更好地落实教学要求，必须对总教学目标进行认真的分析，得出实现总目标所需完成的具体教学要求和教学步骤，这些具体的教学要求和教学步骤就称为“子教学目标”。这些子教学目标通常还需要继续进行分析，看是否还能找出实现该子教学目标所需的更具体的教学要求和教学步骤，即是否还能分解出更低一级的子教学目标。如此进行下去，直至找到不能再划分的最低一级的子教学目标为止。这里所说的各级子教学目标即是教材中的“知识元素”，也称“知识点”。

设目标 B、C 是目标 A 的子目标，即在目标 B、C 实现之前目标 A 不可能实现，我们把目标之间的这种关系称为“形成关系”，可用图 5-2 表示。

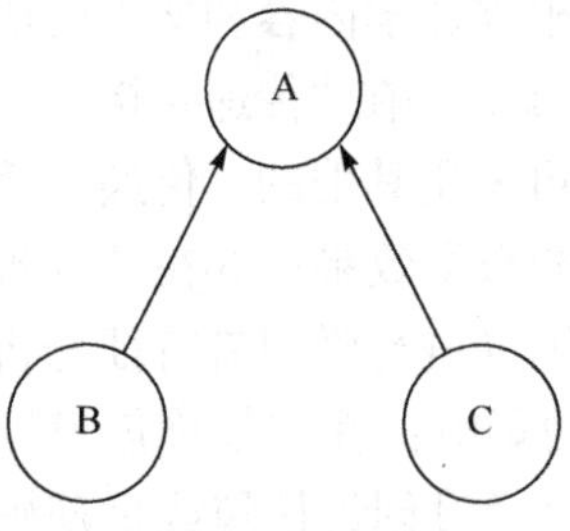

图 5-2　教学目标之间的形成关系

如果教学内容过于庞杂，教学目标之间的形成关系将呈现出多层次的、复杂化的网状结构。在这种情况下，要想由总目标出发，根据教学内容确定各级子目标以及各级子目标之间的形成关系图，并不是一件简单的事情。但是，确定各级子教学目标之间的形成关系图正是确定教学内容与顺序、选择教学活动与策略、选择媒体等的必要前提。

2. 教学目标的陈述

教育心理学家对教学目标的陈述有两种不同的观点。行为主义强调用可以观察、可以测量的行为描述教学目标；认知学派主张用内部心理过程描述教学目标。尽管以上两种观点不同，但教学目标的重点应说明学生的行为和能力的变化这一观点是被共同接受的。下面我们介绍教学目标的两种具体方法。

1) ABCD 法

美国心理学家马杰提出，教学目标应包括三个基本要素：行为、条件和标准。后来在教学实践中感到还需要补充教学对象，教学目标就更加明确，这样就形成了 ABCD 法。①教学对象(audience)，即学生，行为目标描述的应是学生的行为，不是教师的行为。如把目标陈述为“教给学生……”或“通过教学培养学生的……”都是不妥当的，规范的行为目标开头应是“学生能……”。②行为(behavior)，即用以描述学生所形成的可观察、可测量的具体行为。如写出、列出、识别、指明、做出、画出等。③条件(condition)，即学生完成行为时所处的情境，也就是在什么情况下评价学生的学习结果。④程度(degree)，即行为完成质量的可接受的最低衡量依据。程度一般从行为的速度、准确性和质量等方面来确定。如“至少给出两种解题方法”“90%以上都应正确”“完全正确”等。

运用这种方法陈述教学目标必须全面反映上述四个方面的内容。例如“初中二年级下学期的学生，会用计算器求数的立方根，正确率超过 80%”。这里行为主体是“初中二年级下学期的学生”，行为条件是“用计算器”，行为是“会求数的立方根”，行为标准是“正确率超过 80%”。

在编写教学目标时，行为主体往往是非常明确的，通常不再在每一个教学目标中写出。行为的表述是最基本的部分，必须具体写明，不能省略。相对而言，条件和标准是选择部分。如果在教学目标中不提标准，那么通常认为要求学生达到 100%的正确率。

下面我们介绍如何进行行为表述。描述行为的基本方法是使用一个动宾结构的短语，行为动词说明学习的类型，宾语说明学习的内容。一般来说，学习内容比较明确，教师容易掌握，困难的是行为动词的使用。下面介绍《义务教育数学课程标准(2022年版)》中有关行为动词的分类。

《义务教育数学课程标准(2022年版)》中有两类行为动词，一类是描述结果目标的行为动词，包括“了解”“理解”“掌握”“运用”等；另一类是描述过程目标的行为动词，包括“经历”“体验”“感悟”“探索”等。这些目标是形成核心素养的基础和条件，最终指向学生核心素养的形成和发展。这些词的基本含义如下。

了解：从具体实例中知道或举例说明对象的有关特征；根据对象的特征，从具体情境中辨认或举例说明对象。

理解：描述对象的由来、内涵和特征，阐述此对象与相关对象之间的区别和联系。

掌握：多角度理解和表征数学对象的本质，把对象用于新的情境。

运用：基于数学对象和对象之间的关系，选择或创造适当的方法解决问题。

经历：有意识地参与特定的数学活动，感受数学知识的发生发展过程，获得一些感性认识。

体验：有目的地参与特定的数学活动，验证对象的特征，获得一些具体经验。

感悟：在数学活动中，通过独立思考或合作交流，获得初步的理性认识。

探索：在特定的问题情境下，独立或合作参与数学活动，理解或提出数学问题，寻求解决问题的思路，获得确定结论。

由于叙说语境的不同会使用相应的词，表述与上述行为动词同等水平的要求，也提出了一些同类词，它们之间的关系如下。

(1)“了解”的同类词为“知道”“初步认识”。例如，知道轴对称图形的对称轴；结合具体情境初步认识小数和分数，感悟分数单位。

(2)“理解”的同类词为“认识”“会”。例如，认识长方体、正方体和圆柱；会同分母分数的加减法。

(3)“掌握”的同类词为“能”。例如，能比较实数的大小。

(4)“运用”的同类词为“证明”“应用”。例如，证明三角形的内角和定理；在实际情境中，综合应用比例尺、方向、位置、测量等知识，绘制校园平面简图，标明重要场所。

(5)“经历”的同类词为“感受”“尝试”。例如，结合实例，感受平移、旋转、轴对称现象；尝试运用各种方式(如文字、图画、表格等)呈现小组的调查结果，讲述调查的过程和结论。

(6)“体验”的同类词为“体会”。例如，体会一次函数与二元一次方程的关系。

2) 内外结合法

ABCD 法虽然描述教学目标比较具体可测，避免了模糊性，但是也有缺点，它过分强调行为的结果，而不注意内在的心理过程；只注意行为的变化，而忽视能力的变化和情感的变化。在目前情况下，很多心理过程在教学实践中无法准确地行为化。因此，心理过程的描述术语不能完全避免。为此，可采用内外结合的方法，先用描述心理过程的术语陈述教学目标，再用可观察的行为作为例子使这个目标具体化，将内部心理过程和外显行为结合起来描述教学目标，既避免了用内部心理过程描述教学目标的抽象性，又防止了行为目标的机械性和局限性。例如“培养事物是运动变化的观点”，这是内在心理的变化，不能直接观察和测量，只能列举一些反映内在心理变化的行为的例子，通过观察这些具体行为判断学生是否形成了运动变化的观点。如“圆和圆的位置关系”中有一个目标是“培养事物是运动变化的观点”，可以这样陈述：①通过两个圆在运动时，两圆公共点的个数的变化，体会事物是运动变化的；②通过两个圆在运动时，两圆圆心距与半径之间关系的变化，进一步体会事物是怎样运动变化的。

(二) 学习者特征分析

教学设计的最终目的是有效促进学习者的数学学习，而学习者是数学学习活动的主体，学习者具有的认知的、情感的、社会的等特征都会对学习的信息加工过程产生影响。因此，教学设计是否与学习者的特点相适应或多大程度上能很好地适应学习者的特征是衡量一个教学设计成功与否的重要指标。

学习者的特征涉及智力因素和非智力因素两个方面。与智力因素有关的特征主要包括知识基础、认知能力和认知结构变量等；与非智力因素有关的特征主要包括兴趣、动机、情感、归因类型、焦虑水平、意志、性格以及学习者的文化和宗教背景等。分析学习者特征时，既需要考虑学习者之间的稳定的、相似性的特征，又要分析学习者之间的变化的、差异性的特征。相似性特征的研究可以为集体化教学提供理论指导，差异性特征的研究能够为个别化教学提供理论指导。

理论上讲，一种教学设计如果能够包含的学生特征越丰富，这种教学设计就越有效。但是，为每个学习者单独设计一套个性化的教学方案或者学习方案，既是不可能的，也是没有必要的。学习者之间确有差别，但是同一年龄段的学生在学习方面还是会表现出很多共同的特征。在教学设计中，教师可以根据学习者的相同特征来设计教学方案的基本内容和整体框架，根据学习者的不同特征在某些设计要素上增加可选择性，以最大限度地适应学习者的个体差异。

(三) 教学内容分析

1. 教学内容分析的意义

教学内容是指教师为实现教学目标，由教育行政部门或培训机构有计划安排的，要求学生系统学习的知识、技能和行为经验的总和，它具体体现在人们制定的教学计划、课程标准和编制的教科书、教学软件里。我们不应仅就教材分析教材，而要考虑学生学习需要，即知识和技能的掌握、能力的发展和素养的养成等需要去分析教学内容。我们先看一个例子，若要上好“二次根式”一章中的每一节，就要先对“二次根式”一章作如下的内容分析。

(1) 本章主要内容有二次根式的概念、性质，二次根式的运算和分母有理化等。

(2) 具体目标为“了解二次根式的概念及其加、减、乘、除运算法则，会用它们进行有关实数的简单四则运算(不要求分母有理化)”。经过分析，我们得到本章知识与技能教学目标如表 5-1 所示。

表 5-1　本章知识与技能教学目标

	要求			
	了解	理解	掌握	灵活运用
二次根式及有关概念	√			
二次根式的性质			√	
化简二次根式				√
二次根式的四则运算法则			√	

(3) 本章的数学思想方法主要有：①归纳概括的思想。如同由数向代数式概念发展所需要的归纳概括思想，这是从数的开方过渡到代数式的开方：“一般的，式子 $\sqrt{a}(a\geqslant 0)$ 叫作二次根式”。此外，关于二次根式的性质也是由平方根，特别是由数的算术平方根的性质归纳出来的。②转化的思想。“对称变换”的等价变换思想主要体现为公式“反”用的情况。如教材在讲了 $\left(\sqrt{a}\right)^2=a(a\geqslant 0)$ 之后，教材指出，由它可以得到“$a=\left(\sqrt{a}\right)^2(a\geqslant 0)$”，并进一步指出，利用这个式子可以把任何一个非负数写成一个数的二次根式的平方的形式，例如 $3=\left(\sqrt{3}\right)^2$，在讲乘法时把 $\sqrt{ab}=\sqrt{a}\sqrt{b}(a\geqslant 0,b\geqslant 0)$，反过来，得 $\sqrt{a}\sqrt{b}=\sqrt{ab}(a\geqslant 0,b\geqslant 0)$，用此来作为二次根式的乘法运算。

(4) 本章是初中代数的一个难点，内容抽象，概念较多，要求理论准备较高，如果把本章内容放到教材整体中去考虑，则可看出本章是为下一章或后几章内容的学习做准备的，即是为学习一元二次方程做准备，如解方程、求解公式、根的存在性、根与系数的关系、无理方程等知识都要用到二次根式。所以，本章教学应以满足下一章的需要为基本出发点：掌握二次根式的最基本的性质和运算，不要随意提高标准，如二次根式中根号下字母的取值范围不应作为“掌握”的内容，只要求会处理简单的情形。

数学教材是数学教学过程中帮助学生达到课程目标的各种数学知识信息材料，是按照一定的课程目标，遵循相应的教学规律组织起来的数学理论知识体系。数学教材在数学教学过程中有重要的作用。为了提高数学教学质量，成功进行教学设计，数学教师首先应像上例一样，分析和研究数学教材。只有在深刻理解数学教材的基础上，教师才能灵活地运用教材、组织教材和处理教材，深入浅出地上好每堂课，取得好的教学效果。数学教材分析是教学工作的重要内容，也是教师进行教学研究的主要方法，它能充分体现教师的教学能力和创新能力。教师通过对数学教学内容的分析能不断地提高自身的业务素质和加深对数学教育理论的理解。因此，数学教学内容分析对于提高数学教学质量和提高数学教师素质都有十分重要的意义。

有些教师不重视对教学内容的分析，对教材内容缺乏深刻理解，没有领会教材中有关内容在全书、全章中的地位，不能从整体和全局去把握数学教材，没有掌握数学教材的精神实质，对数学教材的编写意图领会不深，对教学的目的和要求理解不透，导致课堂教学停留在一般水平上，没有深度，有时甚至无法达到教学目标，在很大程度上影响了数学教学质量。例如“角平分线的性质”一课，教材在开头简单地叙述了一段话“依据线段垂直平分线性质定理……”，其目的是提示教师利用类比方法进行教学，而有些教师由于没有深入钻研教材，未领会其中的含义，在教学中把角平分线的性质定理直接搬出来，使学生失去了通过类比直观得出结论的机会，学生处于被动思维状态，教学效果不好。其实，这节课从定理内容到证明方法，以及证明三角形三内角平分线交于一点的例题，都可以采用类比方法。这样不仅能激发学生思维的主动性，使学生积极地参与到知识的发生、发展过程中，而且还能使学生领悟蕴含其中的数学思想方法。

只有深入分析教材，才能确定教学的重点、难点以及知识的衔接点，并制定出突出重点和突破难点的教学策略；只有通过教材分析，才能找出有关章节的特点，并根据其特点和学习者的特征，开发相应的教学资源和选择恰当的教学媒体、教学形式与教学模式。

2. 教学内容分析的基本要求

(1) 熟悉和钻研课程标准，深刻领会教材的编写意图、目的要求。这样才能避免盲目提高要求、增加教学内容的深度与广度，或者随意降低教学要求。

(2) 统揽教材，从整体和全局的高度把握教材，明确各章、各节在整个教材中的地位、作用和前后内容之间的联系。如“三角形”一章，三角形是最基本的直线形，它是研究其他图形的基础，三角形知识用途极广，且在培养学生逻辑思维能力和推理论证能力方面有十分重要的作用。因此，三角形是整个平面几何教学内容的重点，而在这一章里，又以“全等三角形”为重点，诸如“一次全等”“二次全等”及“添设辅助线”，这些基本方法学生必须掌握。

(3) 从更深和更高的层次理解教学内容。了解有关数学知识的背景、发生及发展过程、与其他有关知识的联系以及在生产和生活中的应用。

(4) 分析教学内容中的重点、难点和关键，明确学生容易混淆、可能产生错误的地方和应注意的问题。

(5) 了解例题和习题的编排、功能和难易程度，适时进行调整。例题、习题是教材的重要组成部分，是学生获取知识、掌握方法的重要途径。因此，教师应了解例题、习题的编排和功能，钻研解法，应在一题多解、一题多得、一题多变、多题一解上下功夫。此外，教师还应探讨他们的解题思路的来由，渗透与提炼数学思想方法，并考虑如何引导学生进行解题后的反思。

钻研教材、分析教学内容是永无止境的，“要求”是无法罗列完的，教师只有不断思考、不断领悟，才能日臻完善，方能达到“用教材教，而不是教教材”的境界。

3. 教学内容分析的基本方法

数学教学内容是一个知识系统，为了达到教学内容分析要求，必须运用系统分析方法进行分析，具体包括背景分析、功能分析、结构分析和学习类型和任务分析。

1) 背景分析

背景分析就是要清楚知识的来龙去脉，即分析数学知识的发生、发展过程及其与其他有关知识之间的联系以及它在社会生产、生活和科学技术中的应用。很多数学知识的产生与发展都有其深刻的背景，数学教师不了解这些知识的背景，就不知道为何要教这些知识，不能真正理解这些知识，也就无法教好这些知识，从定义到定理，从公式到解题，单调枯燥无味，无法激发学生数学学习兴趣。教师只有了解了数学知识的背景，才能真正把握教材，才能上出好课。

例如，对于异面直线，为什么既要研究它们所成的角又要研究它们之间的距离？我们知道，两条相交直线的相互位置关系可以用它们所成的角来表示，两条平行直线的相互位置关系可以用它们之间的距离来表示。两条异面直线的相互位置关系用什么来表示呢？只用它们所成的角不能确定两条异面直线的相互位置，只用它们之间的距离也不能确定它们的相互位置，必须同时用这两个量才能确定两条异面直线的空间结构，这是由两条异面直线的本质属性所决定的。

我们进一步来研究两条异面直线所成角的定义是如何产生的。两条相交直线的夹角表示两条直线方向的差异，是其中一条直线绕着两条相交直线的交点旋转到和另一条直线重合所成的角。两条异面直线所成的角也要表示两条直线方向的差异，但是两条异面直线不相交，没有交点，怎么办呢？只有平移其中一条直线，使它和另一条直线相交，这样两条异面直线的方向没有变化，但是产生了交点，转化为相交直线，就有了夹角，可以表示两条异面直线方向的差异。用这种方法就可以定义两条异面直线所成的角了。

通过两条异面直线所成的角的背景分析，教师对两条异面直线所成的角的概念产生的背景和形成的过程就有了比较深刻的理解。教师只有对数学知识产生和形成的过程和背景有深刻的理解时，才能明确为何要教这些数学知识，才能教好这些数学知识。

由此可见，通过对数学知识产生、发展过程和背景的分析，教师可以了解数学知识的来龙去脉，深入理解数学知识，从而更准确地掌握数学知识，在教学中做到既高屋建瓴，又深入浅出。

2) 功能分析

功能分析是指分析数学教学内容在培养和提高学生数学素养上的功能。数学教学内容的功能主要有三个方面：智力价值、思想教育价值和应用价值。智力价值是指学生数学思维品质的培养、思想方法的训练、数学技能的培养和数学能力的提高等；思想教育价值是指学生个性品质的培养、人格精神的塑造、世界观和人生观的形成等；应用价值是指数学知识在生活、生产实践和科学技术中的应用。这些价值往往隐含在教材中，需要教师深入钻研、积极发掘。

3) 结构分析

所谓结构是指事物内部组成要素组合在一起的方式。对数学教学内容进行结构分析的目的是要找出数学教学内容的整体性和层次性的特征与组成要素之间的相互联系。数学教学内容分析可以分成两种结构进行：一是整体结构分析，指的是整个数学学科、某一部分(如代数、平面几何、立体几何和解析几何等)、某一单元内容的结构分析；二是单课结构分析，指的是某一课时内容的结构分析。例如一次函数单元内容的知识结构就可以这样来分析，如图 5-3 所示。

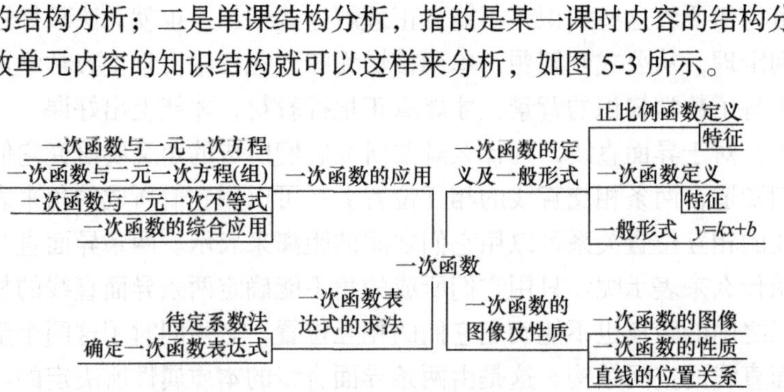

图 5-3　一次函数单元内容知识结构

数学教学内容整体结构是数学内容经过教学法加工，形成数学知识的序列及其相互联系的结构，它包含数学知识结构和数学思想方法结构。数学知识结构分析主要是对数学教材中的各知识点之间的关系形成的结构进行分析；数学思想方法结构分析是对数学教材结构的深层次的分析，是在数学知识结构分析的基础上分析其所蕴含的数学思想方法结构。

数学教学内容单课结构分析主要分析它有哪些知识要点,它们是如何安排的，前后次序如何，其中哪些是重点、哪些是难点、哪些是关键。

4) 学习类型与任务分析

数学学习任务分析是数学教学内容分析的一个重要内容,通过数学任务分析，能够明确学生应学哪些数学知识、哪些数学技能，养成什么态度，能够揭示数学教学目标规定的学习结果类型及其构成成分和层次结构，能够依据其分析结果来设计教学策略、教学方式和教学媒体，全面实现教学目标。

(1) 学习结果类型分析。学习任务是有差别的，不同类型的学习任务对学生的能力要求(学习的内部条件)和教学要求(学习的外部条件)是不同的,分析学习结果类型就是把学习任务分门别类，数学学习结果可以分成以下八种类型。①数学事实：数学名称、符号、图形表示和事实等。②数学概念：数学的具体概念和定义概念。具体概念指可以直接通过观察获得的概念，例如“圆”；定义概念指无法通过直接观察，必须通过揭示定义获得的概念，例如“线段的垂直平分线”。③数学原理：数学的公理、定理、公式和法则等。④数学问题解决：综合运用数学概念和原理解决较复杂的数学问题。⑤数学思想方法：数学观念、思想、逻辑方法和具体数学方法等。⑥数学技能：运算、推理、作图、数据处理、绘制图表、使用计算机和数学交流等。⑦数学认知策略:学生在学习过程中能控制自己的注意、学习、记忆和思维去学习数学知识和技能的策略，包括促进注意的策略、促进记忆的策略、促进掌握新信息内在联系的策略、促进新旧知识联系的策略和数学解题的策略等。⑧态度：良好的个性品质，包括学生对学习的兴趣、信心、意志、科学态度和创新精神等。

(2) 学习任务分析。在学习新的知识技能前，学生原有的知识技能的准备水平称为起点能力。通过一定的教学活动，学生获得的知识技能称为终点能力。通过教学，学生的起点能力转化为终点能力。从起点能力到终点能力之间，学生还有许多知识技能没有掌握，而掌握这些技能又是达到终点能力的必要条件。介于起点能力与终点能力之间的这些知识技能称为先决技能。学习任务分析就是对学生的起点能力转化为终点能力所需要的先决技能及其上下前后关系进行详细分析的过程。学习任务分析为教学顺序的安排和教学条件的创设提供心理学的依据。

学习任务分析的过程是从终点能力出发，一步一步揭示其先决技能，反复提出这样的问题“学生要达到这一目标预先必须具备哪些能力？”一直问到学生的起点能力为止。教师通过学习任务分析，明确了从学生的起点能力出发到达终点能力需要经过多少步骤，并把学生每一步需要掌握的先决技能依次排列出来，这就为设计教学顺序奠定了基础。

学习任务不同,采取的分析方法也不同,数学教学设计通常采用以下几种方法。

第一，归类分析法：这是对信息进行分类的一种分析方法，常用于言语信息的学习任务分析，旨在将实现教学目标所需要学习的知识项目分门别类列出，从而确定教学内容的范围。例如直线和平面的位置关系的分类可以这样分析，如图 5-4 所示。

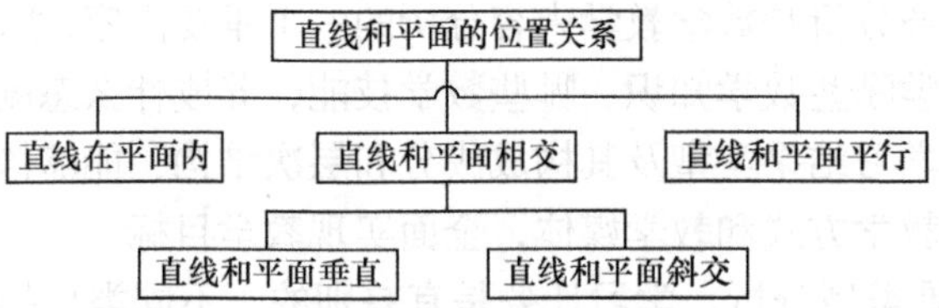

图 5-4　直线和平面的位置关系的分析结构图

第二,层次分析法:这是用于揭示教学目标所需掌握的先决技能的分析方法。分析的过程是从终点能力出发，进行逆向分析，逐次找出所需要的先决技能(必要条件)，一直分析到学生的起点能力为止。对智慧技能、动作技能的学习任务分析通常采用层级分析方法。图 5-5 是对“认识三角形的底和高”学习任务所做的层级分析。

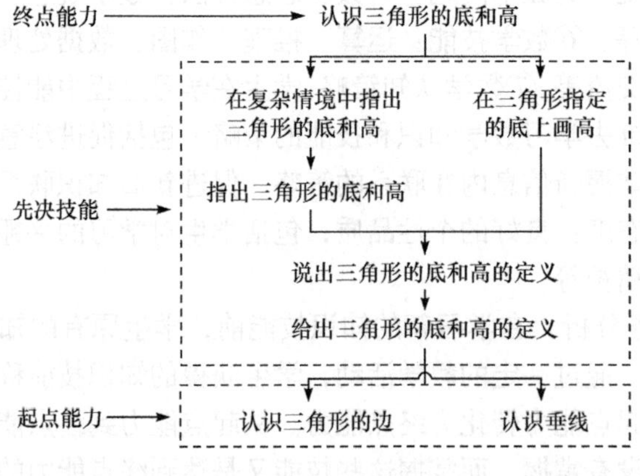

图 5-5　认识三角形的底和高的分析结构图

第三，信息加工分析法：这是以信息加工理论为基础的分析心理或操作过程的方法。这种方法把教学目标分析的过程看成是信息流动的过程，强调过程的连续性，不仅能将内隐的心理活动过程显示出来，而且能描述外显的运动技能的操作过程。各个步骤的排列顺序可以是直线式的，也可以当某一步骤结束后，根据出现的结果，经过判断后转向其他途径。例如用信息加工分析法判别一个图形是不是菱形的过程如图 5-6 所示。

这是信息加工分析法中最简单的一种，它是由一系列一个接一个的操作组成的过程，是一种线性结构。除此之外，如果知识之间的层次和结构比较复杂，还有交替结构和重复结构。

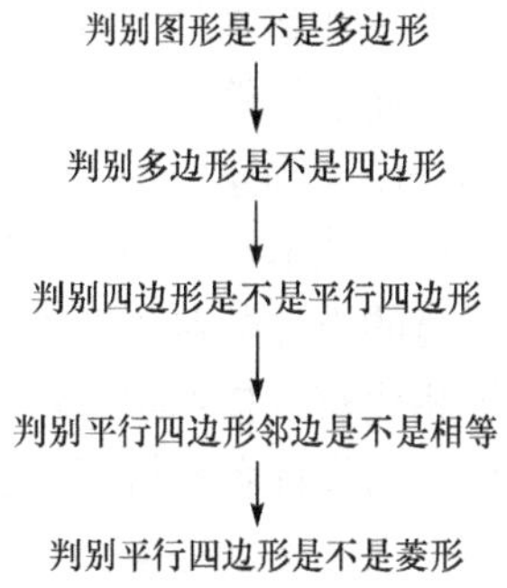

图 5-6　判断图形是否为菱形的分析结构图

(四) 学习环境设计

1. 学习环境构成要素及其关系

学习环境是影响学习者数学知识学习和能力生成的一个重要的外在因素。学习者通过多样化的数学学习活动与学习环境发生作用，其知识与能力得到不断的发展。学习环境是由物理学习环境、技术学习环境和人际交互环境三方面构成的，是静态的物理学习环境、技术学习环境和动态的人际交互环境的互动组合。具体如图 5-7 所示。

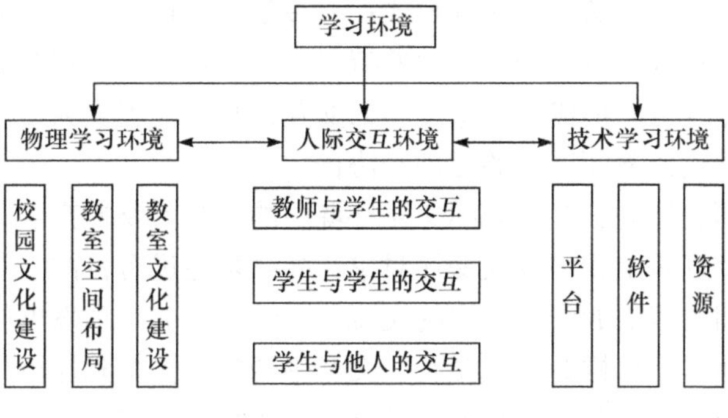

图 5-7　学习环境构成要素及其关系

物理学习环境涉及的内容很多，校园文化建设、教室空间布局和教室文化建设应是物理学习环境设计的主要内容。

一个好的学习环境设计可以促进学生之间有效而亲密的社会关系。传统学习环境教学媒介及其资源相对匮乏，教室物理学习环境的设计考虑因素比较少。在现代信息技术环境下，物理学习环境设计变得更为重要、更为复杂，它涉及计算机硬件和软件的放置与分享、技术支持、安全与卫生、光线、桌椅摆放以及每个学生和班级小组使用的机会、师生及生生之间的交流是否受到影响等。因此，基于网络的物理学习环境的设计绝不仅仅是简单意义上的“物”的设计，而是隐含着很多观念和人文因素的，它对学生的认知发展和情感价值的形成有潜在的影响。

技术学习环境设计涉及支持教学的一些基本的服务系统和软件的配备，如网络操作系统、数据存储服务、通用应用服务、教学管理应用服务、公用信息服务以及一些基本的工具软件，如几何画板、Microsoft Math、Mathematica、Office、媒体播放软件、多媒体演示软件等；涉及支持教学的一些专用平台和网站的设计，如 $Z+Z$ 智能教学平台、网络教学平台、学科教学专题网站等以及网络学习资源的设计。技术学习环境不仅仅是系统和平台、软件和资源的简单集合，对技术学习环境的设计既包含技术的因素，还要兼顾多种教学模式的适应性。与物理学习环境相比较，技术学习环境对教与学的影响更大、更为直接，因为技术学习环境的设计与设计者所持有的教学观念、所偏好的教学模式等有很大的关系。

人际交互环境及其学习者在人际交互中所产生的情感体验对学习的影响是非常深远的。在某种程度上，它对学习起着决定性的作用。人际交互环境不是独立存在的，它伴随着学习的过程，与学习环境的诸多因素相联系。与物理学习环境、技术学习环境相比，人际交互学习环境是隐性的，并且具有动态性和复杂性。从学生的视角出发，人际交互主要有三个方面：学生与学生之间的交互、学生与教师之间的交互、学生与其他社会成员之间的交互。

学生与学生之间的交互有两种形式：一种是学生自己由于交流的需要而自发产生的交互，它具有随意性和自发性的特点；另一种是基于某个学习任务由教师根据学生的特点分组而形成的学生之间的交互，它一般表现为学生为完成某一个共同的学习目标或任务而展开的互动和协作。

学生和教师之间的交互是人际交互环境中的一个重要的交互维度。教师是学生在学校受教育期间主要的成人交往对象，并且是通过有目的、有计划的教学，通过与学生之间的言语的和非言语的交流，对学习者的心理发展施加影响的人。因此，师生之间以什么样的方式交互、交互中的相互关系和地位如何将对每个学生的心理发展产生非常重要的影响。教学过程是师生交往、积极互动、共同发展的过程，师生之间平等的、民主的、自由的、和谐的交往对于学生的认知发展和情感发展都具有积极的意义。因此，现代教学强调改变传统教学中的单边的、垄断的、具有严格等级关系的师生交往，在教学中构建民主、平等、和谐的师生交往关系，在这样的关系中，教师不再是高高在上的知识的权威者，而是学生学习活动的组织者、引导者和促进者。

网络通信技术的发展使学生的人际交互范围早已突破了学校、家庭、城市等地域限制，使学生与其他社会成员的交互成为人际交互环境中一个重要组成部分。学生借助网络可以与不同地区、不同文化背景的人进行交流，可以通过网络与不同的人协作解决问题，甚至可以与世界一流的专家建立联系。网络缩短了人们之间的距离，增进了学生与社会其他成员的交互，这些都会对学生的认知发展、情感发展和社会化发展产生重要的影响。

2. 数学学习环境的设计

由于物理学习环境的设计一般不针对某一学科进行，它的设计一般由学校统一规划，教师的参与度较低，在此不再深入分析。

1) 数学学习的技术环境设计

数学教学强调运用现代信息技术构建新型的学习环境，以促进教学模式、教学方法的转变，基本都是在学习的技术环境设计层面上研究、学习环境设计，也就是主要探讨如何设计、开发支持教学的系统、平台、软件及资源，以支持在新的教育思想指导下实施多种教学模式。因此，学习的技术环境设计一直是教育信息化和教育技术研究的核心。但如何发挥现代信息技术的优势，特别是多媒体网络的优势，为学生的数学学习构建一个良好的数学学习环境，研究的人很少，特别是数学教学的系统化的技术环境设计研究更为薄弱，尚有很多问题亟待解决。

一般技术学习环境的设计主要包括支持教与学的平台、软件、资源的设计，它们都是直接为教学服务的，因此，相对于物理学习环境设计而言，技术学习环境设计影响因素更为复杂，与教与学的关系也更为直接。技术学习环境设计涉及内容较多，这些内容将在后面进行专门介绍。

2) 数学学习的人际交互环境设计

教师、学生和其他成员构成的人际环境也是学习环境的重要构成要素。人类区别于其他动物的主要能力之一是人与人之间的交流能力，这种交流能力是人在日常交往活动中逐渐形成的，人与人之间的成功交流与人的自我意识紧密相关。数学课堂是一个小型的数学共同体，它可以成为共同体成员之间交流数学思想的环境。教师应以适当的方式引导学生的思维和回答学生的疑问，使这些思维和疑问成为进一步思考和加工、讨论和完善、提炼和概括的对象，促使学生思维能力向纵深处发展，从而培养学生自我思维监控能力，实现“通过交流学习数学”“学会数学交流”的目的。

除了以上几个主要方面以外，还有其他一些因素也会对学生之间和师生之间的良好交互产生影响，如教室物理学习环境的设计是否有利于合作学习的开展、学生在合作学习过程中有无良好的工具和资源的支持等。在数学学习中，生生之间的交互是主导性的交互形式，但其有效性却与教师的情境创设、任务设计、角色分工、交互规则的制定等有很大的关系。因此，教师在人际交互环境创设中起着主导作用。

(五) 教学设计方案编写

通过以上一系列的教学设计，我们在开展教学之前就会对其各个环节及其影响因素有一个全面的、深刻的认识，为编写高质量的教学设计方案创造了有利条件。教学设计方案不同于一般的教案，它是建立在对学习过程和学习资源的系统分析基础上的，因此更科学、更系统、更详细、更具体。

教学设计方案主要有两种编写格式——叙述式和表格式。不管哪种格式的教学设计方案都包括教学目标或学习目标、教学内容、学生的行为、教师的活动、教学媒体和时间分配等方面的描述。这里，我们主要介绍叙述式教学设计方案的编写以及表格式教学设计方案的模板，表格式教学设计方案的编写与叙述式教学设计方案的编写过程类似。

1. 叙述式教学设计方案的编写

叙述式教学设计方案由课题名称、课题概述、教学目标分析、学习者特征分析、学习任务分析、资源、教学活动过程、评价、帮助与总结共九个部分组成。从形式上来说，在编写这类教学设计方案时，只需依照实际的教学分别填写九个部分；从实质上来说，教学设计方案的编写是依照教学目标、教学任务、学习者特征、信息技术工具等因素完成教学设计的过程。

(1) 课题名称。说明本课题的名称，可以是某个具体知识点的名称，可以是一个教学单元的名称，也可能是某次专题活动的名称。

(2) 课题概述。①说明学科和年级；②简要描述课题来源和所需课时；③概述学习内容；④概述本节课的价值以及学习内容的重要性。

(3) 教学目标分析。对本课题预计达到的教学目标做出一个整体描述，可以包括：①简要描述学习结果；②描述学生通过本节课的学习将学会的知识，会完成的创造性的产品；③描述潜在的学习结果；④描述本节课将鼓励哪种思考方式或交流技能等。如逻辑推理能力、批判性思维、创造性解决问题的能力、观察和分类能力、比较能力、小组协作能力、交流技能等。

(4) 学习者特征分析。说明教师是以何种方式进行了学习者特征分析，比如通过日常观察了解、通过预测题目的编制使用等。学习者特征包括以下两方面，①智力因素方面：知识基础、认知结构变量、认知能力；②非智力因素方面：动机水平、归因类型、焦虑水平、学习风格。

(5) 学习任务分析。根据对学习内容和教学目标、学习者特征等的分析，设计能够使学生完成学习内容、达到教学目标的学习任务。学习任务可以包括各种类型，比如一系列需要解决的问题、一项具有创意的工作、对所创建的事物进行总结、有待分析的复杂事物或事件、就某个问题阐明自己的观点立场、任何需要学习者对自己所收集的信息进行加工和转化的事情等。

(6) 资源。一方面介绍学习者可用于完成学习任务的资源。如学生可能获得的学习环境(多媒体教室、网络教室、实地考察环境等)、学科系列教材、学科百科全书、文本、图片或音视频资料、可用的多媒体课件、学校图书馆里特定的参考资料、参考网址(建议在每个网址后写上一句话，简要介绍通过该网址可以获得的信息)等。

另一方面，为学生提供认知工具。同时，描述需要的人力资源及其可获得情况：需要多少教师完成这节课，一个人够吗？在教学中需要有助手的角色吗？需要有其他学校的教师协作吗？是否需要一些企业或博物馆以及其他团体中的协作者……

(7) 教学活动过程。这一部分是教学设计方案的关键。

首先，根据学习内容、教学目标和学习者的具体情况，设计真实的、能充分发挥学生主体性的学习情境。比如通过录像带再现历史事件、通过多媒体课件为学生的自主学习提供真实的情境、为学生的协作学习创设适当的网络环境、为学生设置角色扮演的情境等。

其次，针对不同的教学内容和目标选择适当的教学模式(对于同一个课题不同内容的学习，很可能会用到多种不同的模式，简要说明模式是如何应用的)。常用的教学模式主要有讲练结合模式、引导探究模式、问题情境模式、讨论交流模式、讨论自学模式、复习总结模式等。

再次，设计自主学习策略。可选用的自主学习策略有很多：教练策略；建模策略；支架策略；反思策略；启发式策略；自我反馈策略；探索式策略；讨论策略；角色扮演策略；竞争策略；协同策略；伙伴策略；抛锚策略；学徒策略；随机进入策略等。教师应根据所选择的不同策略，对学生的自主学习作不同的设计。

最后，教师应画出教学过程流程图。流程图中需要清楚标注每一个阶段的教学目标、媒体和相应的评价方式。教学过程流程图中所用符号的意义如表5-2所示。

表5-2　教学过程流程图中所用符号的意义

符号	表示的意义
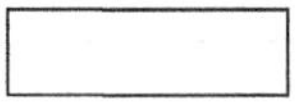	教学内容与教师的活动
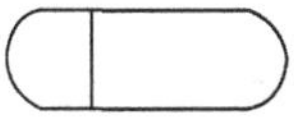	媒体的应用
	学生的活动
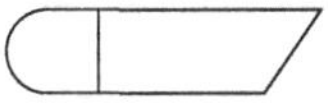	学生利用媒体操作、学习
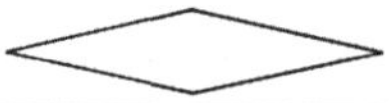	教师进行逻辑判断

(8) 评价。创建评价量表，向学生展示他们将如何被评价(来自教师和小组其他成员的评价)。另外，可以创建一个自我评价表，这样学生可以用它对自己的学习进行评价。

(9) 帮助和总结。说明教师以何种方式向学生提供帮助和指导，可以针对不同的学习阶段设计相应的帮助和指导，针对不同的学生提出不同的要求，给予不同的帮助。

在学习结束后，对学生的学习做出简要总结，可以布置一些思考或练习以强化学习效果，也可以提出一些问题或补充的链接鼓励学生超越这门课把思路拓展到其他内容领域。

2. 表格式教学设计方案的模板

数学教学设计方案还可以用表格的形式编写，表 5-3 是一参考格式。

表 5-3 表格式教学设计方案

一、基本信息

设计者：______ 执教者：______ 课件制作者：______
时间：___年___月___日 所教学校班级：______

二、教学内容(教材内容)

简要介绍：

三、学习者特征分析

1.智力因素方面：知识基础、认知结构变量、认知能力

2.非智力因素：动机水平、归因类型、焦虑水平、学习风格

四、教学内容与教学目标的分析与确定

1.知识点的划分与教学目标(学习水平)的确定

课题名称	知识点		教学目标		
	1				
	2				
	3				

2.教学目标的具体描述

知识点	教学目标	描述语句
1		
2		

3.分析教学的重点和难点

续表

五、多媒体网络资源、工具及课件的运用

知识点	学习水平	多媒体网络资源、工具及课件的内容、形式、来源	使用时间	多媒体网络资源、工具及课件的作用	使用的方式或教学策略
1					
2					

六、形成性练习题和开放性思考题的设计

知识点	学习水平	题目内容
1		
2		

七、课堂教学过程结构的设计

画出流程图

对流程图简要的说明：

修改意见：

(六) 数学教学设计方案的评价和调整

数学教学设计方案的评价是编写和试行数学教学设计方案过程中的评价。通过评价获得反馈信息，如有不足之处可以及时修改、调整和完善，一般包含以下几项内容。

1. 制订评价计划

(1) 确定收集信息类型。通常需要两类信息：一是学生的数学学习成绩，它反映的是通过运用教学设计方案帮助学生达到教学目标的程度；二是数学教学过程情况，它反映了教学设计方案的使用情况。

(2) 制定评价标准。在确定收集信息类型后，还要建立衡量这些信息的标准，也就是评价数学教学设计方案的标准，主要包括以下几个方面：教学目标恰当具体，符合课程标准要求，切合学生实际；教学内容选择恰当，安排合理；教学过程设计符合学生的认知规律；教学方法有利于调动学生的积极性和主动性；教学活动设计体现了学生的主体地位；教学形式符合教学要求；教学媒体选择适当，效果良好；总体教学效果良好。

2. 选择评价方法

常用的评价方法有三种：测验法、调查法、观察法，我们将在数学教学评价部分进行具体介绍。

3. 试用评价方案，收集相关信息

教师在课堂上试教教学方案，在试教时同时进行观察。如果条件允许，教师可以请专业人员观察，并做好录像和记录工作，在试教后可以通过调查、测验、访谈收集有关信息。

4. 整理分析信息，得出评价结论

教师应把课堂和课后收集到的所有信息汇总起来，对其进行整理、分析，得出评价结论，然后在此基础上提出教学设计方案的修改意见。

在实际教学中，教学设计方案需要不断地修正和完善，比如一个数学教师教同一年级的两个班级，第一个班级进行的教学可以理解为第二个班级教学前的试教，在第一个班级教学结束后，教师就必须对教学设计方案及时做出评价和调整。在两个班级教学结束后，再对教学设计方案进行评价，并对方案进行优化完善，为今后的教学做好准备。

教师在教学方案设计基础上，必须确定方案是需要重新设计，还是需要做适当的修改和调整。一般来说，以下几条要求若有一条不符合就必须重新设计。

(1) 教学目标不符合课程标准的要求，不符合学生的实际，目标不是过高就是过低，或者目标不够全面；

(2) 教学目标虽然设计合理，但是教学过程设计无法保证教学目标达成；

(3) 教学内容的安排、教学过程的设计不符合学生的认知特点；

(4) 教学内容的安排、教学过程的设计不能调动学生的主动性和积极性。

第三节 数学教学的微观设计

一、数学概念的教学设计

(一) 数学概念分析

教师在进行数学概念教学设计时，应重点分析以下几项内容。

(1) 数学概念的名称和表达形式。例如平行四边形概念的名称是“平行四边形”，用符号表示是“▱”。

(2) 数学概念的定义。例如平行四边形的定义是“两组对边分别平行的四边形叫作平行四边形”。

(3) 数学概念的例子。举出与数学概念相一致的正例以及与数学概念不一致的反例，对不符合数学概念的反例应能指出与概念不一致的地方。例如，矩形是平行四边形的正例，梯形是平行四边形的反例，矩形两组对边分别平行，梯形一组对边平行、另一组对边不平行。

(4) 数学概念的属性。例如平行四边形的属性有对边平行、对边相等、对角相等及对角线互相平分等。

(5) 数学概念的学习形式。从学生原有认知结构中找出与新概念有关的概念，确定这些概念与新概念的上位、下位或并列关系。例如在学习平行四边形概念前，学生原有认知结构中的四边形概念是平行四边形概念的上位概念。

(二) 数学概念的教学过程

数学概念的教学过程一般可分为引入、理解和运用三个阶段。

1. 数学概念的引入

数学概念引入是数学概念理解和运用的前提。

数学概念形成的学习方式，主要是通过提供一定数量的实例引入数学概念，从这些实例中概括出它们的共同属性。因此选择实例非常重要，具体地说，在选择实例时要注意实例的针对性、可比性、适量性、趣味性和参与性。

数学概念同化的学习方式，直接揭示概念的本质属性，学习数学概念的意义、名称和符号。为了使新概念的学习能顺利进行，可以先采用各种方式对已经学过的有关概念进行复习。

2. 数学概念的理解

准确理解数学概念是学好数学概念的关键。

对于数学概念形成的学习方式，在数学概念引入后，学生应从实例中分析、抽象和概括出它们的共同属性和本质属性,这一概括可能会经历反复修改的过程，每次修改都要运用实例进行检验，如果概念与实例不一致，应该继续修正概念，直至得到准确定义。

对于数学概念同化的学习方式，主要是建立新旧概念之间的联系，学生能用实际例子来对概念进行辨识，通过辨识进一步明确概念的含义、概念的内涵与外延，并能与有关的概念区别开来。

3. 数学概念的运用

数学概念的运用是指学生在理解数学概念的基础上，运用概念来解决问题的过程。数学概念运用可以分为两个层次：一是知觉水平上的运用，是指学生在获得同类事物的概念后，在遇到这类事物的特例时，能立刻将其看成这类事物中的具体例子；二是思维水平上的运用，是指学生学习的新概念被类属于水平较高的原有概念中，在运用新概念时要对原有概念重新组织。在数学概念运用时，应精心设计例题和习题，具体包括以下三种。

(1) 数学概念的适度识别。教师应针对概念容易出错的地方，有目的地设计一些问题，问题可以多一些隐蔽性，也可设置一些干扰因素，以供学生识别，使学生加深对概念的理解。

(2) 数学概念的简单运用。教师应编制一组问题，要求学生运用所学概念解决这组问题。这组问题应有一定的变化和适当的递进，难度不宜太大。

(3) 数学概念的灵活运用。教师除了利用教材问题以外，还可以选择有关的问题作为例题或习题，培养学生灵活运用数学概念解决问题的能力。

(三) 数学概念教学过程设计

1. 概念的发现教学

概念的发现教学是鼓励学生借助归纳推理从实例中发现数学概念的教学，其学习的理论基础是概念形成，一般可以概括为下面的五个阶段：辨别和分类、假设和解释、抽象和概括、验证和调整及概念的应用。

(1) 辨别和分类。在这个阶段，教师应呈现给学生一些任务：要求学生对事物进行知觉辨别或分类。此时，教师在更大程度上应是组织者和引导者，不要过多地干预学生感知事物的活动，不要包办代替，要为学生提供尽可能多的动手实践机会，让学生充分利用多种感官参与活动，这样才有利于学生多角度、全方位地感知概念，分析概念的共同特征。

(2) 假设和解释。在这个阶段，学生要对他们分类的事物做出假设和解释。

比如，你为什么把这些事物归为一类？你假定这类事物具有的共同特征是什么？这时教师应扮演引导者和促进者的角色，通过提出一些启发性的问题，引发学生积极思考，引导他们将假设和解释表达得更加清晰。

(3) 抽象和概括。在这个阶段，学生应尝试着根据概念的属性描述概念(也就是找到那些正例才有而反例没有的属性)，甚至进一步给概念明确一个定义。不过，这个概念名称不可能通过学生的独立探究去发现，这时教师应该把这个概念的科学名称直接告知学生。

(4) 验证和调整。在这个阶段，学生可用其他一些例子(不是自己用来归纳出概念的那些例子)来检验自己关于概念的描述或定义是否正确：既把已经知道的那些属于该概念的正例拿来检验是否符合自己给出的概念的描述或定义，也把那些已经知道不属于该概念的反例拿来检验是否不符合自己给出的概念的描述或定义。如果发现有不适合的情况，就要对描述或定义作适当修正。如有必要，可能还要回到前面三个阶段重新考虑。

(5) 概念的应用。在这个阶段，教师应该引导学生运用所学的新概念，这种应用包括两个含义：一是在新概念的基础上，结合先前的知识和经验，建构起新概念，创造新的知识；二是运用所学概念解决问题(包括数学内部和外部的问题)，促进学生理解所学概念，在设计问题时需要注意变化。

2. 概念的接受教学

概念的接受教学是利用学生认知结构中的原有概念，特别是上位概念来同化新概念的教学，其学习的理论基础是概念同化，一般可设计为三个阶段。

(1) 复习原有上位概念。例如，小学百分数的概念教学常用接受模式。因为百分数的上位概念是分数，教学时应先复习分数概念，使其更加清晰准确，才能有效同化百分数的概念。又如，中学菱形的概念教学常用接受模式。因为菱形的上位概念是平行四边形，教学时应先复习平行四边形概念，使其更加明确，才能有效同化菱形的概念。许多数学概念难以通过观察例子学习，因此也须通过下定义来学习，但是必须注意：与新概念有关的概念必须是先前学过的且在新概念的学习时能被激活。

(2) 呈现新概念的定义。概念的定义可通过一个例子引出，也可以在呈现定义之后举例说明。但与发现教学有所不同，这里并不要求学生发现定义，但要求学生理解呈现的定义，其关键是通过实例弄清新概念与同化它的相关概念之间的相同点和不同点。找到相同点，新概念就可以被原有概念所同化；找到不同点，新概念就可以作为独立的知识被保存下来。

(3) 在变式中应用概念。在变式情境中应用习得的新概念，这一阶段与接受教学模式中的变式练习是相同的，比如设计练习的多样性、递进性、复杂性等均需要考虑，让学生在概念应用过程中深化对概念的理解。

二、数学命题的教学设计

(一) 数学命题分析

数学命题包括数学公理、定理、法则、公式等。教师在数学命题教学时，要求学生掌握所教的数学命题，并能应用它们解决问题，或者为进一步学习其他数学命题做必要的准备，具体包括以下四个方面。

(1) 命题的内容。学生能够用准确的语言叙述命题的内容，这是命题教学的最基本要求。

(2) 命题的结构。学生能分清命题的条件和结论，掌握它们的逻辑关系，并进一步分析该命题与其他有关概念、命题之间的关系。

(3) 命题的证明。命题的证明过程，可以加强学生对命题的记忆，促进学生对命题的理解，进一步还可以训练学生的思维能力，积累一定的活动经验。

(4) 命题的应用。一般地说，数学命题在自然科学、社会科学和现实生活中均有着广泛的应用。因此命题应用是命题教学的一个重要组成部分，在命题证明活动结束后，应该通过例题、习题让学生体会和领悟命题的适用范围、基本规律和注意事项。

(二) 数学命题教学过程设计

数学命题教学可设计为三个阶段。

1. 命题的引入

1) 命题引入设计

在命题发现教学时，教师首先应向学生提供一系列的实例和素材，让学生在具体情境中通过观察、实验、操作、讨论、交流、探索规律，提出猜想，形成假设，然后引入数学命题，在设计时需要注意以下问题。

(1) 例子选取。教师在引入时选取实例应符合所要发现的命题的条件，背景应简洁，少一些干扰，多一些趣味，多一些联系。学生在提炼命题时容易产生不严密、不完备、不精练、不准确的问题，教师可以有针对性地选择一些例子，纠正学生在概括命题时的错误，弥补学生在抽象命题时的不足，引发学生的认知冲突，激发学生修改命题的主动性、完善命题的积极性。

(2) 实验设计。教师可以设计图形翻折、旋转、平移、拼接、分割，度量线段长度和角的大小，利用叠合表明相等或者不等关系，运用尺规作图等，通过这些活动可逐步积累抽象命题的活动经验。这些实验活动可依赖于实物模型、教具、学具或者电子课件。

(3) 提问设计。提问要让学生明确从哪个方向去发现结论，或者明确实验所要达到的目标。同时教师还要重视提问的类型，少一些记忆性、叙述性的提问，多一些批判性、创造性的提问。

(4) 讨论设计。讨论之前教师先要提出明确的要求，讨论的问题必须具体，能够引发学生争论。

(5) 课件设计。合理运用课件会有助于命题学习，比如课件动态显示功能可以显示知识探索的过程、说明知识发生的过程。如果条件允许，学生还可以自己参与发现过程，在教师创设的问题情境中去探索和发现命题。

2) 复习设计

命题接受教学是直接向学生呈现命题的教学方式，为了使学生较好地掌握命题，教师必须激活学生认知结构中与该命题有关的概念和命题。为此学生必须复习旧知，为新命题的学习创造条件，并在复习的基础上引入新的命题。复习设计需要注意以下几点。

(1) 针对性。教师要根据学生在命题教学过程中可能产生的困难，针对性地确定复习内容。同时师生也要复习与新命题有关的概念与命题。

(2) 趣味性。复习不应只是知识的简要回忆和简单重复，教师应该努力创设新的情境，使复习也具有一定的新意，吸引学生广泛参与，以便提高复习效果。

(3) 参与性。复习应当调动所有学生参与，并为学生留下充分的时间去回忆和梳理有关知识。

3) 命题分析设计

师生在复习的基础上分析命题，区分命题的条件与结论，分析命题的逻辑结构，分析命题的符号表示。命题分析可以采取以下几种方式。

(1) 阅读。通过阅读，学生应对将要学习的命题形成初步了解。阅读可在课前进行，也可以在课堂上进行。

(2) 讨论。在学生初步了解命题的基础上，教师组织学生讨论，要求学生找出命题的条件与结论、命题的适用范围以及命题是否存在隐含条件、存在哪些隐含条件，要求学生根据自己对命题的理解，用自己的语言重新叙述命题。

(3) 交流。在讨论的基础上，师生汇总整理各种意见，相互交流不断完善，通过交流进一步明确命题的地位、作用及逻辑结构。

2. 命题的证明

命题证明教学包括以下三个方面。

(1) 分析命题证明的思路。师生在区分命题的条件和结论的基础上，探索命题证明的途径，分析命题证明的思路。教师应引导学生从认知结构中提取有关的概念、公理、定理、法则、公式以及解题经验，对各种可能的证明思路提出假设，通过分析比较，选择最可能成功的假设，探索从条件到结论的中间环节，如果无法获得成功，就去寻找另外一个证明假设，直到沟通从条件到结论的途径。

(2) 学习命题证明的表述。命题证明的表述不仅让学生学会命题证明的逻辑表达，而且能够调整、完善推理程序。在教学实践中，有些学生掌握了命题证明思路，以为就掌握了命题证明，但是要求将具体证明表达出来时，却又无法顺利完成,这是因为命题证明思路是证明的大方向,是简约化的思维和跳跃式的思维，很有可能出现困境，甚至产生错误，在证明表述时就暴露出来了。所以，通过学习命题证明的表述，学生可以真正理解命题，为后续的应用奠定基础，同时学生可以养成严谨缜密的思维习惯。

(3) 揭示命题证明中的思想方法。在命题证明教学中，教师除了要让学生分析命题证明的思路、学习命题证明的表述，更为重要的是掌握蕴含在命题证明中的思想方法。相对具体知识而言，数学思想方法的教学更加复杂。这就要求教师在日常教学中结合具体命题不断渗透，在课堂小结时可作适当提炼，只有这样才能有效揭示命题证明中的思想方法。

3. 命题的应用

命题的应用教学包括以下具体内容。

(1) 定理和公式成立的条件和使用范围。学生在学习定理和公式时，往往忽视了它们成立的条件和使用范围，结果产生各种错误，甚至无法找出错误原因。因此，教师在进行定理和公式的应用教学时，应注重强调定理和公式在一定的条件下和一定的范围内才能应用。为了加强学生的印象和认识，教师有时也可以从学生的错误应用中引出教学主题，要求学生讨论交流，直至最后形成正确认识。

(2) 定理和公式的基本应用。对定理和公式能解决的基本问题，可以通过例题逐一加以说明。

(3) 定理和公式的灵活应用。在学生掌握定理和公式正向运用的基础上，教师还可以提出更高的学习要求，如要求学生掌握定理和公式的逆向运用以及各种变形应用等。

(4) 定理和公式的引申推广。根据学生的知识水平，教师可以对所学的定理和公式进行适当的引申和推广，这样可以拓宽学生的视野，加深学生的理解，发展学生的思维。

在命题的应用教学设计时，教师特别需要重视例题的设计和练习的设计。例题的作用在于巩固和运用所学的命题，在教学中要注意命题条件的验证、命题的合理应用，例题数量应该适中，数量过少不足以巩固所学命题，数量过多又显得简单重复，不能引起学生兴趣。例题设计应有一定的递进性，遵循由易到难、由简单到复杂、由单一到综合、由无干扰到有干扰的区别，在题型设计上还应包括单一题、综合题、应用题、探索性问题、创造性问题、开放性问题等。

除了例题讲解以外，教师还应设计一定数量的课堂练习，让学生有练习的机会，让学生有模仿的体验，课堂练习主要是模仿性的问题，但也应有一些适度变化，给学生留下思考的空间。

三、数学认知策略的教学设计

在了解数学认知策略的性质及其学习过程的基础上，教师就可以有效地进行数学认知策略的教学设计。

（一）分析数学认知策略，加强例子教学

由数学认知策略的学习过程可知，数学认知策略教学的第一步是做好渗透工作，也就是要把数学认知策略渗透到具体内容的教学中，这是数学认知策略教学的前提和基础。

第一，教师要明确中学数学中常用的数学认知策略。数学认知策略主要是以数学思想方法的形式表现出来的，数学教育界对数学思想方法的研究和教学都非常重视，总结出很多的数学思想方法。如函数与方程的思想、数形结合的思想、分类与整合的思想、化归与转化的思想、特殊与一般的思想、有限与无限的思想、或然与必然的思想都是中学数学中的重要思想方法。

第二，教师要分析教学内容中蕴含的数学认知策略。在具体内容教学中，学生未必清楚其中蕴含的数学认知策略，但是教师必须清楚。教师不仅要明确正在教学的内容中蕴含何种数学认知策略，还要明确学生以前学过的数学知识中蕴含的数学认知策略。在此基础上，教师要对各种数学认知策略做出统一安排，如某种数学认知策略涉及哪些例子，这些例子的时间间隔及内容变化。如化归法，在小学时学习平行四边形、梯形、三角形、圆的面积公式时都用了化归法；在初中时学习求解二元一次方程组时，是将其化归为求解一元一次方程的，在学习求解三元一次方程组时，是将其化归为求解二元一次方程组的；化归法在高中数学中也大量使用着。也就是说，化归法的例子在小学、初中、高中都有，在代数和几何中都有。教师必须要做这种分析梳理工作，因为数学教材不是以数学认知策略为主体编排的，可是数学认知策略又渗透在具体内容中，所以数学认知策略在数学知识体系中显得零碎，不够集中，不成体系。为加强数学认知策略教学的有序性和有效性，教师必须做好准备工作。

第三，教师要加强蕴含数学认知策略例子的教学。从数学认知策略学习过程看，蕴含策略的例子是提炼数学认知策略的基本素材，因而必须重视例子教学。一般的，在进行例子教学时，教师会重视例子涉及的概念、规则的学习，如学习一元二次方程的根与系数的关系时，主要教学目标是让学生了解韦达定理内容、会用韦达定理解题。与此同时，教师还要让学生体验和牢记教材是如何引出韦达

定理的，因为在定理引出过程中蕴含了“归纳—猜想—证明”的思想方法。这一方法不便明确指出，可是得出韦达定理的过程可作为以后学习思想方法的例子，因此现在教师要让学生对这个例子留下深刻印象。

(二) 引导学生加工例子，提炼认知策略

在学生积累了一定数量的蕴含同一数学认知策略的例子后，教师在这些例子的基础上就可以进行数学认知策略的教学了。这个阶段，教师需要做好以下两方面的工作，帮助学生从例子中抽取出蕴含的数学认知策略。

1. 引导学生同时回想先前所学例子

例子的学习是分散在教学内容中的，例子与例子之间的时间间隔有长有短，教师在进行数学认知策略的教学时，有些例子学生可能已经忘记。所以，教师必须通过提问或复习的方式，让学生回想起以前学过的例子，这时不能满足于只回忆起一个例子，最好要让学生同时回想起先前所学的有一定代表性的例子。在具体教学时，教师要安排比较集中的教学时间，通过引导、提示让学生依次回想先前所学的例子，如果条件允许，可以将回想起的例子呈现在黑板上，或者通过课件集中展示出来。

2. 引导学生自我解释先前所学例子

让学生同时回想起先前所学例子，不是为了再次加深印象，而是要让学生抽取出这些例子中蕴含的数学认知策略。为了实现这个目的，现代心理学关于样例学习的研究有积极的启示。具体地说，样例是指一种教学手段，它给学习者提供了专家的问题解决过程供其研习模仿，一般由问题陈述和问题解决程序两部分构成，它们可以提示学生如何解决其他类似的问题。

学生在研习样例时，会对样例进行自我解释，其实质是学生在利用样例来建构样例中蕴含的规律，具体到数学认知策略的教学，就是学生在尽力抽取出例子中蕴含的数学认知策略。因此，教师要注意引导学生对例子进行自我解释。

在具体操作时，教师可以适当安排样例结构，会有助于学生的自我解释。例如，在呈现样例时，可以在样例中添加一些诸如小标题的文字说明，标明解题过程的子目标，以引导学生注意到某些解题步骤是有联系的，引发学生思考为什么要将其组织在一起。后来有研究者发现，教师添加的文字说明的具体内容并不重要，重要的是文字说明分解了样例的解题过程，从而引发了学生的自我解释。于是人们建议，在呈现样例时，以横线或空格分解样例的解题过程，其效果和添加标题是一样的。还有一种促进学生自我解释活动的方法是呈现残缺的样例，就是把其中某些解题步骤略去，留下空行或者空格，学生在研习样例时，就要思考其中缺少什么。上述方法都能有效促进学生进行自我解释。

(三) 提供变式进行练习，获取反馈信息

在学生提炼出数学认知策略后，教师要想让数学认知策略引导学生进行数学思维活动，还必须进行适度的练习，由于数学认知策略的运用受学生原有知识背景的影响，因而教师在设计变式练习时，要保证练习内容应是学生很熟悉的，或者说，在数学认知策略教学结束后，练习应主要从学生以前所学的内容中去寻找。可是，策略练习并不限于策略教学结束之后集中进行，在以后新的教学内容学习过程中，只要教学内容蕴含某个数学认知策略，也可以让学生进行该数学认知策略的练习。由此可见，策略练习不像知识练习、技能练习，需要延续很长一段时间，不是说经过一节课后的练习就能完成任务，就能收到好的效果。

数学认知策略练习主要有两个目的：一是让学生能顺利地执行构成数学认知策略的一套程序；二是让学生了解并掌握策略运用的条件，即在什么条件下可以运用所习得的策略，就是让学生针对具体问题，判断能否运用所习得的策略，在练习过程中，使学生渐渐领悟策略运用的条件。

另外，在练习中，学生获得的反馈主要是关于数学认知策略效用的信息。在提供反馈时，教师可以通过引导、提示学生逐步感受数学认知策略的功能，随着练习不断深入，不一定每次都要教师去提示反馈，也可以让学生在解决问题后对解题过程进行反思，找出问题解决的关键之处，通过这样一个过程可以训练学生自己为自己提供反馈，可以培养学生的自主学习能力、自我反思能力，训练学生思维的批判性和深刻性。

四、数学情感领域的教学设计

情感领域可归结为自我效能感、态度与价值观及审美感，实际上，一节完全以自我效能感、态度、审美感为教学目标的数学课是很少见的，它们往往是渗透于数学知识、技能与策略的教学过程中的。下面我们就在数学情感领域学习规律的基础上，探讨和分析在教学实践中如何渗透数学情感领域教学的有关问题。

(一) 数学教学中自我效能感的培养

1. 自我效能感培养的基本目标

在培养学生的自我效能感时，教师必须明确自我效能感培养的基本目标，并对目标定位准确，学生对自己能力估计过高或估计过低，都不利于数学学习，最好的学习状态应是学生对自我能力评价稍高于自己的实际能力，教师对此要有明确的认识，也就是说，这里培养的是学生对自己能力的发展性认识，这种认识可以激发学习的积极性，树立学习的自信心，进而在知识获得和能力发展上取得进步。

2. 自我效能感培养的具体方法

(1) 教师直接提供自我效能感的信息。明确目标以后，教师应考虑为学生提供自我效能感的信息来源，在数学学习中，主要信息来源有学生的成败经验、榜样的成败经验与教师的说服。

教师在学生练习活动或解题活动结束后提供反馈是让学生获得自己成败经验的常用方法，从教师或其他渠道获得反馈信息后，学生立即就能知道自己行为是否成功。接受评价是学生获得成败经验的又一途径，教师在评价学生数学学习时一般采用两种方式：一是将学生与其他学生的学习情况进行比较；二是将学生现在的学习情况与以前的学习情况进行比较，后一种评价可以让学生看到自己的进步，获得成功的体验，有利于学生自我效能感的培养，教师应多使用这种评价方式，数学课程改革倡导的档案袋评价就属于这种评价。

榜样的行为是自我效能感的又一信息来源，榜样不能随便选择，主要来自两类人群：一是学生，二是教师。在选择学生作为榜样时，教师应先对学生的能力、特点以及先前学习情况进行充分了解，然后在学生中寻找在上述某一方面或某几方面类似且数学学习获得成功的学生。只有找到与学生类似的榜样，才能更好地向学生呈现自我效能感的信息并有效地影响学生。教师也可以作为榜样，不过这与同学榜样对学生的影响机制不同，它更多的是向学生呈现解决问题所需的策略，以此去影响学生的自我效能感的判断。

教师除了作为榜样提供信息以外，还可以通过说服向学生提供自我效能感的信息，教师专业知识深厚、教学经验丰富，是预测和评价学生数学学习的专家，如果教师在日常教学中与学生建立了良好的师生关系，学生也很信任教师，那么教师的言语说服会成为有力的信息源。

(2) 引导学生加工自我效能感的信息。在向学生提供多种自我效能感的信息后，教师就要引导学生运用这些信息对自我效能感做出准确判断，最理想的情况是学生在综合各种信息的基础上对自我效能感做出稍高判断，但实际上学生很难做到这一点，这时就需要教师的引导。

第一，教师要对学生做好归因指导，归因是指学生对自己学业成败原因的分析与认识。如果学生能将自己的成功归因于自己的能力，就会提高其自我效能感，但是，教师不能简单认为，只要让学生在数学学习上取得成功就可以提高其自我效能感；如果学生在难度大的问题上付出了很多的努力才取得了成功，学生对自己的能力评价就会较高；如果学生在难度小的问题上付出了很多的努力才取得了成功，学生就会认为自己能力低下。因此只有让学生在较难的任务上取得成功，才会提高学生的自我效能感，当然问题难度是相对而言的，同一问题对于不同学生来说难度并不一样，这就需要教师具体分析把握。

第二，教师要引导学生发现自己与榜样之间的相似性。教师为学生选择了榜样，还要通过言语说服引导，让学生把自己与榜样作比较。如“你觉得某某同学数学成绩与你的相比怎么样”？或者直接指出学生与榜样的相似之处，如“某某同学和你一样，也留过级，以前数学学得很差，现在考试成绩都在 80 分以上，我相信你也能做到这一点”。这里的引导与说服其实是结合在一起的。

第三,教师要注意向学生示范解题的策略和方法。当教师作为学生的榜样时，学生与榜样之间就很难找出相似之处，这时教师应主要向学生示范解题的策略和方法，学生发现并掌握了解题的策略和方法，也就不会低估自己能力，敢于动手尝试，也有信心解决类似问题。

(二) 数学教学中态度与价值观的培养

态度与价值观的培养是在日常教学工作中渗透进行的,根据态度习得的规律，教师需要在数学教学中有意识地做好以下工作。

第一，针对学生已形成的错误态度，注意引起学生认识上的冲突，让学生意识到自己的错误认识。如果学生在数学学习中形成了“每道题只有一种正确的解法”的观念，教师就可以精选一些题目，并对这些题目提供多种解法，让学生在思想上受到触动。又如，针对学生的“每道题的条件既不会多，也不会少”的观念，教师可以提供一些条件冗余和条件不足的题目引发学生思想上的冲突。事实上，学生关于数学学习的一些态度，往往是从教师不合适的教学行为中不自觉习得的，所以教师应该预防学生形成错误观念，不要等到学生形成错误观念再来纠正。如果教师在教学过程中能充分贯彻变式练习的原则，题目尽可能地变换，这种变换并不仅是题目内容的变化，而且可以在解题方法、解题所需条件等方面进行变化，这样可以形成双重效果，既可以预防学生形成错误的态度，也可以在潜移默化中引发学生认识上的冲突，促使学生改变错误态度。

第二，注意运用榜样对学生进行态度方面的教育。在数学发展史上，有许多数学家为数学研究孜孜追求，甚至耗费毕生精力。教师在教学过程中，可以结合教学内容介绍一些数学家的轶事。以这些数学家为榜样，教师往往会向学生传递出求真务实、锲而不舍等科学精神。如在讲到哥德巴赫猜想时，教师可以介绍陈景润为攻克这一世界难题,潜心研究,不畏艰难,演算的草稿纸就装满了几麻袋。又如在讲哥尼斯堡七桥问题时，教师可以介绍数学家欧拉在双目失明后仍不放弃数学研究，从而向学生渗透为真理献身的价值取向，数学发展的过程是一代代数学家奋斗不息的过程。数学教师必须熟悉数学发展的历史，熟悉数学家奋斗的事迹，并在教学过程中适时地介绍，渗透情感、态度与价值观的教育。当然，榜样并不限于数学家，优秀学生、教师本人都是学生的榜样，这就需要教师既要善于发现优秀学生，又要加强自身修养。

第三，要重视在研究性学习中对学生进行情感态度与价值观的教育。现代数学教学提倡问题解决的教学，其目标之一是情感态度与价值观的获得，这一目标集中体现在研究性学习上，甚至可以说，研究性学习是较为集中地对学生进行情感、态度与价值观教育的形式。研究性学习中对情感、态度、价值观的培养主要是通过对学生行为选择进行强化来实现的，在这一过程中，学生必须做出一些选择，如是主观臆造数据还是调查得出数据，是漠视前人的研究成果还是尊重前人的研究成果等。在做出选择后，学生还要获得一定的强化或惩罚，从而形成正确的行为选择倾向，这种强化与惩罚主要是由教师做出的，教师在对学生的研究性学习进行评价时，要重在参与、重在过程，要集中评价学生的行为选择，而不是研究结果是否正确、是否属于前沿研究，主要是在探索研究中形成正确的情感、态度与价值观。

(三) 数学教学中审美感的培养

按照审美感形成的规律，在培养学生的审美感时，教师应该在认知和评价两个环节上下功夫。

第一，教师应在教学前做好分析工作，明确教学内容中哪些部分蕴含了美的因素，体会出这些美好因素，需要学生具备什么样的知识准备，这是对学生进行审美教育的基础工作。如一元二次方程的求根公式 $x_{1,2}=\dfrac{-b\pm\sqrt{b^2-4ac}}{2a}$，首先，公式告诉我们，二次方程的实根由其三个系数完全确定，至于未知数用什么字母表示是没有关系的；同样，未知数所代表的实际意义也是没有关系的，这是一个“万能”求根公式，它向我们展示了数学的抽象性、一般性和简洁美。其次，公式包括了初中阶段所学过的全部六种代数运算：加、减、乘、除、乘方、开方。其中除法要求分母不为零，这是满足的；开平方要求被开方数非负却并非总能满足，因此有的方程有实数根，有的方程没有实数根，能够包容六种代表运算体现了公式的统一性与和谐美。再次，公式本身回答了解二次方程的全部三个问题：方程有没有实根？有实根时共有几个？如何求出实根？如此完整、完全、完善的回答，难道不应该用完美来概括吗？最后，各级运算的顺序自动决定了二次方程求根的解题程序：将所给的方程化为标准形式 $ax^2+bx+c=0(a\neq0)$，确定系数 a,b,c；计算判别式 $\Delta=b^2-4ac$ 考察其符号；在 $\Delta\geqslant0$ 的条件下，代入求根公式，求出实根，这里求根公式将抽象的解题思想(降次的思想—通过配方、开方来实现)转化为具体的解题操作，思想不再是空洞的，操作也不再是盲目的。在教学时，教师要认识到二次方程求根公式中蕴含的美，而且带领学生分析和领略其中的美。

第二，在教学时要通过提示引导，让学生经历发现美的过程。如一元二次二次方程的求根公式，要让学生体会出其中的美，如果教师不加指点，学生是难以体会到美的，这时就需要教师提示引导学生，从各个方面来发现其中的关系，才有可能发现其中的美。因此，整个认知过程需要教师点拨引导。

第三，让学生运用内外的标准对自己认知的结果进行评价，产生审美体验。审美过程往往具有直觉性，我们接触到美的事物很快就产生了美感。表面上看来美感的产生很神秘，但这种美感的出现是以丰富的欣赏经验和对各种审美对象长期的思考和认识为基础的，这种思考和认识的结果，主要表现为审美的标准。当学生有丰富的审美经验时，可能不需要教师的提示就能感受到美；而当学生缺乏审美经验时，教师必要的提示、适时的引导，甚至直接告知学生审美标准，都是非常必要的。

第六章　数学教育评价基本理论

第一节　教育评价概述

一、教育评价的概念

评价泛指人和事物的一种价值衡量。教育评价就是依据教育目标提出的评价标准，运用科学的评价方法，系统完整地收集信息，对教育过程及教育效果做出价值判断，并把判断具体结果反馈到教育实践中，为教育决策提供科学依据的过程。

实施教育评价时，必须明确以下四个基本问题。

第一，教育评价的对象。由于教育现象过于复杂，涉及问题太多，因此教育评价范围极其广泛。从客观角度看，教育体制、教育政策、教育规划、课程标准等；从微观角度看，教育思想、教学方法、教学成果、教师教学、学科教材、学生学习等，都是教育评价对象。若就数学教育评价而言，主要指数学教学、数学学习、数学教材等评价内容。

第二，教育评价的目的。从教育评价发展历史看，早期教育评价偏重于鉴定和筛选，是以某一群体的平均水平为依据评价个体在群体中的相对位置。这种评价方式虽然能起到一定的作用，但也产生了许多消极的表现和后果。现代教育评价更加注重评价的导向、激励和改进功能，评价目的是为进行教育决策、制定教育政策、提高教育质量提供依据。

第三，教育评价的依据。现代教育评价理论认为，教育方针和教育目标是教育评价的科学依据,能否满足社会和人类的发展需要是判断教育价值的客观标准。所以，应当根据社会发展的人才成长的要求确立教育评价的标准和尺度。

第四，教育评价的手段。为了保证教育评价的科学性和客观性，现代教育评价是以教育学、心理学、测量学为基础，根据教育目标和教学计划的要求，运用各种教育测量和统计工具，按照一定的规则，采用定量和定性的方法，对各种教育现象做出综合的分析判断。

二、教育评价的功能

教育评价有鉴定、导向、诊断、调控和激励等多种功能。

1. 鉴定功能

鉴定功能是指教育评价对评价现象的水平鉴定。如测定评价对象是否合格、区分评价对象之间的差异、优劣等。它能使评价者准确地掌握被评价者的实际水平，便于为甄别、筛选和管理服务。被评价者则可以评价结果为依据，提出改进措施，确立提高方向。

2. 导向功能

导向功能是指被评价者把教育评价中的评价目标和指标体系作为自身价值的判断标准，确立自己的奋斗目标和努力方向。教育评价中使用的评价指标体系，实际上就是评价对象努力的目标，因而教育评价具有强烈的导向作用。

3. 诊断功能

诊断功能是指评价对象通过教育评价总结教育活动中的成功的经验和失败的教训。教育评价不仅是对评价对象的层次水平进行鉴定，更重要的是找出评价对象优劣的原因，以便评价对象针对问题提出改进建议。

4. 调控功能

根据信息反馈原理，通过外部评价或者自我评价，评价对象可以获得教育过程的反馈信息，进行自我调节和矫正，促使教育过程不断完善，这是教育评价的调控功能的具体表现。

5. 激励功能

每个人都有自我实现的愿望，都有自我完善的渴求，教育评价要对评价对象做出价值判断，评价结果由于具有层级之分，必然会激励每一个被评价者积极行动起来，以评价目标为行动准则，争取好的评价结果，当然这样就会促进个体不断提高，从而把竞争机制引入教育活动的全过程。

三、教育评价的分类

教育活动具有多层次性、多因素性，从而教育评价也具有多样性，我们可以从不同的角度去分析教育评价。

（一）按评价目标分类

教育评价按目标可划分为三种，即绝对评价、相对评价和个体内部差异评价。

1. 绝对评价

绝对评价又称目标参照评价，是以预先制定的目标为标准，评价每个对象达到程度的方法。在绝对评价中，要把每一个评价对象与评价对象集合以外的客观评价标准进行比较，然后做出评价判断。比如，在数学教学中，相关专家按照课程标准和考试大纲命制试题，用学生的考试成绩去评定学生的数学学习就是绝对评价。60 分为及格，85 分为优秀，100 分为满分，分数就是评价对象的评价水平。

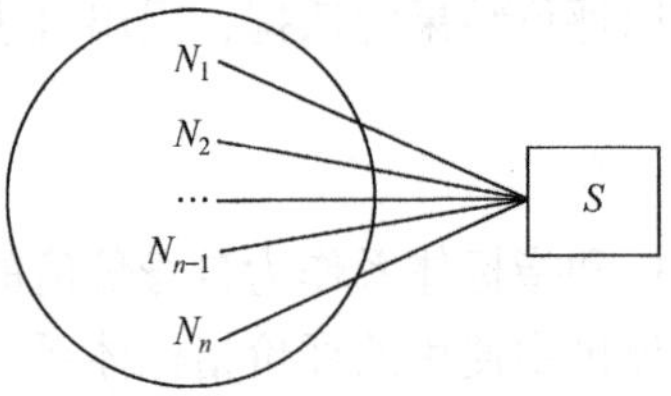

图 6-1　绝对评价示意图

设评价对象的集合为 $A=\{N_1,N_2,\cdots,N_n\}$，其中 $N_i(i=1,2,\cdots,n)$ 为评价对象，绝对评价的标准是 S，那么绝对评价的方法如图 6-1 所示。在绝对评价中需要确定每一对象在集合中的相对位置，主要应该考察 N_i-S。设在某次数学考试中，某班共有 n 名学生，其中第 i 名学生的分数为 N_i，一般取 $S=\frac{1}{n}\sum_{i=1}^{n}N_i$。

绝对评价具有以下优点：评价标准明确客观，而且在评价前已经确定，与评价对象是相对独立的，并且评价结果不依赖于某个评价对象集合的状态水平，评价以后每个评价对象都能明确自己与评价标准的差距，能最大限度地发挥教育评价的激励、导向和改进功能。它的缺点是评价标准难以完全客观化，评价结果容易受到评价者主观经验的影响。

2. 相对评价

相对评价也称客观参照评价，是以评价集合内的某一对象为标准，或者以评价集合的平均水平为标准，将每一个评价对象与这个标准相比较，以确定评价对象在这个集合中的相对位置的方法。

设评价对象的集合为 $A=\{N_1,N_2,\cdots,N_n\}$，其中 $N_i(i=1,2,\cdots,n)$ 为评价对象，评价标准为 S，那么相对评价的方法如图 6-2 所示。在相对评价中确定每一对象在集合中的相对位置，主要应该考察 N_i-S。设在某次数学考试中，某班共有 n 名学生，其中第 i 名学生的分数为 N_i，一般可取 $S=\frac{1}{n}\sum_{i=1}^{n}N_i$。

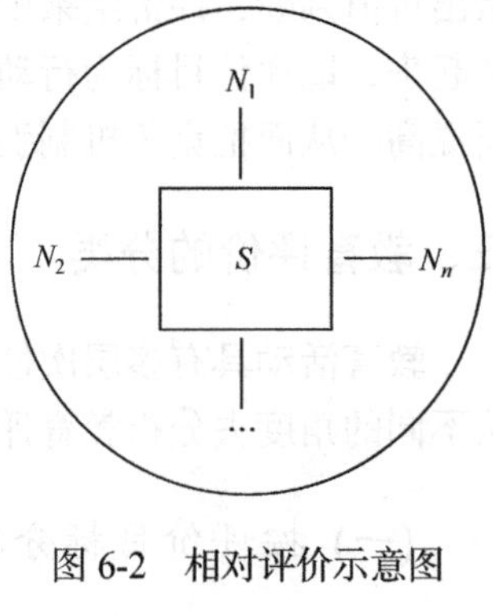

图 6-2　相对评价示意图

相对评价仅仅是针对评价对象构成的集合进行的，对于这个特定的集合来说，评价结果是相对准确的，因而具有明显的客观性。无论整体水平如何，都能评价优劣，因而能充分发挥教育评价的鉴定、激励功能。但是，由于相对评价是通过集合内部对象相互比较实现的，对其他集合不一定适用，因而有明显的局限性。另外，容易降低客观标准，其评价结果不能表示被评价对象的实际水平，只能表示它在这个集合中所处的位置，如果运用相对评价可以评出某个学校的优秀生，但把这个学生放到另外一个学校未必还是优秀生。

在教育评价中，人们通常把绝对评价和相对评价结合起来运用。例如我国举行的高考，依据课程标准命制试题，用评分方法评定学生的成绩，属于绝对评价。但在高校招生时，由于受到招生名额限制，通常还要考虑地区差异，因此录取主要是通过相对评价来实现的。

3. 个体内部差异评价

把评价对象集合中各个元素进行自身比较，从而评价各个对象差异的方法，称为个体内部差异评价，也叫自身评价法。

设评价对象的集合为 $A=\{N_1,N_2,\cdots,N_n\}$，其中 $N_i(i=1,2,\cdots,n)$ 表示各个对象的现在状态或某种特征，用 S_i 表示各个对象的过去状态或某种特征，那么个体内部差异评价方法如图 6-3 所示。

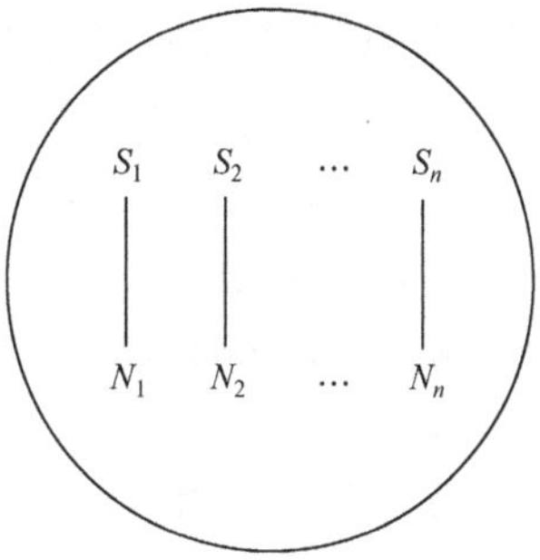

图 6-3 个体内部差异评价示意图

个体内部差异评价方法可以分为两种：纵向评价和横向评价。

纵向评价是把某一对象在不同时间的某个侧面的发展变化做出差异比较，并得出评价结论的方法。如对某个学生的数学成绩做出前后的比较，可以评价学生在数学学习上的变化情况。

横向评价是把某一对象在同一时间的不同特征或不同侧面进行比较，并得出结论的方法。如在同一时间对某个学生在数学上的不同能力(运算能力、思维能力、空间想象能力)进行比较、不同学科的考试成绩进行比较、同一学科的不同内容(如立体几何、解析几何、函数、数列、不等式、概率与统计)进行比较等。通过横向比较可以掌握学生各方面的优劣及其发展趋势，便于个体不断调整改进。

个体内部差异评价能充分考虑个性差异，在评价中给评价对象造成的压力也不大，有利于发挥教育评价的激励、导向功能。但是这种方法有时难以确定评价标准，也不能对评价对象全体做出整体性的比较和评价。在实际评价时，人们为了克服个体内部差异评价的这种局限性，常常把个体内部差异评价与相对评价结合起来使用。如某学生期中考试和期末考试的数学分数分别为 70 分和 80 分，从个体内部差异评价等，成绩是上升的。但是，如果第一次全班的平均分是 60 分，标准差是 10 分；第二次全班的平均分是 75 分，标准差是 5 分。显然，按照相对评价分析，这个学生的数学成绩是下降的，而不是上升的。

(二) 按评价功能分类

按照教育评价功能不同，教育评价可分为诊断性评价、形成性评价和总结性评价。

1. 诊断性评价

诊断性评价是教育活动开始前实施的测定性评价，目的在于了解评价对象的学习情况，并为制订和实施计划作准备，或者为了解决问题搜集必要资料。诊断性评价具有诊断的功能，运用这种方法可以了解学生在知识、技能和能力等方面具有的水平，从而为教师进行教学设计提供依据，在数学教学中有着广泛的应用。

2. 形成性评价

形成性评价是指在教育实施过程中的评价，也称为过程性评价。形成性评价可以及时检查教育过程中某些环节的优势与不足，从而有利于不断地调节和优化教育过程。因此，形成性评价的目的在于诊断和改进。

在数学教育过程中，及时采用形成性的检查或者测试，可以使师生了解目标是否达到，达到某种程度，还可以使师生及时调整和改进教学过程。

3. 总结性评价

总结性评价是指教学活动进行到某一阶段或是整个课程结束时对教学成果进行的全面性评价。如期中考试、期末考试、高中学业水平测试等。其目的是全面了解和鉴定学生学习状况和教师教学效果，了解学生在知识、能力及情感上的发展状况，检查教学目的达成情况。

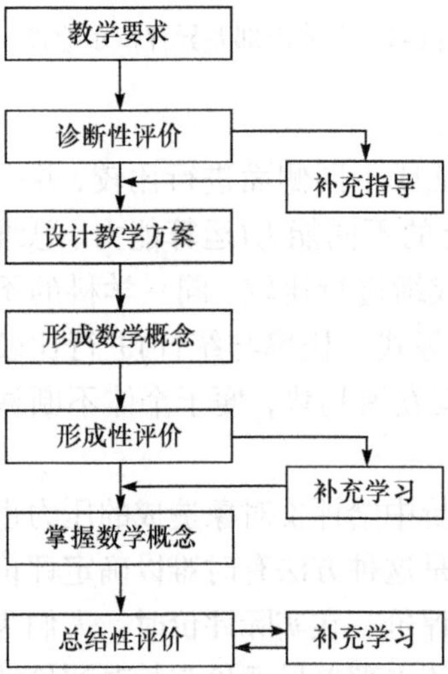

图 6-4　数学概念教学效果评价

从重视静态的总结性评价向重视动态的形成性评价转变是现代教育评价的一个重要特征，这个转变在于强调形成性评价的反馈作用和调控功能，以便在教学过程中及时发现问题，迅速予以调整，最终完善教育过程。

诊断性评价、形成性评价和总结性评价既有区别又有联系，在教育评价中常将它们交替使用。比如，在数学概念教学过程中，上述三种评价的不同作用与相互关系如图 6-4 所示。

(三) 按评价人员分类

1. 内部评价

评价对象依据评价标准对自身做出的评价称为内部评价。内部评价能充分调动评价对象自身的能动性，通过自我检查和自我分析，获得自我反馈信息，强化了评价对象自身的目标意识，强化了个体实现目标的内在驱力，通过自我反思、自我调整，实现自我改进、自我完善，能够充分发挥评价的激励和改进功能。如学校校长对学校工作的评价、教师对教学工作的评价、学生对学习效果的评价。在实践中发现，评价对象关于评价活动的主动性、自觉性以及合作态度，不仅能保证评价结果的客观公正，而且能充分调动评价对象的积极性，有利于促进教育活动的改革与发展。

2. 外部评价

外部评价又称他人评价，是指由评价对象以外的组织或者个人对评价对象做出的评价。外部评价包括国家评价、督导评价、专家评价、同行评价、社会评价等。国家评价是各级教育行政部门及行政领导的视导评价，包括检查性评价、认可性评价、鉴定性评价等。社会评价是指机关、团体、用人单位等非教育部门对教育的评价。

外部评价的评价人员应具备较高的素质，不仅要具备必要的评价知识和评价技术，而且要有端正的态度、正直的人格，能够尊重事实，克服各种偏见，采用各种信息，展开客观评价。

第二节　数学教育评价过程

数学教育评价是一种特殊的教育评价，是根据数学教育目标，运用现代科学方法对数学教育活动做出价值判断的整个过程，它是一个系统的活动体系，一般可分为设计评价指标、收集评价信息、加工评价信息、做出评价结论、制定改进措施等几个阶段。各个阶段之间都会形成反馈调整系统，通过若干循环往复，从评价指标出发的评价又回到了评价指标，就完成了一个数学教育评价过程，可用图 6-5 直观表示。

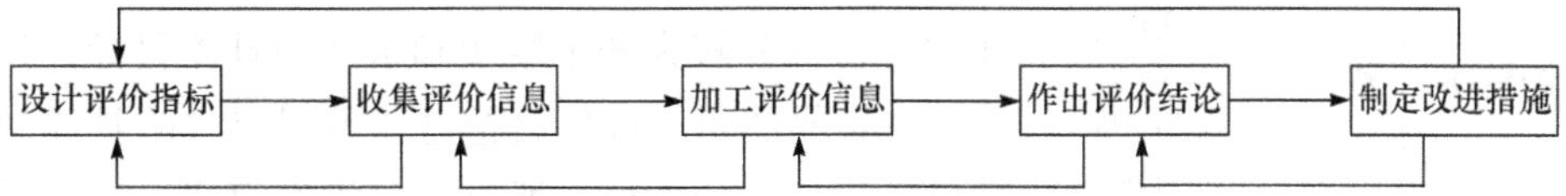

图 6-5　数学教育评价过程

一、设计评价指标

在选择评价对象(如教材、教学、学习等)后，相关专家首先应该根据教育目标设计评价指标体系，这是正确实施教育评价的关键，直接影响着评价的客观性和有效性。

1. 理清教育目标内容

数学教育目标主要体现为以下两点：一是课程标准中的课程目标；二是考试大纲中的考试要求。

《义务教育数学课程标准(2022 年版)》明确指出，数学课程目标包括结果目标和过程目标。结果目标使用“了解”“理解”“掌握”“运用”等行为动词表述，过程目标使用“经历”“体验”“感悟”“探索”等行为动词表述。它们基本含义如下。

了解：从具体实例中知道或举例说明对象的有关特征；根据对象的特征，从具体情境中辨认或举例说明对象。

理解：描述对象的由来、内涵和特征，阐述此对象与相关对象之间的区别和联系。

掌握：多角度理解和表征数学对象的本质，把对象用于新的情境。

运用：基于数学对象和对象之间的关系，选择或创造适当的方法解决问题。

经历：有意识地参与特定的数学活动，感受数学知识的发生发展过程，获得一些感性认识。

体验：有目的地参与特定的数学活动，验证对象的特征，获得一些具体经验。

感悟：在数学活动中，通过独立思考或合作交流，获得初步的理性认识。

探索：在特定的问题情境下，独立或合作参与数学活动，理解或提出数学问题，寻求解决问题的思路，获得确定结论。

2. 设计评价指标体系

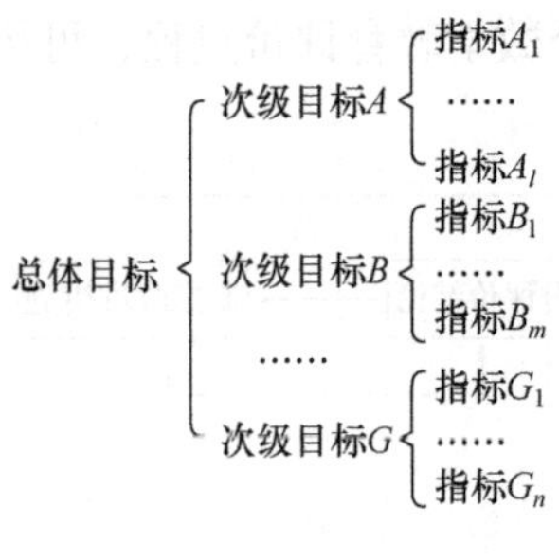

图 6-6　评价指标体系示图

教育目标是对教育活动总的原则要求，概括性比较强，抽象程度也高，在教育评价中很难以这样的教育目标为依据，因此必须把教育目标具体化，把数学教育目标分解为若干层次和水平的具体目标，使其变得容易测量。我们就把这些不同层次的具体教育目标称为评价指标，所有评价指标组成一个多层次的指标系统，称为评价指标体系。评价指标体系一般形式如图 6-6 所示。

《标准(2011 年版)》对第三学段图形与几何提出的课程目标体系参见表 6-1。

表 6-1　图形与几何的课程目标体系

图形与几何	图形的性质	(1) 点、线、面、角 (2) 相交线与平行线 (3) 三角形 (4) 四边形 (5) 圆 (6) 尺规作图 (7) 定义、命题、定理
	图形的变化	(1) 图形的轴对称 (2) 图形的旋转 (3) 图形的平移 (4) 图形的相似 (5) 图形的投影
	图形与坐标	(1) 坐标与图形位置 (2) 坐标与图形运动

3. 确定指标体系权重

确定指标体系权重是评价的重要环节，权重标志着各指标在整个指标体系中的相对位置，反映了一指标与其他各个指标的关系。只有赋予不同指标以相应的权重，才能使评价结果准确地反映评价对象的客观价值。

确定权重的方法很多，常用的有专家咨询法、调查统计法、层次分析法等。专家咨询法是通过问卷调查形式，请有经验的教师或专家分别填写，经过汇总、统计、归纳等几轮咨询，使专家们的意见趋于一致，从而确定权重的方法。

在评价师范生的提问技能时，各个评价指标权重如表 6-2。

表 6-2　师范生提问技能的评价指标权重

具体指标	权重
提问目的明确，紧扣教学目标	0.10
有启发性，能够激发学生思维	0.10
设计问题有层次感，适应不同水平学生	0.12
时间、角度把握得好	0.08
问题表述清晰，语言简洁	0.10
能给学生留有思考时间	0.10
提示、点拨得当，学生能够接受	0.12
设计周密，没有大的欠缺	0.08
能够分析评价回答	0.12
鼓励学生积极回答问题	0.08

二、收集评价信息

收集评价信息是指选择或者制作评价工具，测量评价指标和储存评价资料等各项工作。在数学教育评价中，收集评价资料的主要方法是观察法、访谈法、问卷法、测试法等，相应的评价工具有观察量表、访谈提纲、调查问卷、测试试题(量表)等。

三、加工评价信息

加工评价信息就是对收集的各种信息进行加工处理，其中包括评分、统计及把下级指标综合成上级指标，把各种渠道或各个评价组的评价结果综合形成总的评价结果等。

四、做出评价结论

做出评价结论就是在加工评价信息的基础上，依据评价标准给予价值判定。常用的评价方法有定性分析法和定量分析法。

1. 定性分析法

根据评价信息对评价对象做出非数量的分析方法称为定性分析法，它又分为等级评价法和分析法。

(1) 等级评价法。等级评价法是以评价指标为标准，根据评价信息对评价对象做出等级评价的方法。等级评价法有以下形式：两段法(是、非；好、差；及格、不及格)；三段法(好、中、差)；四段法(优、良、中、差)；五段法(优、良、中、差、很差)等。有些评价采用记分制，虽表现为数量方法，实际上是等级法，如 5 分(优)、4 分(良)、3 分(中)、2 分(差)、1 分(很差)。在数学学习评价中，前几种常用来评价学习表现、学习态度、学习兴趣，后几种常用来评价学习成绩。

(2) 分析法。分析法是对各个评价指标分别进行定性评价，最后综合得出定性评价结果的方法。如对 A, B, C, D, E, F 共 6 名学生的数学作业的评价就是分析法(表 6-3)。

表 6-3　A, B, C, D, E, F 共 6 名学生的数学作业分析法

分析评价	A	B	C	D	E	F
格式正确，书写整齐	√	×	√	√	×	×
图形图表正确	√	√	×	×	√	×
计算准确无误	√	√	√	√	×	×
推理合乎逻辑	√	√	√	×	×	×
解题简捷巧妙	√	√	√	√	×	×
作业总体评价	优	良	良	中	差	很差

2. 定量分析法

定量分析法是通过把评价指标量化，采用模型和数学统计方法对评价对象以数量进行价值判断的方法，常用的定量分析法有百分制法、标准分法和分项评分法。

(1) 百分制法。这种方法运用最为广泛，利用它可以确定个体在整体中的相对位置，但是只根据分类确定个体之间知识与能力的差异，或个体自身前后一段时间内的发展变化差异是不科学的。例如，甲、乙两人某学期数学成绩分别为 90 分、80 分，不能说甲总是比乙的数学成绩要好；又如，某人上、下学期数学成绩分别是 90 分、80 分，不能判断该生数学学习退步了；再如，又设该生下学期语文成绩是 75 分，不能判断该生语文成绩不如数学成绩。

(2) 标准分法。标准分是将原始分数与其平均分数的差除以标准差所得到的商。其意义表示某人的原始分数在一个群体里所处的相对位置的一个量数，它是一个相对分数，表明了一个原始分数在全体中所处的位置。标准分有 Z 标准分和 T 标准分。Z 标准分公式为 $Z_i=\dfrac{x_i-\overline{x}}{s}$，其中 Z_i 为第 i 名学生的标准分数，x_i 为第 i 名学生的原始分数，$\overline{x}$ 为原始分数的平均数，s 为原始分数的标准差，即 $s=\sqrt{\dfrac{1}{n}\sum_{i=1}^{n}\left(x_i-\overline{x}\right)^2}$。

Z 标准分的意义是：$Z>0$，原始分数高于全班的平均分；$Z=0$，原始分数等于全班的平均分；$Z<0$，原始分数小于全班的平均分。因 Z 标准分既可以比较同一学生在不同阶段的考试成绩，可以评价学习是否进步；也可以比较同一学生不同学科或不同学生不同学科的总成绩，从而在相对评价中发现差异。

例如，从表 6-4 中可以看出，该生上学期数学成绩虽为 88 分，但低于全班平均分 0.2 个标准差；下学期数学成绩虽为 76 分，但高于全班平均分 1.1 个标准差，所以该生数学学习有了进步。

表 6-4 某生上、下学期数学成绩及其标准分法

时间	数学成绩	全班平均分	标准差	Z 分数
上学期	88	91	15	−0.2
下学期	78	68	9	1.1

上例告诉我们，用百分制比较单科成绩是不科学的，当然，用百分制比较总成绩也可能是不科学的，这里不再举例。这是因为，在非标准正态分布下，由于分布不同而不具有同一测量尺度，分数不具有可加性和可比性。Z 分数就解决了这个问题，因而用 Z 标准分做出的评价具有客观性。但是，Z 标准分的缺点在于

Z 可能为负值，这样有时应用不便，为此引入了 T 标准分。

T 标准分的计算公式为 $T=10Z+50$，其中 T 为 T 分数，Z 为标准分。经过这样的变换后，得到的 T 值都是正整数。$T>50$，原始分数高于全班的平均分；$T=50$，原始分数等于全班的平均分；$T<50$，原始分数低于全班的平均分。

利用标准分既可以作绝对评价，也可以作相对评价，评价结果的客观性比较强，因此是数学教育评价中一种重要的定量分析法。

(3) 分项评分法。分项评分法是列出各项指标的具体要求，并给出每项指标的分数和权重，由评价组对每个评价对象的各项指标分别评分，然后汇总得出评价总分。这个方法在数学教学评价和数学学习评价中有着广泛应用，具体又分为汇总求和与加权求和两种基本方法。

第一种，汇总求和。设 $\bar{X}(i=1,2,\cdots,n)$ 为评价组对第 i 个指标的评定平均分，则评价分数为 $S=\sum\limits_{i=1}^{n}\bar{X}_i$。

第二种，加权求和。设第 i 个指标的权重为 w_i，评价组对这个指标给出的平均分为 $\bar{X}_i$，则评价总分为 $S=\sum\limits_{i=1}^{n}w_i\bar{X}_i$。

分项评分法虽体现了教育评价的多因素性，比定性评价要更为客观，但指标体系的科学性和合理性很难把握。

通过上述介绍可知，定性分析法和定量分析法都有各自的优势，也有各自的局限性。因此，人们常常把定性评价和定量评价结合起来运用，如课程改革倡导运用定性分析和定量分析相结合的方法评价学生的数学学习，这也是数学教育评价的一个重要特征。

五、制定改进措施

现代教育评价注重评价的导向、激励和改进功能。评价最终目的就是要改进教育过程、提高教育质量，从这个角度来分析，做出评价结论不是数学教育评价的终结，而是制定改进措施的开始。在数学教育评价中，相关专家要认真分析评价信息和评价结论，找出存在的问题，剖析问题原因，根据数学教育的各项具体要求，制定优化教学、改进学习的有效措施，在评价和改进的循环过程中不断优化数学教育过程，提升数学教学效果。

第三节　数学教学评价

数学教学评价大致分为两类：一是教师教学效果的静态评价，它常常以学生的数学表现来衡量，也就是说通过学生学习成绩间接评价教师教学；二是教师课堂教学的动态评价，它就是以教师课堂教学作为研究对象，依据一定标准，运用某种方法去对教学进行价值判断。

一、数学教学评价的基本步骤

为了获得有用的教学信息，给出公正的评价结论，课堂教学评价应该按照规范程序进行，下面重点介绍前面三个步骤。

1. 确定评价的目的和要求

开展教学评价前，必须明确评价目的、评价内容、评价对象、评价主体、评价手段、评价要求等。

确定评价目的，就是明确“为何评”，评价目的多种多样，有为探索教学规律的，有为开展教学研究的，有为检验教学效果的，有为甄别教学水平的，等等，目的不同，实施手段也有可能不同。

确定评价内容，就是确定“评什么”，数学课堂教学要素很多，有教学目标、教学内容、教学方法、教学心理氛围、教师行为、学生行为、教学效果等。教学要素如此之多，在评价前必须确定要将哪些要素纳入评价范围。

确定评价对象，就是确定“评价谁”，这个问题往往比较明确，评价对象一般就为授课教师。

确定评价主体，就是确定“谁来评”，根据评价目的不同，评价主体也会不同，如要评价数学课程理念落实情况，评价主体一般为课改专家；如要检查教师数学教学现状情况，评价主体一般为教育行政人员；如要开展课堂教学研究评价，评价主体一般为教师同行。除此以外，社区人员、学生家长、学生本人都有可能成为评价主体。

确定评价手段，就是确定“怎样评”，比较常用的评价手段有观察法、问卷法、访谈法。

教学评价的有关要求应该在评价工作的早期确定，并尽可能详细周密，否则可能会导致信息量不足，影响教学评价的结果和质量。

2. 确定信息获取的方法

评价必须基于某些信息展开，评价人员必须亲自收集这些信息，为此就需要确定信息获取的方法，也就是在确定实施手段时提到的方法，本书稍后将会具体介绍。

3. 选择和编制测量工具

要收集评价需要的信息，就要有相应的测量工具。在进行数学教学评价时，测试试卷、调查问卷、访谈提纲、听课评价表等都叫测量工具，不同的测量工具有不同的功能，因此需要结合评价目标，选择适当的测量工具。

二、数学教学评价的常用方法

(一) 观察法

1. 观察法的含义和特点

课堂观察是一种科学的观察方法，作为一种研究方法，它不同于一般意义上的观察，它是指观察者带着明确的目的，凭借自身感观及有关辅助工具(如观察表、录音笔、摄像机等)，直接或者间接(主要还是直接)从课堂情境中收集资料，并依据资料进行研究的一种科学研究方法。

观察法是一种现场实施的方法，在自然教学场景中，观察者在事件发生时就在进行研究，可以随时捕捉各种教学现象。相对其他研究方法而言，观察法虽然不能精确地反映课堂教学水平，但这种方法的人为性比较低，研究方式比较直接，能获得具体生动的感性认识和真实可靠的原始素材。

观察法简便易行，操作灵活，能够在短时间内获取大量的原始信息。尽管课堂观察需要进行精心的设计和实施，但相对于其他系统研究方法来说，课堂观察易于设计，研究过程较为灵活。当然，观察法也有自身的不足。比如，由于观察者本人的主观性或片面性，不可避免地将个人的主观臆断掺杂在观察记录中，这样就会影响评价结论的准确性和公正性。另外，观察者的情绪、态度、水平、心情也可能会直接影响观察效果。

2. 观察法的基本步骤

观察法可分为三个阶段：观察前、观察中和观察后，其中每个阶段又包括一些具体的步骤。

1) 观察前的准备

观察前的准备主要就是确定观察的目的和规划。

首先，要确定观察的时间、地点、对象、次数等。

其次，要确定观察的焦点，即需要记录的事件和行为。例如，要评价数学课堂上教师提问的质量，那么观察的中心就应集中在教师身上，对教师所提的问题及学生对问题的回答加以记录。

再次，设计或者选择观察记录的方式和工具。观察之前，应选择一种最适当的记录方式或者现成的观察表，有时也可以根据需要自行设计观察表。例如，对教师表扬技能的评价，可以使用下面的观察表(表 6-5)。

表 6-5　对教师表扬技能的评价

		表扬方式			表扬类型				
序数	时间	口头	身体语	书面	中立肯定	语气惊喜	价值判断	延伸挖掘	其他

最后，若有可能应该事先确定被观察行为的一般标准，这个标准的确定过程往往较为科学和权威，如经过多次修改、有专家的参与等，能够得到人们普遍认可。例如，评价教师的课堂教学时，有关专家可以先确定一堂好的数学课的标准，以便分析观察的行为和结果。例如，对教师课堂教学过程的评价，可以使用下面的观察表(表 6-6)。

表 6-6　对教师课堂教学过程的评价

项目	指标	A 1	B 0.7	C 0.5
3～5 分钟常规活动	① 活动节奏恰当			
	② 点面结合灵活			
	③ 活动方式与趣味性			
开放的导入	① 开放的合理性(不同层次的学生都能进入)			
	② 开放的发散性(反映学生思维的多种状态)			
	③ 开放的深刻性(对学生思维的挑战性)			
资源生成	① 学生有主动活动时间、自主学习有效			
	② 资源生成的丰富性(形式、内容、方向)			
	③ 资源生成的质量(综合、新颖、有创造)			
回应反馈	① 教师回应及时			
	② 回应有明确推进			
	③ 对新资源有敏感性			
过程生成	① 新资源的利用程度			
	② 分析比较、综合重组水平			
	③ 调整形成深入学习的新方案			
互动深化	① 生生互动程度(倾听质量、不同意见表达)			
	② 生生互动质量(讨论的问题有深化)			
	③ 师生互动程度(教师组织与点拨水平)			

续表

项目	指标	A 1	B 0.7	C 0.5
开放的延伸	① 总结提炼水平(方法结构的提炼)			
	② 内容的延伸性(新问题的提出)			
	③ 作业的开放性、实践性			

2) 观察中的记录

观察中指观察实施阶段，包括进入课堂以及在课堂中按照事先拟定的计划和选择的记录方法，对所需的信息进行记录。

一般地说，教师对观察者有一种戒备心理，学生也会有好奇感，这些都会影响观察者的观察。因此，在进入课堂时，应该事先征得任课教师同意，并尽快与被评价者建立起相互信任的关系。

在教学场景中,对被评价者的行为表现进行观察和记录是观察法的主要工作。记录方式大致可以分为两类：定量和定性。定量记录方式包括编码体系、记号体系、项目清单、等级量表等；定性记录方式包括描述体系、叙述体系、图式记录等。

3) 观察后的分析

课堂观察结束以后，最好尽快对所收集的资料进行整理和分析，以免时间太长造成信息遗忘或者失真，从而影响评价结果。对于定性资料尤其容易出现这个问题，资料的整理和分析是一项复杂且重要的环节，往往比较耗时费力，它关系到原始资料的有效利用和评价结果的准确解释。资料分析和整理后，就可以从系统的资料中归纳总结出研究结果，也就能提供客观的评价。

(二) 访谈法

1. 访谈法的含义和特点

访谈法是评价者通过与被评价者面对面的交谈方式收集资料、了解教学的一种方法。在评价课堂教学时，访谈法一般用于上课后的讨论，作为信息反馈的一种手段。

访谈法具有以下几个优点：①较高的回答率。访谈是一种面对面的交流，一般都能了解到被评价者的真实想法；②较强的灵活性。在访谈过程中，评价者可以随时了解被评价者的反应，并能根据访谈具体情况提出一些拓展问题，或者重复提问，或者对问题做出必要的解释和提示等。这些灵活处理方式可以最大限度地保证研究计划实施；③更好的合作性。访谈是直接交谈的，评价者可以运用合适的方式，拉近被评价者与自己的距离，让被评价者不会感到拘谨约束，从而更真实、更全面地表达自己的想法；④广泛的适用性。访谈法正是由于它的灵活性，大大拓展了其适用范围。无论教师的身份、教龄、资历，还是学生的年龄、学段、水平，只要具备一定的语言表达能力，都可以运用访谈法进行调查。

2. 访谈法的步骤

访谈是一种有目的、有计划的活动，因此需要按照一定的程序和标准进行访谈。一般来说，在教学评价中访谈法有以下几个步骤。

1) 制订访谈计划

在访谈前，评价者需要对访谈中涉及的重要问题做出明确规定，如研究主要内容、调查基本问题、问题具体类型、问题回答规范等，都要做出明确规定，以保证访谈的科学性和准确性。访谈法运用于教学评价时，主要针对具体课堂，是在课前或者课后进行的，计划性表现不是十分鲜明。在制订访谈计划时，大致包含以下几个问题。

(1) 确定访谈目的。在访谈前明确访谈目的是非常重要的。访谈的目的主要有以下几种：了解教师的教学设计、了解教师的教学目的、了解教师的自我评价、了解教学的具体背景。

(2) 拟定访谈问题。评价者要根据研究的目的，初步拟定访谈问题，这时要注意问题措辞的通俗性、中立性及层次性。以下就是一份教师访谈提纲。①教学目的:你这节课的教学目的是什么？你希望学生在这节课中学会什么？②教学设计：你做了哪些设计来达到教学目的？为什么要这样设计？③教学策略：在教学过程中，你是否根据学生的反应调整教学策略？做了哪些调整？④课题背景：这节课与前后教学内容的联系，与单元教学内容的联系。⑤教师基本情况：教师的教育与培训经历、教学经历等。⑥学生基本情况：教师对所教班级学生能力的总体印象，学生间的差异。⑦教师对教学的自我评价：你自己对这节课满意吗？与平时的课相比较怎样？你认为这节课的成功之处在哪里？哪些达到了你设计的目的要求？你认为还有什么需要改进的？

(3) 安排问题顺序。一般把容易回答的、确实可行的、了解常识的问题放在前面，把不好回答的、在访谈过程中可能引起被评价者感到不适的问题放在后面。

(4) 确定访谈方式。评价者根据访谈需要，可以采用单独的访谈方式，可以采用群体的访谈方式，也要适当安排具体访谈流程。

(5) 确定访谈时间。由于教师的日常教学工作都比较忙，为了不影响教师正常教学，或者降低这种影响，评价者可以与被评价者约定访谈时间以及访谈时长。

2) 进行正式访谈

在正式访谈前，一般都要经过一次试谈，以检查所设计的问题以及提问方式是否恰当，问题之间的排列顺序是否合适等。在数学教学评价中所使用的访谈法，一般是针对特定的课堂、特定的教师进行的，因此无须试谈。在正式访谈中，评价者要注意访谈时间、地点的选择，要能够尽快地接近访谈对象，并让访谈对象消除不适，建立融洽访谈氛围，按照制订的访谈计划和拟定的访谈问题进行访谈，并且做好访谈记录。例如，让被评价者阐述本节课的总体安排、教学设计理念及其实现程度，并且对照评价标准对本节课开展自我分析、自我评价等。

3) 分析访谈结果

访谈结束以后，评价者要对访谈中所收集的材料进行整理和分析。原始材料的整理可能要进行分类和编码，如果在设计问题时已经考虑好了分类和编码，这时就可直接整理；如果没有分类记录，就要进行分类，研究问题回答的类型，确定分类的合适标准。

(三) 问卷法

1. 问卷法的含义和特点

问卷法是一种通过发放和回收问卷而获得研究资料的方法，它在数学教育评价中应用非常广泛。

问卷法具有以下特点：①运用范围极其广泛；②问卷内容完全一致，以统一形式收集资料；③一般不要求被评价者在问卷上署名，这就有可能使被评价者如实回答问卷，使得信息真实可靠；④问卷法不受人数的限制，可以开展大规模的调查，它的调查结论具有较高的代表性；⑤问卷法可以完全控制变量，找出事件之间因果关系。

2. 问卷法的步骤

问卷法包括以下几个步骤：①问卷调查前的准备工作，包括确定调查课题、选取问卷对象、起草调查问卷、制订问卷计划、问卷工作的组织领导；②发放问卷；③回收问卷；④整理问卷信息；⑤撰写问卷调查报告，给出相应评价结论，这个过程实质上与访谈法是相同的。

3. 问卷结构

问卷通常包括以下三个部分。

第一个部分是前言，就是写在问卷开头的一段话，是评价者向被评价者说明问卷目的与要求的一封简单的信。前言一般包括以下内容：调查的目的与意义；关于匿名的承诺和保证；对被评价者回答问题的要求；评价者的个人身份或者组织名称。

第二个部分是主体部分，这是问题表，包括从研究课题与理论假设中引申出来的问题以及对回答的指导语，指导语主要有四种类型：一是关于选出答案做记号的说明；二是关于选择答案数目的说明；三是关于填写答案要求的说明；四是关于答案适用于哪些被评价者的说明。

第三个部分是结语，一般采用三种表达方式：一是对被评价者的合作表示感谢的一段短语内容及关于不要漏填与复核的请求；二是提出一个或者两个关于本次问卷调查形式与内容感受等方面的问题，征求被评价者的意见；三是提出本次问卷调查研究中的一个重要问题，以开放性问题的形式放在问卷的结尾。

4. 问卷设计程序

问卷设计一般经过如下几个程序：确定所要收集的资料→确定问卷形式→撰拟问题的标题和指导语→撰拟问卷题目→修改和预试→编辑和考验(编辑主要是将问卷各个部分组合编排起来，形成一份完整问卷；考验主要是检验问卷的信度和效度)。

5. 问卷设计原则

好的问卷必须符合以下标准：第一，目的明确，要求做到评价者提出的问题必须反映评价者的目的和假设；第二，表述准确；第三，语言通俗；第四，理解清楚，评价者所提出的题目应该在被评价者能理解的范围内；第五，避免主观性的情绪，包括避免主观情绪化的字句，避免涉及隐私性的问题，避免诱导回答及暗示回答；第六，选择角度合适。

6. 问卷问题形式

问卷问题形式包括两大类型：一是开放式，这主要有两种具体题型，填空式题型和问答式题型；二是封闭式，包括以下几种具体题型。

(1) 是否式。题目提供两个反应项目，让回答者选择其中一个，如“是”与“否”、“同意”与“不同意”、“有”与“没有”等。

(2) 选择式。让回答者从多种答案中挑选一个或者几个。

(3) 排序式。让回答者用不同的数字评定一些句子或类别项目的顺序。

(4) 划记式。由回答者按照同意与不同意，在答案上分别做记号“√”“○”“×”等。

(5) 配对式。让回答者在已经配搭成对的答案中进行选择。

(6) 表格式。如果是一连串的问题，不必每题分开选择，而是把它们集中在一个表格中，一边是问题排列，另一边是勾选等级。

(7) 线段式。这种形式旨在测量某种特质的程度。

7. 问题编拟技巧

评价者在编拟问卷题目时需要注意以下技巧：①要避免题目中包含两个以上的概念或事件；②避免采用双重否定；③题意清楚，避免过于空泛；④避免用不当的假设；⑤避免使用容易被误解的字词；⑥当反应项目属于类别项目时，反应项目彼此之间必须相互排斥，没有重叠现象；⑦题目中如有需要强调的概念，应在这些词下面加线或者加点表示强调，以引起回答者注意；⑧在回答者能懂的范围内提出问题；⑨问题避免花费太多时间填写；⑩避免启发回答或者暗示回答；⑪避免出现引起回答者情绪困扰的内容。

8. 问题排列顺序

问题排列一般可以考虑以下顺序：第一，时间顺序，即按照事件发生先后顺序排列。评价者可以先问较近的，再问较远的；也可以先问较远的，再问较近的。第二，理解顺序，即按照回答者理解的难易程度排序，一般的做法是，属于一般的或总论的放在前面，特殊的或专门的放在后面；比较熟悉的放在前面，生疏的放在后面。第三，内容顺序，即依照不同内容进行排列。同种性质问题可以放在一起。第四，交叉顺序，即按照问题中的变量交叉排列。第五，类别顺序，即按照内容的类别进行分类。

第四节　数学学习评价

数学学习评价就是根据数学课程目标与课堂教学目标，运用科学的评价方法，对学生的知识技能、数学思考、问题解决、情感态度的实际水平做出价值判断的过程，它是促进学生数学学习、改进教师数学教学的重要手段。

一、数学学习评价的目的

数学学习评价的根本目的是通过评价手段促进每个学生的全面发展，即这种评价应该是一种发展性评价。数学学习评价的主要目的是全面了解学生的数学学习历程，激励学生的学习和改进教师的教学。它的基本目标是建立促进学生全面发展的评价体系，不仅需要关注学生的学业成绩，而且需要发现和发展学生其他方面的潜能，帮助学生认识自我，建立自信，在原有水平上不断获得发展。具体包括以下几个方面：反映学生数学学习的成就和进步，激励学生的数学学习，诊断学生在学习过程中存在的问题和遇到的困难，帮助教师及时调整和有效改进数学教学，全面了解学生数学学习的历程，帮助学生认识自己在解题策略、思维习惯上的优势和不足，促使学生养成良好的学习习惯以及形成积极的态度、情感和价值观，帮助学生认识自我、树立信心。

二、数学学习评价的要求

1. 重视过程评价

相对于结果，过程更能反映每个学生的发展变化，体现出学生成长的历程。因此，数学学习的评价既要重视结果，也要重视过程。对学生数学学习过程的评价，包括学生参与数学活动的兴趣和态度、数学学习的自信、独立思考的习惯、合作交流的意识、数学认知的发展水平等方面。

2. 正视双基评价

学生对基础知识和基本技能的理解与掌握是数学教学的基本要求，也是评价学生学习的基本内容。评价要注重学生对数学本质的理解和思想方法的把握，避免片面强调机械记忆、模仿以及复杂技巧。

3. 注重能力评价

学生能力的获得与提高是其自主学习、实现可持续发展的关键，评价对此应有正确导向。能力是通过知识的掌握和运用水平体现出来的，因此对于能力的评价应贯穿学生数学知识的建构过程与问题的解决过程。

4. 实施多元评价

促进学生发展的多元化评价的含义是多方面的，包括评价主体多元化、方式多元化、方法多样化、内容多元化和目标多元化等，应根据评价的目的和内容进行选择。

5. 施行弹性评价

学生的个人条件不同，学习兴趣不同，发展志向不同，学校和教师应当根据学生的不同情况选择进行相应的不同评价，不用同一把尺子去衡量所有的学生。

三、数学学习评价的体系

数学学习评价应是发展性的评价，应是多元化的评价，它的含义比较广泛，这可以从评价主体的多元化、评价方式的多元化、评价方法的多样化、评价内容的多元化和评价目标的多元化五个维度加以具体认识。

1. 评价主体多元化

评价主体的多元化是指教师评价、学生自我评价、学生互评、家长评价和社会有关人员评价等的结合。

2. 评价方式多元化

评价方式多元化是指定性评价与定量评价相结合，他人评价与自我评价相结合，诊断性评价、形成性评价和终结性评价相结合等。

3. 评价方法多样化

在数学教学中，传统评价方法有：纸笔测验(限时考试)；口答；常规作业。这些方法不能全面反映学生的数学学习。除了需要挖掘这些传统评价方法的优势，还要结合实际教学采用表现性评价、课堂观察记录、二次评价等评价方法，当然这些方法还有待于教师在教学过程中创造性地运用。

(1) 表现性评价。表现性评价是指通过学生完成实际任务来表现其知识和技能成就的评价方式，其目的在于提供学生的真实行为信息，通过这些信息反映学生对于某些数学知识的具体掌握情况。表现性任务更多的是学生在日常生活中遇到的真实问题，学生有真切感和任务感，解决这些问题有助于学生理解数学的价值，有助于学生认识数学的作用。表现性评价包括实作评价、数学日记、开放式问题、调查和实验、成长记录袋等。

(2) 课堂观察记录。课堂观察记录是评价学生学习过程的重要方法，教师可以随时运用观察方法了解学生的数学学习过程。观察可以是非正式的，也可以是正式的。非正式的观察是在课堂教学中随时进行的，教师可以有意识地了解学生在学习过程中表现出来的突出特点，并进行相关的记录，在一定的时间内加以整理和展开分析。正式的课堂观察可以运用课堂观察记录表进行。观察记录表不仅关注学生知识的掌握、技能的习得，而且关注学生的课堂参与情况，主要包括学生在课堂上的表现，当然也应包括情感体验信息。下面就是一份课堂观察记录表(表 6-7)，它提供了一种数学学习评价的有效方法，也提供了一些数学学习评价的有益启示。

表 6-7　课堂观察记录表

学生姓名		观察日期			
观察项目	因素	1	2	3	说明
知识和技能的掌握情况	数与代数				1=真正理解并掌握 2=初步理解 3=参与有关的活动
	图形与几何				
	统计与概率				
	解决问题				
是否认真	听讲				1=认真 2=一般 3=不认真
	作业				
是否积极	举手发言				1=积极 2=一般 3=不积极
	提出问题并询问				
	讨论与交流				
	阅读课外读物				
是否自信	提出和别人不一样的问题				1=经常 2=一般 3=很少
	大胆尝试并表达自己的想法				
是否善于与人合作	听别人的意见				1=能 2=一般 3=很少
	积极表达自己的意见				
思维的条理性	能有条理地表达自己的意见				1=强 2=一般 3=不足
	解决问题的过程清楚				
	做事有计划				

续表

学生姓名		观察日期			
观察项目	因素	1	2	3	说明
思维的创造性	善于用不同的方法解决问题				1=能 2=一般 3=很少
	独立思考				
总评					

当学生在回答提问或进行练习时，通过课堂观察，教师便能及时地了解学生学习的情况，从而做出积极反馈，对正确的给予鼓励和强化，对错误的给予指导与矫正。记录中教师也可以根据实际的需要，关注学生突出的一两个方面。如，观察××学生，对突出表现的行为，在相应的观察项目前打“√”，若无，则不作任何记号。

(3) 二次评价。由于学生所处的文化环境不同，各自的家庭背景不同，各自的思维方式不同，不同学生在数学学习上必然存在差异，所以我们应该允许一部分学生经过一段时间的努力，随着数学知识与技能的积累逐步达到相应的目标。对此，教师可以选择推迟判断的方法。如果学生自己对于某次测验的答卷觉得不太满意，教师可以鼓励学生提出申请，并且允许他们重新解答。当学生通过努力后，并且能够改正原来答卷之中的错误，教师可以针对学生的第二次答卷给予评价，给出鼓励性的评语。这种“推迟判断”淡化了评价的甄别功能，突出反映了学生的纵向发展，特别是对于学习有困难的学生而言，这种“推迟判断”能让他们看到自己的进步，感受到获得成功的喜悦，从而激发新的学习动力。

总之，每种评价方式都有自己的特点，在评价时应该结合评价内容与学生学习特点加以选择。

4. 评价内容多元化

评价内容多元化，包括知识技能、数学思考、解决问题、情感态度等内容的评价。学业成绩应该是课程评价的一个重要对象，但是，学业成绩的评价绝不可能代替对学生的评价。因为学业成绩不是一个学生的全部，对一个需要全面发展的学生来说，学业成绩所代表的智力的发展仅是其中的一部分，除此之外，道德、情感、心理、能力等都是必需的。因此，对学生的评价绝不能局限于以量化方法去测量他们的学业成绩，而且必须重视对他们情感的培育，心理发展水平(如学生的思想品德修养情况、学生的创新意识、创新能力、学生之间的合作精神与进取心)以及动作技能发展水平也要通过各种方法加以评价。

5. 评价目标多元化

评价目标多元化是指对于不同的学生有着不同的评价标准，在评价过程中尊重学生的个体差异、尊重学生的数学选择，不对所有学生提出整齐划一的数学要求，不以一个标准衡量所有学生的学习状况。

学校和教师应当根据学生的不同选择进行评价，评价应关注被评价者之间的差异性和发展的不同需求，促进其在原有水平上的提高和发展的独特性，不以一个标准衡量所有学生的状况。

四、数学学习评价的结论

在呈现评价结果时，应采用定性与定量相结合。定性描述可以采用评语的形式，它可以补充等级的不足。一个等级所能反映出的信息毕竟是有限的，对于难以用等级反映的问题，可以在评语中反映出来，使得评价更加全面。具体来说，评价结论的呈现方式包括评分、等级、评语、成长记录等。

1. 评分

根据对分数的解释，评分可分为绝对评分和相对评分。过去常用的百分制属于绝对评分，因为每个学生的分数都是用同样的标准来衡量的。相对评分(等级)则是指学生的分数和等级在整个群体中所处的位置，如标准分数、百分等级等。定量评价可采用等级制的方式，也可以分为标准参照(任务参照)、群体参照(常模参照)和自我参照(变化的多少)三种。无论哪种评价方式，都有优点，也不可避免地存在缺点。但教师如果采用多样化的评价方式，并且正确处理评价结果，就能够使评价更加公平、公正和合理。为此，教师在解释学生数学测验分数或等级时，应遵循以下原则。

(1) 测验分数或等级描述的是学生学会的行为或目前所具有的水平。由于种种原因，学生在数学测验中所得的分数有高有低，但无论是什么原因造成学生之间的差异，测验分数或等级提供的信息只能说明他们学会了什么。分数或等级表明的是学生目前所具有的水平，而并不表示他们的未来水平。学生一直在变化，思维水平在变化，学习方法在变化，学习态度和情感也在变化，教师应该用发展的眼光正确看待每一次的数学测验分数或等级。

(2) 分数或等级提供的是对学生数学学习成效的一种估计，而不是确切的标志。教师在任何情况下都不能确认某一次的测验分数或等级是非常精确的，因此，对学生在测验分数或等级上少量的差异或细微的变化，教师在解释分数或等级时不宜夸大。

(3) 单独的一次数学测验分数或等级不能作为对学生数学学习能力评判的可靠依据。学生的数学能力不仅表现在测验分数或等级的高低上，还反映在探索、推测或猜想、推理等解决有关问题的过程中。另外，由于试卷本身的结构问题或学生当时的心理状况，一次测验的分数或等级并不总是可信的。通过评价目标多元化和评价方式多样化，虽然不能一定保证评价不犯错误，但是至少可以把犯错误的概率降到最低。

(4) 数学测验分数或等级表明的是学生数学学习中的行为表现，而不是解释表现的原因。当学生的测验分数或等级不理想时，只是说明学生在这次考试中某些方面没有发挥出预期的水平，但不能由此得出学生学习不认真、不努力或数学学习能力上存在什么问题的结论。教师必须了解和收集卷面以外的信息，才能做出准确解释。

2. 等级

若是笔试，给出分数是比较合适的。有些评价结论，就不适合用分数呈现，比如口试更多关注学生在数学学习、解决问题活动中的思维过程、思维方式和思维特征，关注学生在语言表达、理解他人上的具体表现，如以等级形式给出较为适当。等级包括以下几方面。

(1) 评分等级。评价结论可以分为：优、良、达标、未达标四个等级。如果希望口试成绩计入学生相应考试的总分，可以将等级分转化为数值分。如满分为 10 分，那么优为 10 分，良为 8 分，达标为 6 分，未达标为小于或等于 4 分。

(2) 等级标准。①优。对问题有深刻的理解，能用准确的数学语言表达思考过程；口头表达能力强，说理思路清晰、有条理，能流利、正确地回答问题；自信心强，能大胆尝试并表达自己的想法，能用多种方法说明问题，善于联系实际并能充分运用所学的数学知识解决实际问题。②良。对问题有较深刻的理解，能用自己的语言表达思考过程；口头表达能力较强，说理思路清晰，能较流利、较正确地回答问题；设计方法较合理，较有层次。③达标。对问题有一定的理解，能较流利、较正确地回答问题，设计方法较合理，能说出一定道理，但层次感不强，需要教师提示 1 次。④未达标。对问题一知半解，缺乏自信，能回答问题，设计方法欠合理，层次不分明，需要教师提示 2 次以上。

3. 评语

评语是用简明的评定性语言叙述评定的结果，它可以弥补评分的不足。一个分数或等级所能反映出的信息毕竟是有限的，对于难以用分数或等级反映的问题，可以在评语中反映出来。

评语无固定的模式，但针对性要强，语言力求简明扼要，要避免一般化，尽量使用鼓励性的语言，较为全面地描述学生的学习状况，充分肯定学生的进步和发展，同时指出学生在哪些方面具有潜能，哪些方面存在不足，使评语有利于学生树立学习数学的自信心、提高学习数学的兴趣、明确自己努力的方向，促进学生进一步的发展。

比如，下面一个评语："××同学在本学期数学学习中，能认真完成每一次作业，积极参与小组讨论，愿意倾听其他同学发言，乐于提出问题，常常想出与其他同学不同的方法解决问题，在计算的准确性方面需要进一步提高。"在这里，教师的着眼点已从分数或等级转移到了对学生已经掌握了什么，获得了哪些进步，具备了什么能力上。学生阅读了这个评语后，获得的更多的是成功的体验和学好数学的自信心，同时也知道了自己在哪些方面存在着不足，明确了自身今后需要努力的方向。

4. 成长记录

评语中虽然也包含了教师对学生成长记录中的成果的评价，但是成长记录作为一种物质化的资料，在显示学生学习成果，尤其是显示学生持续进步的信息方面具有不可替代的作用。

成长记录可以说是记录了学生在某一时期一系列的成长“故事”，是评价学生进步过程、努力程度、反省能力及其最终发展水平的理想方式。

通过“评分+等级+评语+成长记录”的方法，教师所提供的关于学生数学学习情况的评价就会更客观、更丰富，使教师、学生、家长都能全面地了解学生数学学习历程，同时也有助于激励学生的学习和改进教师的教学。教师要善于利用评价所提供的大量信息，诊断学生的困难，同时分析与反思自己的教学行为，适时调整与改善教学过程。

第五节　数学教材评价

数学教材评价就是教师根据教育大政方针和数学课程标准，运用科学的评价方法和评价技术，对数学教材的取材、结构、内容、特色、教学法的处理等进行科学分析，并对其教学效果进行价值判断的过程。

数学教材是数学教学的主要依据，是数学学习的主要载体。有关专家通过评价数学教材，能够发现数学教材本身存在的问题，发现数学课程标准存在的不足，进一步总结课程标准编制的历史经验，总结数学教材编写的历史经验，建立起更加科学的、完善的数学课程标准和数学教材的科学理论体系，促进数学教材的编写和改革，促进数学课程的构建和发展。

一、数学教材的评价原则

数学教材评价是数学教育评价的一个重要组成部分，是数学教育评价的一项具体的评价内容，其评价原则有它自身的特殊性。一般来说，数学教材评价原则主要包括以下四个方面。

(1) 方向性原则。坚持国家教育方针，并能满足教育发展需求。

(2) 客观性原则。坚持实事求是，不受任何外界因素影响。

(3) 科学性原则。评价的手段和方法科学，保证结论的有效性。

(4) 标准化原则。运用同一评价指标体系评价不同版本的教材。

二、数学教材的评价指标

教材的价值是在教学过程中实现的，要判断教材的价值就必须考虑教材在学校教学过程中的地位和作用，据此确定教材评价的维度和具体的评价指标。

教材以什么理念作为指导思想去概括人类的数学知识，或者说，选取什么样的数学知识作为教学内容，能否将学生学习的必要知识以恰当的方式汇集起来，与教材的质量水平有密切的关系，是评价数学教材的一个很重要的维度，简称为知识维度。教材内容应具有鲜明的时代特征并能满足学生发展的要求，有利于启发学生的思维和创造力，同时考虑教材能否将所选的内容以恰当的或科学的方式组织起来。这一维度衡量的是：①教材内容对学生素质发展的必要性和典型性；②教材内容反映学科基本结构和发展方向的水平；③教材内容与学生生活环境的联系程度；④教材内容及组织、表达方式的科学性；⑤教材内容与其他学科的配合协调程度。

教材必须有丰富的思想文化内涵，必须展现高尚的道德情操，通过潜移默化帮助学生提高思想觉悟和文化涵养，培养学生良好的道德风范，教材编写者须懂得尊重和善于吸收其他文化的营养，这是衡量教材质量水平的另一个维度，简称为思想品德与文化内涵维度。这一维度衡量的是：①教材所体现的辩证唯物主义和历史唯物主义思想境界；②教材所体现的价值观、人生观和世界观；③教材在激励学生的探索精神、创造精神和实践精神方面的水平；④教材对人文精神和科学精神、科学态度的倡导水平；⑤教材对中华文化和人类文化的体现。

教材在内容的选取和组织表达的方式上必须遵从人类认识事物和学习发展的规律。在中小学阶段，学生还未成年，其心理特点和智能发展水平都与成年人有所不同，教材应该适应青少年的心理特点和发展水平。在教学过程中，学生是学习的主体，但是他们又是在教师的指导下进行学习的，教材应充分注意调动学生学习的主动性，发挥学生的主体性，同时又要处理好主动学习与教师指导的关系，这是衡量教材质量水平的第三个重要维度。这一维度衡量的是：①教材能否调动学生的兴趣、激发学生的求知欲；②教材能否从多方面来强化学生的感知和知识发生过程；③教材能否引导学生主动建构新知识；④教材对学生的起始程度要求和预定发展目标是否合适；⑤教材是否符合学生心理发展的成熟程度，是否遵循学生心理发展的规律。

教材编写和出版制作水平也是衡量教材的很重要因素。一本内容再好的教材如果在编写和制作方面水平很低，其使用效果也不会好。这是衡量教材质量的第四个维度，简称为编制水平维度。不同类型的教材以及用不同的媒体制作的教材，如传统的教科书和音像教辅材料，其制作技巧和工艺要求是不同的，需要考虑的问题也不相同。就教科书而言，需要考虑的问题包括：①教材文字的编写水平；②教材插图与文字的配合程度及制作水平；③教材的编写形式的丰富程度和相互配合水平；④教材的版式设计水平；⑤教材的印刷工艺质量。

教材需要在实际使用过程中去实现教育的效果，教材的使用过程不仅与教材本身有关，还与教学环境、师资水平及学生情况有关。教材的编写如果脱离了当前的教育环境、学生和教师的实际，使用起来就不会有好的效果，就不是好的教材。这是反映教材质量的又一重要维度，这一维度需要考虑的问题包括：①教材与学生水平的适应程度；②教材与教师水平的适应程度；③教材与学校资源环境的适应程度；④教材与使用教材的地区的经济与社会发展的适应程度；⑤教材的教学设计与实际使用情况的符合程度；⑥教材预定的教学目标在实际中的达成情况。

在教材多样化的新形势下，好的教材必须有自己的特点，这是评价教材的重要着眼点。教材的特点不仅要从各个维度上表现出来，更要从整体上表现出来，因为教材本身是一个整体，需要有好的整体配合。有时候一本教科书从每一个维度来看并不见得都是最出色的，但是由于各方面的配合得当，从总体上看这本教科书要比分维度去看要好得多，也有相反的情况。教科书的特点也是这样，许多时候，这种特点是通过综合效应表现出来的，分维度去看不一定能看出这些特点。需要从总体上对教材的特点和整体配合进行分析，这是把握教科书质量的一个重要方面。这一维度所要考虑的问题包括：①整体上检查教材对新课程标准的落实体现程度；②教材在总体上的配合程度；③教材在总体上的特色。

下面是上海市普通中小学各学科试验教材评价问卷(试用稿)(表 6-8)，可以使我们对教材评价获得更直观的认识。

尊敬的老师：

为更好地考察各学科试验教材的科学性、合理性和实效性，为进一步修订和完善提供依据，促进“二期课改”改革目标的实现，特请你们对它做出评价。请你们填写的内容比较多，可能会给你们带来麻烦与不便，在此表示歉意。我们会珍视你们的每条意见和建议。谢谢！

上海中小学课程教材改革委员会办公室

2020 年 5 月

评价说明：

(1) 评价标准：评价标准从“很差”到“很好”分为 1、2、3、4、5、6、7、8、9、10 十个等级，由评价者依照评价指标，根据自己的知识、经验、见解和对“二期课改”的了解做出判断，并请在相应的等级号上画“○”。

(2) 修改意见和建议：评价者在做出评价的基础上，希望能针对评价对象存在的问题(包括文字表述问题)，提出具体的修改意见和建议。意见和建议可写在本问卷中，也可写在教材文本中。

(3) 对概括性问题部分，你们可有选择地对问题提出意见或建议。

表 6-8　上海市普通中小学各学科试验教材评价问卷

评价指标		评价等级
教材对目标的体现	1. 本册教材考虑知识传承、能力发展、态度与价值观形成的程度	1 2 3 4 5 6 7 8 9 10
	2. 本册教材对课程标准制订的内容与要求的体现程度	1 2 3 4 5 6 7 8 9 10
教材结构	3. 本册教材结构体现有特色、有突破、有创新的程度	1 2 3 4 5 6 7 8 9 10
	4. 本册教材体现关注学生体验、感悟和实践过程的程度	1 2 3 4 5 6 7 8 9 10
	5. 本册教材各章节协调清晰的程度	1 2 3 4 5 6 7 8 9 10
	6. 本册教材包括的各种成分(如各种栏目)的必要程度	1 2 3 4 5 6 7 8 9 10
	7. 本册教材各种成分之间的配合、协调程度	1 2 3 4 5 6 7 8 9 10
教材内容	8. 本册教材内容科学、准确、合理的程度	1 2 3 4 5 6 7 8 9 10
	9. 本册教材内容选编符合学生认知规律的程度	1 2 3 4 5 6 7 8 9 10
	10. 本册教材内容符合课程标准的内容与要求的程度	1 2 3 4 5 6 7 8 9 10
	11. 本册教材内容体现基础性的程度	1 2 3 4 5 6 7 8 9 10
	12. 本册教材内容体现典型性的程度	1 2 3 4 5 6 7 8 9 10
	13. 本册教材内容体现必需性的程度	1 2 3 4 5 6 7 8 9 10
	14. 本册教材内容的可接受性程度	1 2 3 4 5 6 7 8 9 10
	15. 本册教材内容与规定课时数的匹配程度	1 2 3 4 5 6 7 8 9 10
	16. 本册教材有利于学生自主学习活动开展的程度	1 2 3 4 5 6 7 8 9 10
	17. 本册教材内容与学生日常生活、社会科技发展联系的程度	1 2 3 4 5 6 7 8 9 10
	18. 本册教材引起学生学习兴趣和学习欲望的程度	1 2 3 4 5 6 7 8 9 10
教材的呈现形式	19. 本册教材文字表达准确、精练、通畅、生动的程度	1 2 3 4 5 6 7 8 9 10
	20. 本册教材图表的必要、合理、与内容匹配的程度	1 2 3 4 5 6 7 8 9 10
	21. 本册教材的呈现方式体现“科学、合理、规范”要求的程度	1 2 3 4 5 6 7 8 9 10
教材的训练体系	22. 本册训练内容符合课程标准内容与要求的程度	1 2 3 4 5 6 7 8 9 10
	23. 本册训练内容体现基础、典型要求的程度	1 2 3 4 5 6 7 8 9 10
	24. 本册训练内容体现重点突出、注意层次要求的程度	1 2 3 4 5 6 7 8 9 10
	25. 本册训练内容贴近学生生活和社会生产实际的程度	1 2 3 4 5 6 7 8 9 10

续表

评价指标		评价等级
教材的训练体系	26. 本册训练内容体现减轻学生过重课业负担要求的程度	1 2 3 4 5 6 7 8 9 10
	27. 本册训练内容的开放性程度	1 2 3 4 5 6 7 8 9 10
	28. 本册训练内容的实践性程度	1 2 3 4 5 6 7 8 9 10
	29. 本册训练内容促进学生对学习过程反思的程度	1 2 3 4 5 6 7 8 9 10
	30. 对本册教材的总体满意程度	1 2 3 4 5 6 7 8 9 10
其他	31. 本册教材有哪些比较突出的特点？有哪些不足？如何改进？(可从教材的内容、文字、图、表、训练、栏目设计等方面说明) 32. 本册教材教学内容的设计与选编，是否符合课程标准的内容与要求？教学实际中是否可行？你们认为如何修改可以使之更加完善？ 33. 本册教材训练体系的量是否合适？难易程度如何？有无分层要求？学生能否在规定时间内完成？ 34. 你们进行本册教材的教学时，碰到哪些困难？需要提供什么帮助？	

第三篇

实践操作篇

第七章　数学教学的常规工作

第一节　备　　课

为了完成教学任务，提高教学质量，教师在上课前必须进行一系列的准备，这些课前准备工作总称为备课。

备课关键在于两点：一是教学内容，具体包括课程标准、教学计划、教材；二是教学对象，即学生。课程标准、教学计划、教材是数学教学的依据和载体，学生是教育的对象，是教学过程的主体，只有充分了解学生，各项教学措施才能真正落到实处。在备课中，教师应抓好以下几项工作。

一、钻研教材

1. 把握教材实质

教师必须反复阅读教材，理清教材的知识结构，明确各部分内容在知识体系中的地位和作用，理清知识之间的关系和联系，分清知识主次，突出知识重点。

2. 明确教材系统

教师要掌握教材的知识结构，尤其要注意知识中蕴含的数学思想与方法，只有这样才能明确各部分内容在知识体系中的地位和作用，教师需明确书中内容是以什么内容为基础的，又是为什么内容服务的，这些内容又与哪些内容有紧密的联系。

3. 掌握重点、难点及关键

(1) 重点。有些内容对于后续知识学习关系重大或者本身应用相当广泛，这些内容有的能够连贯全局，有的能够解决实际问题，是学生学习的最基本的知识，常称为重点。教学重点一般可从三个方面确定：第一，在教学中起着承上启下的作用、应用十分广泛的知识；第二，一些基本概念可确定为重点；第三，一些基本技能可确定为重点。教师在备课时必须抓准重点，紧紧围绕重点内容选用教学方法，进行教学设计。

(2) 难点。有些知识学生难以理解、不易掌握，以至于学生在学习时感到很困难，这些内容即是难点。形成难点原因大致如下：新概念，新方法，学生第一次接触感到很陌生；抽象内容；复杂内容；隐含内容；将现实问题抽象为数学问题。教师在备课时必须认真对待难点，首先应分析产生难点的原因，其次设计解决难点的方案。突破难点有如下方法：分散难点，各个击破；以旧带新，逐步过渡；类比推理，相互衬托；加强直观，尝试试验。

(3) 关键。在教材中有些知识起着决定性的作用，只要掌握好这部分内容，其他内容学习相对就很容易，这些内容是教学的突破口，常称为关键。对于关键内容，教师在备课中应该多用一些精力，安排一定的时间，详细地阐述与讲解，反复地练习与巩固，促使学生在应用中加深认识，教师在后续知识学习中也要经常引用，这样关键知识就能多次重现，学生在多次接触中就能有效突破关键。

4. 备好习题

习题是学生理解知识、掌握知识的必要途径，是学生运用知识、独立思考的重要方式，它是数学教学不可缺少的一个环节。

教师在备课时必须加强研究习题，精心选择，适当编排，这样才能使练习题收到预期的效果。教师在选择习题时必须紧贴课程标准，紧贴数学教材，习题安排要由易到难，逐步提高要求，习题分量必须适中，习题难度必须适当，以免造成学生学习负担过重，挫伤学生学习的积极性，在习题类型上，除了简单的单一题以外，也要包括一定数量的综合题。

对教材上的例题、习题、复习题，教师应该先做一遍，熟悉题目解法，了解题目作用，了解题目难度，在解题过程中寻找简便解法，明确应复习的知识和使用的方法，确定解题的要领和规律。

二、深入了解学生

数学教学是为了促进学生的发展，数学教学效果最终要体现在学生身上，为了收到良好的效果，在备课时教师必须要考虑学生，也就是对学生要有充分的了解。

了解学生主要包括以下几个方面：①了解学生的学习动机和学习态度；②了解学生的思维特点和认识规律；③了解学生知识掌握情况，包括学生原来的知识水平，哪些知识掌握较为牢固，哪些知识掌握不够熟练，哪些知识存在缺陷误解；④了解学生能力发展水平，包括学生哪方面的能力强，哪方面的能力弱；⑤了解学生的学习方法；⑥了解学生的学习习惯；⑦了解不同层次的学生的学习情况。

了解学生具体途径包括：通过浏览学生平常作业、假期作业、考试试卷等进行间接了解；也可以通过课堂提问、个别谈话、师生讨论等进行直接了解。

三、确定教学目标

教学目标就是教师上完一节课后让学生有所收获的统称，如要学生了解什么知识、理解什么知识、掌握什么知识，培养什么能力，习得什么技能，获得什么体验，进行什么情感教育等都在范围之内。

课堂教学有了具体目标，教学内容确定、教学方法运用、教学模式选择就有了标准，检验课堂教学质量、学生学习效果也有了尺度。一般来说，教学目标不宜太高，这样教师会对某些内容进行深度研讨，没有准确把握要求，失去教学重点，有时也对学生心理造成伤害；教学目标不宜过低，过低达不到应有的要求，在知识掌握和能力训练上缺乏深度。

四、选择教学方法

教学目标一旦确定，教学任务也就随之确定，教师应在这个基础上根据教学目标、教学内容、学生特点确定相应的教学方法，上述三个方面缺一不可，否则可能就会影响教学效果。

实际教学过程中，可能会有旧知的复习、新知的引入、新知的巩固等环节，教师针对每个教学环节可以选择相应的教学方法，也就是说，每堂课一般不采用单一的教学方法，而是将多种教学方法结合起来。

教学方法既包括教师教的方法也包括学生学的方法，教师在备课时必须正确处理两种方法。以往教师更多关注教的方法，现在更要重视学生学的方法，有效整合各种学习方法，把教知识与教方法结合起来，让学生掌握合理的学习方法和科学的思维方法。

五、编写教案

教案是课堂教学的设计蓝图，应力求反映课堂教学的概貌和过程，它既不是教学内容的简单堆砌，更不是数学教材的直接翻版。

教案主要格式包括：章节、课题名称、教学目标、本节课的重点、难点及关键、课的类型、教学方法、教具设计、板书设计、教学过程、作业布置、教后反思等，教案可以详细，可以简略，一般应根据教师的教学经验、内容的生疏程度、教学的具体要求来确定。对于新教师的教案、新内容的教案、观摩课的教案、示范课的教案，一般应该写得比较详细。一般教案的具体格式如表 7-1 所示。

表 7-1　一般教案的具体格式

<table>
<tr><td colspan="2">授课班级</td><td></td><td>授课教师</td><td></td></tr>
<tr><td colspan="2">课题名称</td><td></td><td>课的类型</td><td></td></tr>
<tr><td colspan="2">教材起止页码</td><td></td><td>授课时间</td><td></td></tr>
<tr><td rowspan="3">教学目标</td><td>知识与技能</td><td colspan="3"></td></tr>
<tr><td>过程与方法</td><td colspan="3"></td></tr>
<tr><td>情感态度与价值观</td><td colspan="3"></td></tr>
<tr><td colspan="2">教学重点</td><td colspan="3"></td></tr>
</table>

续表

教学难点	
教学关键	
教学方法	
教学准备	
教学过程	
板书设计	
作业布置	
教学反思	

教学过程这一栏目中，应填写讲课的主要内容和基本过程，我们以讲授课为例，怎样复习旧知，提问哪些问题，怎样演示教具，怎样引入新知，怎样建立新的概念，怎样板演，列举什么例子，练习怎样设计，何时进行练习，教师怎样小结，学生什么时候讨论、什么时候动手实践，都要清楚填写，甚至连课堂教学的各个环节时间安排也要写清楚，充分做好计划，以便提高课堂教学质量。

教学反思在课堂教学结束之后填写，是教师对实际教学的深入思考分析，比如教学目标是否达成，时间安排是否恰当，教学设计是否合理，是否收到预期效果，哪些设计比较成功，具体原因又是什么，哪些设计有些欠妥，具体原因又是什么，能否进行改进，如何进行改进。这一过程主要是促进教师反思自身的教学行为，在反思中提升数学教学水平。

第二节　上　　课

备课再怎么仔细，那也只是准备环节，教案写得再好，那也只是教学前期的书面准备，所有这些准备工作还需落到实处，那就是上课的环节。

教学是师生互动的过程。教师是教的主体，主要体现为两个方面：一是在决定向学生传授的内容和方法方面起着主导作用；二是在调动学生的学习自觉性和积极性方面起着主导作用。学生是学的主体，所以积极调动学生参与教学显得至关重要，如果在课堂上学生的学习积极性没有调动起来，学生没有认真听讲，没有做好笔记，没有积极思考，没有动手尝试，没有主动发现，教师讲解无论多么生动，设计无论多么精妙，这些努力效果也很牵强。

其实，一堂课上得好与差，主要是在两个方面留给人们深刻的印象：一是语言，二是板书，以下将从上述两个方面分析上课这一常规教学工作。

一、课堂语言

在数学课堂信息交流中，语言是运用得最多的教学手段。教师语言直接影响着课堂教学效果，研究教学用语，提高讲解艺术，是每一位教师的基本追求。

课堂讲解是否清晰、准确、生动、形象主要是由教师语言决定的。课堂语言只有准确、精练、层次清楚、逻辑性强、通俗易懂、形象生动、有感染力、有吸引力，才能启迪学生思维，调动学生的学习积极性，课堂教学才能收到好的效果。反之，课堂语言呆板生硬、颠三倒四、模棱两可、平淡无味、枯燥单调，只会增加学生的思维疲劳感，使学生丧失学习的积极性，达不到预期的教学效果，甚至连基本的教学任务也可能无法完成。具体地说，课堂语言应该具有以下几个要求。

一是科学性。数学教学就是传播科学知识，课堂语言要有严密的科学性，科学性体现在准确性、逻辑性和系统性上。准确性要求教师说话明白晓畅，用词准确；逻辑性要求教师说话严谨周详，言之有理，言之有据；系统性要求教师说话条理清楚，前后连贯。

二是启发性。教师利用语言启发学生积极思维，同时还要讲究动之以情、晓之以理，语言还要含蓄，留给学生思维空间，留给学生回味余地。

三是直观性。语言表达的直观性体现在生动和形象两个方面。生动性体现在语言幽默生动、有趣逼真、善于说理、富于表达；形象性体现在使抽象内容具体化，深奥内容形象化，能够联系实际、深入浅出、善于比喻，便于学生掌握理解。

四是艺术性。课堂语言速度要能快慢适中，声调要有轻重缓急，使学生听起来感到抑扬顿挫，条理清楚有感染力。语速不能过快，太快学生听不清楚，思维难以跟上，没有思考时间；语速不能太慢，太慢学生思维就会走在老师前边，学生将会产生厌烦心理。另外，语言节奏也要有所变化，比如教师讲到了教学重点时，语速适当放慢、声调适当加重，以便引起学生注意。

二、课堂板书

板书是书面化的语言，是传授知识的又一重要载体。学生通过听觉接受语言信息，通过视觉接受板书信息，所以板书也会直接影响教学效果。

板书主要内容包括本节课教学的重点、难点、关键及主要的定理、公式、性质、法则、例题与重要规律的总结、主要思想的揭示。板书具体有以下要求。

一是示范性。板书的内容尤其是例题的推演、定理的证明等都要给学生做出示范，以便学生在完成作业时有所参照，特别是几何证明题，书写格式、字句标点都要特别注意，必须符合数学书写要求，字要写得工整，不能潦草，图形准确美观。

二是计划性。对一节课的内容要作统一安排，哪些不用板书，哪些必须板书，板节内容哪些保留到底，哪些用后就要擦除，复习内容写在哪里，新授内容写在哪里，重点内容写在哪里，课堂小结写在哪里，教师都要事先精心筹划，做到心中有数。板书必须布局合理、详略得当、重点突出、条理清楚、结构协调，这样才能带给学生美感，启迪学生思维，便于学生理解。

三是启发性。板书要能促进学生积极思维，准确记忆内容，正确理解知识，在教学中教师应引导学生按板书的格式和顺序进行数学思考、总结规律方法、发现数学结论，板书要有助于学生观察、分析和思考，为了达到这一效果，通常采用对比排列、色笔板演、放大字体、加着重号等方法。

精心设计的教学板书要能突出重点、条理清楚、思路明确、详略得当、字迹工整、示图直观，它能帮助学生理清思路，加深印象，掌握所教知识，增强学习效果。

第三节　说　　课

说课是指教师在对数学教学的某个内容认真备课的基础上，面对数学教育同行或者专家，系统地叙述自己对教学内容的理解和教学设计的思路，阐述自己准备采用什么教学方法、策略，特别是突出重点、化解难点、抓住关键的总体设想及其理论依据，然后由听课者评析，最终达到相互交流、实现共同提高的目的。

说课有两个基本组成部分：解说和评说。其中，解说是重点，主要说明教什么、怎么教、为什么这样教等；评说是针对说课者的解说而进行的评议和研讨。

一、说课的特点

说课作为一种数学教研活动，具有以下几个特点。

(1) 简易性和便利性。说课不受时间、地点、人数和教学进度的限制，简便灵活，说课内容及其要求具体明确，且有规范性和可操作性，能够吸引广大数学教师参与。

(2) 交流性和共享性。无论是数学教学同行，还是数学教研人员，他们在评议说课中能了解教师如何进行教学设计，并能促进他们认识教学内容。当然，他们也会思考如何优化教学过程，如何完善教学设计，并将这种思考述说出来，供说课者参考，帮说课者改进。在这种信息交流过程中，说课者和评课者实现了教学信息的共享。

(3) 群体性和研究性。说课一般是由众多教师、同行参与的，说课者对说课的内容作了精心扎实的准备，评课者对说课的内容作了深思熟虑的思考，因此无论说课还是评课都带有一定的研究性质，从这个意义讲，说课实质上是一项群体性的教学研究活动。

二、说课的内容

1. 说教材

第一，分析教学内容。教师应根据课程标准的要求，在认真阅读与钻研教材、精心备课的基础上，说出教学课题涉及的数学知识的特点、地位、作用，并分析教学内容对学生数学能力培养的要求和体现。例如在分析平面几何中“圆”这一教学内容时，教师就要指出圆是进一步学习三角形、立体几何、解析几何以及物理和其他学科的基础，圆的学习是平面几何的综合提高阶段，有利于培养学生分析、综合、归纳、演绎等逻辑思维能力和综合运用数学知识解决实际问题的能力。

第二，明确教学目标。教学目标是教学设计的起点和归宿，教师应明确指出教学目标及其层次要求，具体包括数学基础知识掌握的层次，如了解、识记、理解、熟练掌握、应用等；数学基本技能训练的要求，如一般练习层次、熟练操作层次、灵活应用层次等；数学能力发展的要求，如运算能力、思维能力、空间想象能力、创新意识、实践能力等；情感态度和价值观等个性品质发展的要求，如数学学习兴趣的培养、数学学习动机的激发、参与课堂活动的程度等。

教学目标越具体明确，说明教师的备课思路越清晰，教学设计越合理。因此，教师在说课时要从基础知识、基本技能、能力发展、个性品质等教学目标出发，并对各个教学目标提出具体的层次要求。

第三，分析重点难点。突出重点、化解难点是课堂教学的关键任务，也是衡量课堂教学效果的重要考查指标。因此，说课时必须强调本节课要解决的重点和难点是什么，为什么说它们是重点和难点，重点是怎样突出的，难点是怎样化解的。例如，教师在进行“两角和与差的余弦公式”说课时，就要指出：重点是掌握公式 $\cos(\alpha+\beta)=\cos\alpha\cos\beta-\sin\alpha\sin\beta$，难点是公式推导过程，突破难点的关键是在单位圆上用角 α，β，$\alpha+\beta$ 的正余弦函数表示点的坐标，并根据两点间的距离公式得到等式。

2. 说学生

在数学教学活动中，学生是学习的主体，学生知识的获得、能力的提高、个性的发展是数学教学的根本目标，这就要求教师在说课时必须说清学生的活动特点及其方式，具体包括以下几个方面。

(1) 已有知识能力。学生的学习本质上是学生自主建构、发展的过程，它取决于学生已有的知识经验和能力水平，因此教师应对学生的知识与能力进行透彻分析，并且根据分析结果设计教法指导方案。在说课时，教师要指出学生已有的知识经验和能力水平及其对新知识的学习将会产生什么样的影响，学生会在哪些方面感到困难，需要做些什么引导或预习准备等。

(2) 具体学法指导。教师应根据新知识的内容特征，设计适合学生的学法指导方案。在说课时，教师要说出如何选择学生感兴趣的问题，如何灵活采用自主探索、动手实践、交流讨论、阅读自学等学习方式。同时，还应说清如何培养学生思考的习惯、思维的方法、质疑的精神、学习的主动性等。

(3) 学习特点风格。学生在年龄、身体和智力上是有差异的，因此也形成了不同的学习特点和认知风格，这些也是影响课堂教学效果的重要因素。在说课时，教师应说清班级学生的实际情况，准备采取哪些措施有针对性地指导学生学习。

3. 说教法

说教法就是说明准备选用什么样的教学方法，采取什么样的教学手段，以及采用这些教学方法和教学手段的理论依据。

(1) 选用教学方法。针对教学内容的特点及具体课型，说明适合选用的一种或几种数学教学方法以及这些教学方法的具体特点。例如，在“函数的奇偶性”教学时，考虑函数的奇偶性可由学生通过图像自主发现，教师可将讲授法和发现法结合起来。在说课时，教师就要说清哪些地方用讲授法，哪些地方用发现法，为什么这样设计等。

(2) 优化教学方法。在一节课的教学中，教师如果同时使用两种或者两种以上的教学方法，这些方法之间就存在着优化组合的问题。在说课时，教师需要说出如何综合使用各种教学方法，采取哪些突出重点、克服难点、把握关键的措施等。

(3) 运用教学手段。随着现代科学技术不断向前发展，数学课程改革倡导运用现代信息技术并把其作为促进教师的教和学生的学的一种手段。MATLAB、PowerPoint、Z+Z 智能平台、几何画板等在数学教学中运用得越来越多，它是优化和丰富数学教学方法不可缺少的信息技术手段。教师在说课时，需要说出如何使用现代化的教学手段及媒体以及这样做的理由与注意事项。

4. 说程序

教学程序是指教学过程的具体进程，它表现为如何引入、如何深入、如何结束的时间序列。

说程序是说课的重点，教师只有通过这一说课内容，才能全面反映其自身的教学安排，反映其自身的各种观念，反映其自身的教学风格，才能看出教学设计的合理性、科学性和艺术性。教师在说教学程序时，应说清楚以下内容。

(1) 教学思路与教学环节安排。在说课时，教师要把自己对教学内容的理解和处理，结合学生具体的特点，采取哪些教学措施来组织教学的基本想法说清，具体内容只需简要介绍，使人能听明白教什么、怎样教、为什么这样教等。

(2) 教与学的双边活动安排。教与学的双边活动安排能够反映出教师的数学教学观念和教学组织能力。在说课时，教师需要说出怎样运用现代教育理念指导教学活动，怎样体现教师的主导作用和学生的主体地位的有机统一，怎样做到教师的讲授活动和学生的发现活动的和谐统一，怎样做到智力发展和情感教育的和谐统一等。

(3) 教学过程中的细节处理。在说课时，教师还要说出教学过程中的细节处理，如问题情境的创设，反馈调控的策略，教师提问的设计，演示活动的设计等。

第四节　听　　课

为了使新教师从师范毕业走上教师工作岗位后尽快胜任教学工作，许多学校采取了“以老带新”的办法，这个办法实施的前提就是新教师必须听老教师的课。在新课程推进过程中，许多学校都开展了校本教研活动，其中一种形式就是听课。听课是教师必须具备的一项基本功，教师通过听课，可以互相交流，取长补短，促进教师自我反思，提高教师的课堂教学能力。

一、听课的意义

听课是教师的一项不可少的、经常性的职责与任务，教师之间经常听课，在听课后讨论交流，可以收到以下几个好的效果。

(1) 促进教师专业发展。教师之间开展经常性的听课，相互学习好的教学做法，指出对方教学的不足之处，可以实现相互取长补短，共同提高，促进教师专业成长。

(2) 形成良好的教学氛围。通过听课这一简要形式，学校里可以形成好的教学风气，人人通过听课学习，人人通过听课受益，在促进专业发展的同时，也有利于教学改革不断深入。

(3) 提升教育教学质量。教师的专业发展了，良好的氛围形成了，最终能够转变教学思想，更新教学观念，提高教学水平，提高教学质量。

二、听课前的准备

听课前的准备工作包括思想准备和内容准备两个方面。

1. 积极做好思想准备

听课者要做好向同行教师学习、耐心把课听完的思想准备，必须清楚这时自己是作为一个不能参与教学活动的“学生”身份听课的。所谓不能参与教学活动是指在讲课教师讲课过程中如果出现一些问题，听课者不能高声评论甚至当即指责，不能上讲台发表自己的看法，也不能在下面相互议论影响课堂秩序，或者是以一种不礼貌的行为表示不满(比如离开教室等)，在听课期间翻阅其他书籍或批改作业都是不礼貌的行为。

2. 熟悉有关教学内容

听课者熟悉有关教学内容可有两个途径：一是在听课前看看相关教材，熟悉有关内容；二是在听课初再用很短的时间看看有关内容。听课者熟悉听课内容的目的是在听课中判断讲课教师是否抓住教材的重点、难点，为后面的评课做好准备。

三、听课的基本方法

听课的基本方法可以概括成以下五个字：听、看、记、想、谈。

1. 听

听课者一听老师怎么讲的，重点是否突出，结构是否合理；二听讲得是否清楚明白，学生能否听懂；三听教师启发是否得当；四听学生答题，答题中显露出来的能力和暴露出来的问题。具体地讲，就是听课者听上课老师是怎样复习旧知识的，是怎样引入新知识的，是怎样讲授新课的，是怎样巩固新知的，是怎样结课的，是怎样布置作业的；听课者还要听学生是怎样回答问题的，是怎样提出问题的，是怎样讨论问题的。

2. 看

一看教师。听课者要看教师的精神是否饱满，教态是否自然亲切，板书是否合理，教具运用是否熟练，教法选择是否得当，指导学生学习是否得法，对学生出现的问题处理是否巧妙等。

二看学生。听课者要看学生情绪是否饱满，精神是否振奋，参与教学活动的机会和表现，对教材的感知程度，注意力是否集中，思维是否活跃；练习情况；发言、思考问题情况，活动时间长短是否合理；各类学生特别是后进生的积极性是否调动起来；与老师的情感是否交融；自学习惯、读书习惯、书写习惯是否养成；分析问题、解决问题的能力如何等。

3. 记

记就是听课者记录听课时听到的、看到的、想到的主要内容。一是记听课的日期、节次、班级、执教教师、课题、课型；二是记教学的主要过程，包括主要的板书要点；三是记本节课在教学思想、德育渗透、教学内容处理、教学方法改革等方面值得思考的要点；四是记学生在课上的活动情况；五是记对这堂课的简要分析。

4. 想

想就是听课者仔细思考这堂课有什么特色，教学目的是否明确，教学结构是否科学，教学思想是否端正，教学重点是否突出，难点是否突破，注意点是否强调，板书是否合理，教态是否自然亲切，教学手段是否先进，教法是否灵活，学生学习的主动性、积极性是否得到充分的调动，寓德育、美育于教学之中是否恰到好处，教学效果是否良好，“双基”是否扎实，能力是否得到培养，有哪些突出的优点和较大的失误。

5. 谈

谈就是听课者与执教老师和学生交谈。可先请执教老师谈这节课的教学设计与感受,请学生谈对这节课的感受;然后再由听课老师谈自己对这节课总的看法,谈这节课的特色，谈听这节课所受到的启迪与所学到的经验，谈这节课的不足之处，谈自己的思考与建议。

四、听课的注意事项

1. 听课要有计划

听课是教师的职责与工作，所以要有计划性，学期初每位教师要在学校和教研组的统一要求下，结合自己的实际安排好听课计划。如准备听哪些老师的课，安排什么时候听，听课目的是什么等，教师等要做周密安排，甚至有可能的话要排进课表中去。

2. 听课要有准备

听课者听课前要做到：①掌握课程标准和教材内容；②了解上课教师的教学特点；③了解听课班级的学生情况。这样听课者听起课来就会心中有数，也就会收到好的听课效果。

3. 态度必须端正

听课者必须本着向别人学习的态度，进入课堂后要高度集中注意力，做到认真听、仔细看、重点记、多思考，不要漫不经心，不要东张西望，不要干扰学生学习，不要干扰教师上课。

4. 记录详略得当

听课者要以听为主，要把注意力集中到听和思考上，不能把精力集中到记录上。记录要有重点，详略得当，对教学过程可作简明扼要的记录，符合教学规律的好的做法或不足之处可作详细记载，并加批注。

5. 课后交换意见

听课者在听课后要及时和执教教师交换意见(但要经过慎重思考)。双方在交换意见时应抓住重点，多谈优点，多谈经验，存在问题也不回避。若是年轻教师，更要多听课，听不同教师的课，尤其要听一些名师的课，甚至是外校教师的课，多向有经验的教师学习。

第五节　评　课

评课就是对照课堂教学目标，对教师和学生在课堂教学中的活动及由这些活动所引起的变化进行价值判断。

一、评课的意义

听课者在听课基础上的评课可以调动教师的教学积极性和主动性，帮助和指导教师不断总结教学经验，提高教育教学水平，转变教师的教育观念，促使教师生动活泼地进行教学，从而使教师在教学过程中不断学习好的做法并逐渐形成自己独特的教学风格。

二、评课的具体内容

1. 评教学目标

首先，从教学目标制定来看，评课者要看是否全面、具体、适宜。全面，指能从知识、能力、思想情感等几个方面来确定；具体，指知识目标要有量化要求，能力、思想情感目标要有明确要求，体现学科特点；适宜，指确定的教学目标，能以课程标准为指导，体现学段、年级、单元教材特点，符合学生年龄实际和认识规律。

其次，从目标达成来看，评课者要看教学目标是不是明确地体现在每一教学环节中，教学手段是否都紧密地围绕目标，为实现目标服务。评课者还要看课堂上是否尽快地接触重点内容，重点内容的教学时间是否得到保证，重点知识和技能是否得到巩固和强化。

2. 评教材处理

评析教师一节课上得好与坏，评课者还要看教师对教材的组织和处理，既要看教师知识教授得是否准确、科学，又要注意分析教师在教材处理和教法选择上是否突出了重点，突破了难点，抓住了关键。

3. 评教学程序

教学目标要在教学程序中完成，教学目标能不能实现要看教师教学程序的设计和运作。因此，评课就必须要对教学程序做出评析，教学程序评析包括以下几个主要方面。

(1) 看教学思路设计。我们评教学思路，一是要看教学思路设计是否符合教学内容实际，是否符合学生实际；二是要看教学思路的设计是否有一定的独创性，能否给学生以新鲜的感受；三是看教学思路的层次脉络是否清晰；四是看教师在课堂上教学思路实际运作效果。

(2) 看课堂结构安排。课堂结构侧重教法设计，反映教学横向的层次和环节。课堂结构不同，也会产生不同的课堂效果。通常，一节好课的结构是：结构严谨、环环相扣，过渡自然，时间分配合理，密度适中，效率较高。

4. 评教学方法和教学手段

评析教师教学方法、教学手段的选择和运用，是评课的又一重要内容。评析教学方法与手段，包括以下几个主要内容：①看教学方法的灵活性；②看教学方法的多样化；③看教学方法的创新性；④看现代化教学手段的运用情况。

5. 评教学基本功

教学基本功是教师上好课的一个重要方面，评课还要看教师的教学基本功。通常，教师的教学基本功包括以下几个方面的内容。

(1) 看板书。好的板书，首先，设计科学合理，依标扣本；其次，言简意赅，有艺术性；再次，条理性强，字迹工整美观，板画技能娴熟。

(2) 看教态。教师课堂上的教态应该是明朗、快活、庄重，富有感染力。仪表端庄，举止从容，态度热情，热爱学生，师生情感融洽。

(3) 看语言。教学也是一种语言的艺术。教师的语言，有时关系到一节课的成败。教师的课堂语言，首先，要准确清楚，说普通话，精当简练，生动形象，有启发性；其次，教学语言的语调要高低适宜，快慢适度，抑扬顿挫，富于变化。

(4) 看操作。看教师运用教具、操作投影仪、录音机等熟练程度。有的还要看课堂上教师对实验的演示时机、位置把握得当，照顾到全体学生。课件演示和实验操作熟练准确，并达到了良好效果。

6. 评学法指导

评课者评学法指导：①要看教师对学法指导的目的要求是否明确；②要看教师对学法指导的内容是否熟悉并付诸实施。

7. 评能力培养

评价教师在课堂教学中能力培养情况，评课者可以看教师在教学过程中是否为学生创设良好的问题情景，强化问题意识，激发学生的求知欲；是否注意挖掘学生内在的因素，并加以引导、鼓励；是否培养学生敢于独立思考、敢于探索、敢于质疑的习惯；是否培养学生善于观察的习惯和心理品质；是否培养学生良好的思维习惯和思维水平；是否教会学生多方面思考问题、多角度解决问题的能力等。

8. 评师生关系

评师生关系主要有以下两点：①看教师能否充分确立学生在课堂教学活动中的主体地位；②看教师能否努力创设宽松、民主的课堂教学氛围。

9. 评教学效果

课堂教学效果是评价课堂教学的重要依据。课堂效果评析包括以下几个方面：一是教学效率高，学生思维活跃，气氛热烈；二是学生受益面大，不同程度的学生在原有的基础上都有进步，知识、能力、思想情感目标都能达成；三是有效利用 45 分钟，学生学得轻松愉快，积极性高，当堂问题当堂解决，学生负担合理。

三、评课的注意事项

评课者在评课时需要注意以下事项。

(1) 要根据课堂教学特点和班级学生实际，实事求是地公开、公正地评价一节课，切忌带有个人倾向。

(2) 要以虚心的态度和商量的口气与执教教师共同分析、相互研讨，不能把自己的观点强加在别人头上，年轻教师在这点上尤其需要注意。

(3) 要突出重点，集中主要问题进行评议和研究，不要面面俱到，泛泛而谈。

(4) 要以事实为根据，要以数据为根据，增强自己观点的说服力，让执教教师认为你不是在信口开河，从而从内心深处接受你的观点。

(5) 要做好调查工作，尽可能较全面地了解教师实际情况和学生情况，同时结合听课记录，做出全面的、客观的评价。

第六节　作业的布置与批改

作业一般分为两种：一种是课堂内在教师指导下进行的，称为课堂作业；另一种是在课外由学生自己独立完成的，称为课外作业或者家庭作业。

课外作业是课堂教学的延伸，是数学教学工作的重要组成部分。为了提高作业质量，切实促进学生理解数学，教师须明确作业的目的，精心布置作业，并且及时批改、讲评作业。

一、作业的布置

1. 作业布置要求

作业是由教师确定的，所布置的作业质量的高低在很大程度上取决于教师，有些教师直到下课铃响，才匆忙随机地布置一些作业，这样必然降低作业效果，达不到作业的目的，这种做法必须杜绝。所以，教师在备课时，必须把作业的布置纳入教学计划，认真地研究和选择作业题。

(1) 教师要认真地钻研标准和教材，掌握每一部分教学内容的来龙去脉及其地位和作用，明确教学要求，然后围绕着教学的重点、难点和关键，有的放矢地选取习题。在备课时，教师(特别是新教师)要按照对学生的要求，演算课本习题，明确题目的要求、解题的关键、解题的技巧、解题的时间、解题的格式等。教师要分清哪些题是主要的，哪些题是次要的；哪些题较简单，哪些题较复杂；哪些题是巩固性的，哪些题是创造性的；哪些题是学生可以独立完成的，哪些题是需要提示才能完成的。

(2) 教师必须深入了解学生。例如，哪些学生理解能力强，哪些学生理解能力差；哪些内容掌握得快，哪些内容掌握得慢；哪些内容容易混淆，哪些内容比较难记等，教师若对以上内容了解比较清楚，就能从学生的实际出发，有针对性地选择习题，有选择性地布置作业。

(3) 教师要善于根据教材的特点和学生的实际选编、改编、自编一些作业题。若教材配备的习题太浅时，教师可自编一些引申题；若教材配备的习题太难时，教师可自编一些铺垫题；在一单元或一阶段的教学结束后，教师可选编一些综合性的习题。

2. 作业布置注意事项

教师在布置作业时应注意以下事项。

(1) 布置作业时，必须引起学生足够重视。

(2) 布置作业时，必须留有充裕的时间，千万不可仓促行事。

(3) 布置作业时，必须讲清作业目的，明确解释怎样完成作业，采取什么格式，认真回答学生就作业提出的问题，对于那些难度大的习题，适当给予提示。

(4) 作业难度适当，遵循先易后难原则，难易之间要有一定坡度，既要有一些学生能轻松完成的习题，也要有一些挑战学生思维的习题。

(5) 作业分量适中，避免大量重复性的作业，以免加重学生的作业负担。

(6) 作业要有重点，要注意作业的代表性和典型性。

(7) 作业要有弹性，可根据学生的水平和能力，有选择性地布置作业。比如基础好的学生，可少做一些常规题，多做一些提高题；基础差的学生，可少做一些提高题，多做一些常规题。

(8) 为了保证作业质量，可以要求学生养成好的作业习惯。比如当天作业当天完成，养成按时完成作业的习惯；不要抄袭同学的作业，不让父母兄长代做作业，养成独立完成作业的习惯；做作业前复习教材或者笔记，在理解了所学的知识后再做作业，养成做作业前的复习习惯；做作业时要认真细致，书写整齐，作业完成以后要自我检查。

二、作业批改

对学生的作业，教师必须做到按时收取、及时批改、及时发还。这样就能及时了解学生的学习情况，为教师改进课堂教学提供了参考，为课外辅导答疑提供了依据，而且还能促使学生养成按时完成作业的好习惯，在作业批改时，教师需要注意以下事项。

(1) 认真仔细批改作业。教师要注意作业的质量，不能简单标以对号错号，要从解题思路是否清晰、步骤是否完整、运算是否合理、表达是否简练、图形是否标准、书写是否整齐等方面进行详细批改，对于有错误的作业，应该指出具体错误，并要求和引导学生改正错误。

(2) 恰当评价学生作业。教师应简要明确地写出评语，评语必须实事求是，既要肯定成绩，也要指出不足。对于基础差的学生，更要及时指出进步之处，激发其自信心。

(3) 适当面批学生作业。如果条件允许，对基础差的学生和基础好的学生的作业可以进行面批，同时帮助他们分析问题，帮助他们在自己原有的基础上取得更大进步。

(4) 做好作业批改记录。教师在批改作业时，记录作业中的错误，按错误的程度和性质归类，并分析错误的原因，尤其需要注意作业中典型性的和普遍性的错误；应记录作业中的多种解法，尤其是独到性的、创造性的解法。

(5) 定期进行作业讲评。总结作业中的优点与不足，表扬作业完成得好的学生，表扬作业取得进步的学生。对作业中普遍存在的问题，可以进行集体辅导，帮助学生及时纠正错误。

(6) 创新作业批改方式。如果条件允许，也可适当创新作业批改方式，对一些新的作业批改方式进行尝试。例如，重点批改、轮流批改、学生互相批改、师生共同批改。教师可以根据具体情况，吸取好的作业批改经验，探索作业批改的新方法。

第七节　课外辅导

课堂教学主要针对大部分的中等学生，对学优生来说会有“吃不饱”的感觉，对学困生来说会有“吃不了”的感觉，为了弥补课堂教学这种不足，教师应在课外对各类学生进行辅导。课外辅导是提高教学质量的一项重要举措，它可以使学生得到提高和发展，也有利于教师深入了解学生，有效开展教学设计。

课外辅导通常采用小组辅导和个别答题的形式，辅导重点对象是在数学学习上有困难的学生和在数学学习上有天赋的学生。

一、学困生的辅导

数学学困生是在学习课本知识内容上有困难的学生。辅导学困生的目的是预先防止和及时补救他们在学习数学的双基知识上存在的缺陷，帮助他们跟上教学进度，提高他们的数学学习水平。

大多数学困生在学校的测验和考试中分数都比较低，排名靠后，同学看不起，老师不喜欢，家长总埋怨，这样会使学生背上沉重的思想包袱，久而久之，他们会对数学学习产生畏惧心理，最终放弃数学学习，下面就来谈谈怎样做好学困生的课外辅导。

(1) 感情上重视。教师要从思想感情上去真正关心这些学生，不要贬低他们，不要抛弃他们，不可以向学生施加压力，尽量减轻这些学生思想上的负担。除此以外，教师还要教育班上其他的学生关心他们，并采取切实可行的措施帮助他们。

(2) 措施上得力。教师要有计划地采取具体措施帮助学困生赶上去，要深入了解学困生落后的原因，针对他们的具体情况，既从发展他们的智力水平上下功夫，又从培养他们的情感态度上下功夫，还从训练他们的学习方法上下功夫，引导他们多观察、多动脑、多动手，激发他们的求知欲望，培养他们的学习兴趣，这样才能真正发挥他们的主观能动性，有效提高学习水平。

(3) 形式上合适。学困生的辅导形式也很重要，一般适合于把学困生分成小组进行辅导，每组 3～4 人，这种学习小组在知识缺陷和学习能力上都应当是比较一致的。教师在辅导时，如果条件允许，应最大限度地进行个别辅导。例如，对每个学困生布置预先准备好的作业，这些作业各不相同因人而异，并且在他们完成这些作业过程中给予具体指导。

(4) 方法上得当。教师在回答学生的疑难问题时，要抓住问题的本质，主要指出问题解决思路，启发学生思维，一般不要把解题的具体步骤告诉学生，要从数学方法的角度去启发，还要给学生留下深入思考的空间和触类旁通的余地。

学困生的辅导活动不要过于频繁，以免造成新的学习负担，按照个别辅导计划，可与学生的课外作业相配合，每周辅导一次较为合适。

二、学优生的辅导

学优生在数学学习中能轻松地掌握课本知识，有较强的数学学习兴趣，有很强的分析能力，能够用独特的眼光看待问题，既能发散地思维，又能集中地思考。他们能够看透问题实质，不用通过大量训练就能学会数学知识，思维比较敏捷，能对问题做出迅速反应，能够独立阅读数学课外读物，主动获取数学知识。他们是优秀的解题能手，喜欢去解决有挑战性的问题。

学优生的辅导目的在于唤起和发展他们对数学及其应用的持久兴趣，拓宽数学知识的视野，加深对数学知识的理解，充分地发展他们的数学才能，发展他们创造性地使用教材的能力，培养他们独立性地获取知识的能力。

教师应详细了解学优生的知识基础与兴趣爱好，然后根据具体情况，指导和帮助他们开展某些学习研究活动。例如，教师可以布置一些补充作业，让他们解决一些综合性的、挑战性的问题；可以指导他们阅读一些数学课外读物，如带有普及性质的某些专题小丛书；可以对学优生做一些他们感兴趣的通俗报告。例如，关于中外数学史的专题报告，著名数学家的治学经历，某些现代数学理论及其应用的通俗介绍等；可以鼓励和指导学优生写一些数学学习体会或专题小论文，还可以把一些写得好的小论文推荐到有关的刊物上发表。

指导和培养学优生是一项光荣的教学任务，教师只要能对学生热情关心，周密统筹，合理组织，耐心指导，让每一位学生都能在自己已有的基础上不断提高，就一定能在数学教学中取得出色的成绩。

第八节　成 绩 考 核

一、成绩考核的目的

成绩考核是数学教学工作的重要组成部分，它能保证数学教学的顺利进行，对提高数学教学质量有着重要作用。通过考核，学生可以了解自己在数学知识上的缺陷，衡量自己的学习水平，明确以后的努力方向，考核是鼓舞学生勤奋学习、督促学生巩固知识的有效手段。通过考核，教师可以了解自己的教学情况及教学效果，发现教学中的不足，弥补教学中的缺陷，并且通过学习新的知识，总结经验教训，提出改进方式，研究改进措施。

二、成绩考核的形式

成绩考核分为考查与考试两种，且以平时考查为主，这样学生就能及时发现学习上的不足，教师就能及时发现教学上的问题，迅速采取补救措施。另外，教师要研究和改进考试的内容与方法，不出偏题、怪题，不搞突然袭击，提倡学生独立思考，真正考出真实水平。教师可根据内容的特点和要求，采用口试、笔试、开卷、闭卷等形式，考试次数不宜过多，以免给学生带来紧张，使学生产生焦虑，反而不利于数学的学习，一般来说，每学期进行期中、期末两次考试是比较合适的。

考查的方式有课堂提问、板演、课堂独立练习、课外作业、书面测验等方法。书面测验是在比较短的时间内全面检查学生的知识和能力的主要方法，一般用于一个知识单元教学结束之后，可以用10～20分钟或者一个课时，书面测验次数不宜过多，题目不能太难，主要考查学生的基础知识和基本技能的掌握情况，测验结束以后教师要及时批改试卷，并对试卷进行分析讲评，对学生今后的学习提出明确的要求，对自己以后的教学制订详细的计划。

三、试卷的命制

命题必须紧紧围绕考试目的展开运作。在命题中，教师对考查内容和考核能力的定位，对材料的选用，对题型的选择，对难度的调控，对整卷的布局等都要周密思考，精心设计。

1. 确定试卷结构

教师必须依据测试的性质和目标以及被试群体的实际情况进行命题，在命题时需要考虑以下事项：①内容覆盖率，重点内容、各章节内容比例；②内容要求层次及分数分布；③学科能力要求，确定各项学科能力的考查力度和考查比例；④题型比例，选定本次考试拟使用的各种题型，确定各种题型试题的比例；⑤整卷难度要求和难度结构；⑥考试时间及试卷满分值；⑦各种题型中，同一知识范围的试题一般不超过一个，各题之间不能存在相互暗示、参照的信息；⑧制定双向细目表；⑨各种题型前要有科学、明确、简洁、合理的指导语；⑩试卷、参考答案及评分标准的总说明要置于卷首，表述确切简洁。

2. 单题命制方法

试题命制总体要求如下。①试题内容应严格限定在课程标准或考试大纲规定的范围之内，杜绝“超纲”现象；②每一试题都要有明确的考核目的；③试题应根据大纲要求的层次编拟，准确体现大纲要求的水平；④试题要科学，题意明确，试题文字通顺，表达准确、简练，术语、符号使用规范；⑤考查内容、试题素材、评分标准和参考答案所涉及的内容应注意种族、民族、风俗、性别等及社会各部门、行业的差异，避免造成误解和负面影响。

数学考试中常用的题型有选择题、填空题和解答题，下面分别讨论其命题技术。

(1) 选择题的命制。选择题包括单选题和多选题，在考试时间有限、题量有限的限制下，要较好地发挥选择题的功能，必须发挥群体的作用。命题人在编制选择题时应注意：①题干表述准确，不提供答案信息，不出现与答案无关的线索；②选项与题干内容和谐协调，连接自然流畅；③正确选项与干扰项长度、结构、属性、水平等尽量相近；④干扰项能反映考生的典型错误；⑤各题正确项的排列随机，分布均匀。

(2) 填空题的命制。填空题的考查功能接近选择题，侧重于对基础知识和基本技能的考查，但在考查能力方面，较之选择题有较深一层的效用。命题人在编制时应注意：①提问和限定词准确，答案明确；②空位的数量、位置适当；③题目的文字表述与空位的关系确切、无歧义；④求解的过程宜短，步骤不得太多，最好是 2 至 3 步；⑤多数考生解答填空题有惧怕心理，因此填空题不宜过难。

(3) 解答题的命制。解答题的设计方法与前述两种题型的试题设计方法相比，虽无本质差别，但其活动的自由度却要大得多，而且要顾及的问题也比较多。要设计出一道好的解答题，一般要经历几个步骤：①立意与选材，立足一定的考查目的和中心，明确编拟的意图，选取适当的材料；②搭架与构题，有了明确的考查目的和恰当的题材之后，便可搭建试题的框架，构筑试题的模坯；③加工与调整，有了初步形成的试题(题坯)之后，接着的工作是深加工和细琢磨。

3. 试卷组拼技术

将试题组成试卷不是机械堆砌，必须按预先设计的要求整合而成，具体的操作大致如下。

首先筛选足够数量的合乎要求的试题入卷，全面落实各项要求，包括知识覆盖面，重点的设置，涵盖的能力要求，各能力层次的试题的比例，难易的分布，试题的区分度，试卷的信度、效度、整体难度等。

其次将其按题型分类，每类试题由易到难排列，精心排好题序。试题的次序对考生的应试心理有着直接的影响，同时对整卷难度也有辅助的调节功能，这样形成试卷的初稿。

再次将初稿与预先设计的试卷结构进行逐项对比，反复校核，慎重调整、修改。严格控制卷面的字符数量和解答时的计算量和书写量，控制好题量及其难度，使读题、审题、思考和书写等应试环节所需的时耗对多数考生是合适的；切实把握试卷对教学的导向；做好文字和词语的修饰，使整卷协调和谐；确保试卷的科学性，每个单题都没有科学性的失误。因为拼卷时还要填写一些说明性的文字；各题之间也会产生一些单题编题时未考虑到的联系；还有各题赋分值的合理性和科学性的问题，等等。这些只有在拼题时才出现的问题都得一一细加斟酌考究，千方百计杜绝各种可能的失误和疏漏，确保整卷的科学性。

最后还要请专家和主管部门审定，然后才能付之印刷使用。

4. 参考答案和评分标准的编制

参考答案要科学、准确、规范、简洁、与题意相符合。评分标准公平合理，可操作性强，便于评分。对解答题的解法，应优先考虑绝大部分考生所可能使用的方法，给出常规的解法，同时给出比较新颖的解法，注意各种等价解法难度的一致，鼓励有创见的解法，平衡不同解法的评分标准。合理确定采分点，逐段赋分，各分数段的安排要科学，分数给在关键步骤，层次分明，尽量使之对不同形式的解都便于评阅。分数的间隔不宜过大，以 2～3 分为宜，以便控制评分误差。参考答案与评分标准的要求一致。

四、试卷的评阅

考试或者测验结束以后，教师要认真地评阅试卷，准确给出学生成绩，成绩评定的正确与否会直接影响学生的学习积极性和自信心，正确的评分会使学生备受鼓舞，从而增强学习的信心；错误的评分会挫伤学生的学习积极性，从而丧失学习信心。

教师在评阅试卷时一定要严格按照评分标准评分，一定要真实地、公正地、客观地反映出学生的成绩，既防止过宽的评分，又避免过严的做法。另外，教师在评阅试卷时不能仅看答案对错，还要看解题的思路和方法有没有合理性和创新性，运算是否合理，推理是否正确，还要分清楚书写笔误和基本错误。

五、试卷的分析

教师在试卷评阅之后，为了总结学生的学习效果，发现教学的主要问题，从中吸取好的做法，制订新的教学计划，就有必要分析试卷。试卷分析分为定量分析和定性分析。

1. 定量分析

定量分析主要是通过一系列的表格来进行的。

(1) 学生成绩登记表，主要登记各次考试成绩，可将按一定比例取得的加权平均值作为学生的学期成绩。

(2) 学生成绩分布状况统计表，主要将成绩分为若干分数段，统计出各段得分人数及各段人数占总人数的百分比，这种统计有利于了解整个班级的总体情况。

(3) 各题得分统计表，按照题号顺序将每题得分分成六项加以统计：应得分总数、实得分总数、得分率、得零分人数、得满分人数、部分得分人数，这个表可以反映全班学生对某一具体的基础知识或基本技能的掌握情况，同时可以作为衡量某道试题是否恰当的重要依据。

2. 定性分析

定性分析主要通过试卷的具体解答情况进行分析。

定性分析是在定量分析的基础上进行的，主要为总结成绩、发现问题、分析原因、提出要求。不管考试成绩如何，教师首先要肯定学生取得的进步，以此鼓舞学生士气，使学生有信心在原有基础上取得更大进步，尤其在学生成绩不好时，切忌大发脾气，过多指责学生，这样会挫伤学生的学习积极性，考试成绩较差确实有学生的责任，可能也有外部原因，比如试题难度过大。教师要心平气和地与学生共同讨论、分析原因，并为下一步的学习制订详细计划，学生要争取下次考试取得优异成绩。

教师还要把试卷中的问题进行分类，如基本概念、基本技能、数学应用、分析推理、一般遗漏、常见错误、典型错误等，分析问题产生的原因，找出具体补救的方法。同时教师还要根据题目有选择性地重点讲解，再让学生适当练习，应把试卷及时发还学生，并要求学生再检查，总结自己答题情况，同时订正试卷错误，并把问题彻底理清，谨防以后再次出错。

第九节　课外活动组织

数学课外活动是数学课堂教学的一种补充形式，它是指在课余时间里，学生在教师的指导下进行的有目的、有计划、有组织的非必修内容的数学学习活动。通过数学课堂教学，学生积累了一定的知识，形成了相应的能力，这是课外活动开展的基础；反之，开展数学课外活动，拓宽了学生的数学视野，加深了学生对知识的理解，提高了学生的数学成绩。因此，数学课堂教学和数学课外活动的目标是一致的，两者相辅相成，共同促进学生的发展。

一、数学课外活动的内容

数学课外活动的内容不应成为数学课堂内容的重复，不能把数学课外活动理解为课外补习活动。教师在确定课外活动内容时，需要考虑学生的年龄特征、知识基础及爱好特长等，除了知识性和科学性外，还要关注内容的趣味性和可接受性。

课外活动内容虽然可以超出课本知识范围，但不是与课本知识没有丝毫联系，而是与正在学习的课本知识有密切的联系，它可以是课堂学习内容的拓宽加深。

确定课外活动内容还要注意趣味性和吸引力。例如，教师可让学生亲自制作数学模型，可以通过数学美培养学生对数学的鉴赏力，可以通过数学悖论吸引学生，可以通过解答具有一定挑战性的问题，包括一题多解、寻找简捷解法等，让学生从中体验数学学习的乐趣，体验课外活动带来的成功感。

数学课外活动通常包括以下课题：数论、图论、数学简史、数学家的故事、趣味数学、数学应用、数学学习方法、数学思想与数学方法、数学解题的方法与技巧等。

二、数学课外活动的形式

数学课外活动一般有三种形式：集体活动、小组活动和个别活动，其中小组活动用得最多。数学课外小组一般有 3～8 人组成，每周或每两周活动一次为宜，每次活动一个小时左右，在开展活动时，可由学生自行组织，教师只作必要的指导，千万不可包办代替。

数学课外小组活动一般包括数学模型制作、数学课外阅读、数学园地编辑、社会调查和数学竞赛等。数学竞赛我们将在后面具体讨论，这里只介绍前四种活动。

1. 数学模型制作

制作数学模型必须要与课堂教学密切配合，要为课堂教学服务。教师可以指导学生开展动手实践活动，学生可以亲自制作模型，并且通过研究模型主动发现一些数学结论、深入理解一些数学知识。这种活动能引导学生把所学的知识用于实践，又通过实践活动发现数学知识。

2. 数学课外阅读

数学课外阅读可以培养学生的数学阅读能力和独立获取数学知识的能力。为了有效指导学生阅读课外读物，教师对所选择的书籍或论文要全面了解，然后根据具体情况，交与学生自己阅读。让学生阅读的数学读物应该是：与学生的兴趣尽可能是一致的；在内容和形式上是学生能看懂的；内容、文体能够引起学生兴趣的；内容不在课本知识范围以内但又与课本知识衔接的；能够加宽和加深学生所学的数学知识的；能够反映现代数学的思想和方法的。

教师在组织和指导学生阅读时，主要训练学生的数学阅读能力和独立获取知识的能力，具体包括以下几个方面：从逻辑结构上领会文章的能力；从论文全文中抓住重点的能力；从论文全文中归纳思想的能力；论文摘录能力；独立见解能力；知识批判能力；在阅读有困难的情况下，仍然能坚持阅读的毅力和克服困难的顽强精神。

3. 数学园地编辑

编辑数学园地是一种简单易行的课外活动形式，可以从学校和班级的黑板报上开辟一个数学园地专栏，也可以定期或不定期地用墙报的形式编辑数学园地。编辑数学园地要精心收集和不断积累各种资料，数学园地的内容可以为数学家的趣闻轶事、数学家的至理名言、数学诡辩、数学应用、数学名题妙解、数学读物简介、数学学习方法介绍等。数学园地必须办得生动活泼，要有很强的吸引力，还要有科学性、技巧性和趣味性。

4. 社会调查

许多数学知识是从社会实践中产生的，例如初中数学的统计初步知识等。教师可以结合具体教学内容，组织学生走出课堂、走出校门，到社会上了解、调查一些现象，启发学生用所学的知识和方法去观察和解决一些实际问题，培养学生的数学应用意识和运用数学提出问题、分析问题和解决问题的能力，现代数学教学提倡这一做法，我们相信这个活动必将得到深入开展。

第十节　数学竞赛培训

我国中小学普遍开展过各种层次的、多种形式的数学竞赛活动，我国中学生在国际数学奥林匹克竞赛中也取得了优异的成绩。确实，数学竞赛活动激发了部分学生的数学兴趣，也发现了相当数量的数学人才。因此，开展数学竞赛培训就成了教师做好数学课堂教学之外的又一教学任务。

一、数学竞赛的性质

1. 较高层次的基础教育

开展数学竞赛活动，不是超前学习大学的数学知识，不是数学人才的专业培训，而是要充分开发学生的数学潜能。其阵地在中小学校，其对象为中小学生，其载体是中小学生可以接受的竞赛数学知识。数学竞赛内容常有高等数学背景，也有不少大学数学教师参与，但这只是提高了教育的层次，而没有脱离中小学数学教育的范围。

2. 开发智力的素质教育

数学竞赛不是单纯的知识竞赛，不是单一的知识教育，不是片面的升学教育，而是智力竞赛的一种形式，是素质教育的一种途径。围绕着数学竞赛的培训、选拔和参赛，广大中小学生都得到了思维上的训练与提高，尤其这种思维能力的发展其作用不仅限于数学，如果能理解数学在自然科学和社会科学中的基础作用，能认识到任何一门科学只有与数学结合时才能更加成熟和完善，那么也就说明数学竞赛开发智力的作用是其他学科竞赛不能代替的。

3. 生动活泼的课外教育

相对第一课堂而言，数学竞赛可以称为第二课堂，虽有教学计划，但不具有法定意义，一般来说，学生全是自愿参加，大多怀有浓厚兴趣，没有升学压力，没有教学进度限制，没有教学课时局限，教学方法灵活，教学内容灵活，学习方式多样，这就打破了传统课堂教学的单一封闭体系，给学有余力的学生提供了自由发展和展现才华的空间。

4. 现代数学的普及教育

中小学的数学教材所提供的基本上是“历史的数学”或“数学的历史”，数学竞赛则提供了“今天的数学”或“数学的今天”。许多体现现代思维与高等背景的数学正是通过数学竞赛这一渠道传送到中学中的，当它们经过“初等化”“特殊化”“具体化”“通俗化”进入竞赛数学时，主要不是作为一种高深的理论，而是作为一种朴素的思想、一种先进的文化。

二、数学竞赛的功能

1. 发现和培养数学人才

数学竞赛本质上是解答数学难题的竞赛，参赛者必须具有扎实的数学功底、良好的数学素质和非凡的数学能力，学生具备了这些条件，与参加数学竞赛活动有一定的关系。

培养优秀的数学人才是数学教育的任务之一，为此人们曾提出过“课内打基础、课外谋发展”的双轨教学模式，课外活动常常流于形式，数学竞赛活动则激发了学校开展数学课外活动的积极性，并为数学活动提供了相当丰富的、生动活泼的材料，这为培养优秀人才奠定了基础。

竞赛数学以初等数学知识为起点，挖掘传统数学知识的精华，并不断改造甚至淘汰陈旧的传统内容，渗透现代数学的思想方法，有些问题所涉及的内容或方法，甚至还指向数学发展的前沿，因而能使学生尽早地接受现代数学思想的熏陶和洗礼，为优秀数学人才的成长创造了条件。

2. 引发和促进教学改革

我国数学课程改革提倡在数学教学中渗透现代的数学思想方法，但由于缺乏合适的教学内容，效果并不理想，数学竞赛正好可在这一方面进行尝试。随着数学竞赛活动的开展和深入，集合、映射、逼近、序化、构造、模型等现代数学思想方法正被学生接受，有的已逐步渗透到中学数学内容中，观察、归纳、猜想、论证、抽象、概括、特殊化、一般化等常用的思维方法也逐步被学生掌握，通过竞赛，一些看起来很难、很新的数学知识逐步得到推广普及，为中小学的数学课程改革提供了条件，从这个意义上来说，数学竞赛加快了数学教学内容的改革进程。

数学竞赛不仅加快了数学教学内容的改革，还会导致数学教学方法的改革。在数学竞赛活动中，传统教学方法很难适应新的需要，它促使人们在实践中不断摸索和总结经验，这样新的教学方法开始萌芽、成长，乃至发展成熟，并被引入到常规课堂教学中。

3. 激发和培养学习兴趣

数学竞赛活动是培养学生数学兴趣的重要途径。数学竞赛内容本身是生动有趣的，问题通俗易懂，其对象常常是学生非常熟悉的事物，这都使得问题生动活泼，妙趣横生；问题解法讲究技巧性，富有启发性，学生常为找到妙解欣喜不已，从中体验到数学学习的乐趣，感受到数学本身的魅力。竞赛数学还具有课堂数学所没有的新异性，这正好适合中小学生的心理特点，很多数学竞赛问题，都有其独特的新异点和闪光点，这些都会激发学生对数学问题的好奇心和新鲜感。

4. 鞭策和促进教师学习

由于竞赛数学内容的特殊性，一般教师很难胜任数学竞赛培训工作。为了有效开展这项活动，教师会在业余时间里进行有关知识的学习和解题能力的训练。通过学习和训练，教师自身各个方面素质得以不断提高，使自己受惠；在教学时，教师可从更高的角度把握初等教学，从而真正做到居高临下，有效地把握问题的本质，使教学水平上升到一个新的层次，这样也会使学生受惠。

三、数学竞赛的开展

为了切实有效地开展数学竞赛，教师需做以下准备。

(1) 了解数学竞赛活动，一方面要了解国际数学奥林匹克竞赛的由来、发展与组织，另一方面也要了解中国数学竞赛的早期萌芽、国内成熟、国际发展。

(2) 熟知竞赛数学的特征，具体包括学科特征、思维特征、能力特征。

(3) 掌握竞赛数学的结构，如数学竞赛中的几何问题、代数问题、数论问题、组合问题、图论问题。几何问题具体又包括几何竞赛问题的主要特征，几何竞赛题的基本求解方法，数学竞赛中的组合几何问题。代数问题又包括多项式、不等式、函数方程、递推数列。

(4) 掌握竞赛数学的技巧，如构造、对应、递推、区分、染色、极端、对称、配对、特殊化、一般化、数字化、不变量、整体处理、变换还原、逐步调整、奇偶分析、优化假设、计算两次、辅助图表等。

(5) 理解数学竞赛教育的有关问题，如数学竞赛教育的本质、原则、过程与方法。

(6) 掌握数学竞赛命题的有关问题，如我国数学竞赛命题工作的开展状况，数学竞赛命题的基本要求，数学竞赛命题的基本方法。

第十一节　数学教育研究

时代的发展对数学教师提出了更高的要求，他们不仅需要有效开展数学教学活动，还要在课程实施过程中开展有关的数学教育研究工作。

一个有责任心的教师不会满足于完成每天的教学工作，一个有事业心的教师不会满足于上好自己的每一节课，他们还会对自己的教学进行某种程度的探讨与反思，不断发现问题、分析问题，直至最终找到问题的解决方案。这种发现、分析和解决问题的过程实质上就是数学教育研究的过程，有些教师还对数学教育研究持有错误认识，把它看得过于神圣，其实不然。我们思考怎样帮助学生学好一个数学概念，就是数学教育研究；我们在教学中试验一种新的数学教学方法，就是数学教育研究；我们在教学中对教材进行了重组和改编，试图使其达到好的教学效果，就是数学教育研究；我们不知如何开展探究教学，通过查阅有关文献，在教学中尝试并且有自己的体会，就是数学教育研究。

一、数学教育研究的意义

1. 丰富数学教育理论

数学教师充分利用自己身处数学教学一线这个优势，充分结合数学教学实践开展有关研究，研究结果有广泛的应用性，研究结论有顽强的生命力，同时它们也在一定程度上丰富和发展了数学教育理论。

2. 提升数学教学水平

对于教师而言，开展数学教育研究虽不强调发展某个重大理论，但更重要的是解决实际教学问题，如现在的校本教研就是强调："为了学校、基于学校、在学校中"。也就是说，教师通过研究就是解决学校在教学及其管理中遇到的问题，就是解决自己在教学中遇到的问题，然后解决这些问题，并把解决问题的思路及做法表述出来，供同行参考，供学校借鉴，帮助他们解决问题，最终能够提升数学教学水平。

3. 促进自我专业发展

新形势下的数学教师绝对不能故步自封，绝对不能停留不前，而要不断学习，这种学习大致可以分为两种类型：一种是纯理论的书本学习，例如阅读书籍期刊，从其中吸取理论知识；一种是教学中的实践学习，例如在教学中尝试某种新的教学模式，并且评估这种模式是否产生了好的教学效果，若有可能，还可对该教学模式做出相应的调整和必要的完善，在这个过程中，教师其实已经有了很大收获，已实现了专业发展。

二、数学教育研究的类型

对于数学教师而言，以下两种教学研究比较便于开展。

1. 经验总结

从教育研究的角度来看，经验总结是以一线数学教师为主体，对其所从事的数学教学活动的主要过程进行回顾、反省、总结，通过分析和思考，认识数学教学手段与数学教学效果之间的关系和联系，为以后的数学教学提供经验，为同行的数学教学提供借鉴。例如，如何围绕课堂教学选取典型素材激发学生兴趣、渗透数学建模思想、提高数学建模能力是当前数学教师面临的主要问题。有教师在数学建模教学实践中总结出了以下五个基本教学环节：①创设问题情境，激发求知欲望；②抽象概括，建立模型，导入学习课题；③研究模型，形成数学知识；④解决实际应用问题，享受成功喜悦；⑤归纳总结，深化目标。

经验总结研究具有以下特点：①适用范围较广。教学经验总结可大可小，大可大到探索整个地区提高数学教学质量的经验，小可小到总结指导学生形成某种解题技能。因此，教学经验总结研究伸缩性大，适用面宽。②研究容易上手。经验总结与教学实践非常接近，这种总结通常总是以自己的亲自实践、具体事例展开的，鲜活生动，源于实际，从而容易为其他教师所认可和接受，每个数学教师都可以尝试着去做。③推广渠道畅通。由于教学经验总结有着非常强的实践品性，它的成果比较容易被教师接受和效仿，而且我国也有很多数学教育类的杂志愿意刊发经验总结性的研究论文，在很短的时间内能为更多的人所知道。因此，在推广、介绍与应用上渠道比较畅通，对理论成果的传播和实践工作的推动有重要作用。

经验总结研究也有一定的局限性。经验总结是以研究者的主观认识和个人体会为主要研究内容的，因而有较大的主观性和片面性，研究的目的在于提出与反省一些具体的教学尝试，而不在于认识与揭示数学教学规律。严格来说，它只是数学教育研究的准备阶段，只是提出了有关数学教育现象的感性认识，更确切地说是一种为进一步研究积累素材、提供线索、设定目标的基本方法。若要使教学经验上升为理论，必须严格设计数学教育实验，采用规范的研究方法，收集数据进行理论论证。

2. 文献研究

文献研究是指通过对数学教育文献的收集和整理、分析和研究、借鉴和比较，从而认识和揭示数学教育现象之间的联系和规律的一种研究方法。

由于文献研究不需进入数学教学现场，研究不受教学环境、教育对象、时间空间、人力物力等的制约，加上国内外的数学教育文献很多，流通渠道又很畅通。因此，文献研究是数学教师经常用、用得好的研究方法，它比较适合于探讨数学教育带有方向性的客观研究以及带有一定预测性的研究。

文献研究一般包括文献资料的积累、检索、收集、借鉴和运用以及提出论点和撰写论文等步骤，在开展文献研究时需要注意以下几个问题。

(1) 文献研究是以文献资料的收集、整理、分析、研究为主要活动的，占有资料至关重要。资料的真伪性、完善程度、获取的可能性、检索的便利性等都决定了研究课题的大小，研究深入的程度乃至研究的成败。

(2) 文献研究不应该是从理论到理论的空洞议论，它必须涉及当前的数学教育实践，必须能够帮助教师解决一些数学教学实际问题，一线数学教师整天都在数学课堂内传授知识，所以更应该将文献研究与教学实际紧密地结合起来，这样的研究才有应用性，才有生命力。

(3) 文献研究特别要防止重复研究和雷同研究。其实，文献研究不只是针对已经收集好的资料展开的，它实际上是开放的，在研究过程中往往不断收集新的资料，仔细分析资料，整理前人成果，理清楚哪些问题还没有解决、哪些问题已经解决了，问题解决到何种程度，哪些问题还有待深入。

除了上述两种常用的研究类型之外，还有教学调查研究、教学实验研究、个案研究、课例研究等，总的说来它们只是起辅助性的作用，不过在有些数学教育研究中，这种作用还是不可少的，这里不作详细介绍，若有兴趣可以查阅有关书籍。

三、数学教育研究的选题

在开展数学教育研究时，选题至关重要。如果题材选择不好，教师在研究时就会事倍功半，甚至不会成功。

1. 题目宜小不宜大

对于初次开展数学教育的人来说，选题不宜太大，题目太大，理论功底不够、文献资料不足、研究经费缺乏、研究时间无法保证，这些问题都会导致研究搁浅。小题目的题材容易查找，层次结构比较简单，观点论述也较充分，容易被人接受，也有参考价值。

2. 见地宜新不宜旧

开展数学教育研究必须做别人没做过的课题，写别人没写过的论文，如果只是简单重复做别人做过的事，说别人说过的话，这就不能称为研究。因为研究必须要有一定的创新性。

3. 内容宜熟不宜生

选题时要注意扬长避短，自己已经做过某项研究那就在这个基础上继续往下做，自己没有做过某项研究最好就不要做这项研究，选择自己陌生的课题，研究很难取得好的结论，即便能够成功，那也可能要耗费更多的时间和精力；选择自己熟悉的课题，研究起来就会得心应手，也很容易做出成果。

4. 论题宜重不宜轻

在数学教育研究领域内，研究课题很多，在选题时要注意国内外研究的发展趋势，抓住当前的热点问题，尽可能选择那些有价值的、有意义的并对数学教育研究有推动作用的课题进行研究。

第八章　数学教学的基本技能

数学教学既是一门科学又是一门艺术。数学教学的科学和艺术是建立在教师广博的数学知识和熟练的教学技能基础上的。一个数学教师如果没有广博的专业知识，他的教学只能照本宣科、生搬硬套；如果没有娴熟的教学技能，也就谈不上教学的艺术，更不能把教学搞得生动活泼，也就不能有效地促进学生的数学学习。

对于数学教师而言，教学技能不是先天就存在的，而是教师在数学教学实践中不断总结教学经验逐步积累起来的，或是经过一定时期的培养和训练而逐步形成的，它发展的最高境界是形成独特的教学风格，这是每名优秀教师的基本追求，也是课堂教学的基本要求。

根据不同分类方法，教学技能可以分成很多类型，我们不去详细介绍，只是选取了较为重要的六种技能：讲解技能、板书技能、导入技能、提问技能、讨论技能、结束技能，进行具体的介绍和详细的分析。

第一节　讲 解 技 能

一、讲解技能的概念

讲解也称讲授，它是教师用语言向学生传授知识的教学方式，也是教师用语言启发学生思维、交流思想、表达感情的教学行为。它是课堂教学中运用得最广泛的教学技能。

讲解技能就是教师运用简明生动的教学语言，辅以各种教学媒体，通过叙述、描绘、解释、推理、论证等方式将知识、技能、方法及其形成过程呈现给学生，帮助学生了解、掌握与应用相应的知识、技能、方法的一种教学技能。

二、讲解技能的作用

1. 高效传授数学知识，提高思维能力

讲解技能的作用首先体现在它能有效地向学生传授数学基础知识上，教师通过讲解，学生能够充分认识和理解基础知识及其之间的内在联系，在此基础上形成系统的知识结构。

讲解技能的作用也表现为给学生提供数学方法的科学示范。教师通过分析、归纳、推理等一系列的思维活动，揭示知识的形成过程及其之间的紧密联系，使学生得到正确的思维训练。学生通过耳濡目染逐步学会思维方法，提高思维能力。

讲解技能的作用还体现在为学生揭示蕴含在数学知识中的基本思想，教师可以通过分析、对比和概括等方法，逐步引导学生领悟数学思想。

2. 渗透数学文化训练，培养学习兴趣

讲解可以引导学生认识数学与其他学科的关系、数学与人类社会的关系，认识数学的科学价值、思维价值和文化价值，可以提高学生的各种数学能力，形成理性思维方式，对发展智力和培养创新意识有基础性的作用。

讲解可以渗透教师对数学的热爱，对知识的渴求，这种情感既会感染学生，又会促使学生热爱数学，从而锲而不舍地探求知识。同时，教师在讲解过程中展现出来的严谨的治学态度、缜密的思维习惯，也会对学生的思维方式和行为习惯进行有效的教育。

讲解可以指导学习方法，提高学习能力，培养学习兴趣。讲解不能照本宣科，要用生动形象、通俗简练的语言表述，要用富有趣味的、较为典型的例子解释，教师若在表述和解释时做到语调抑扬顿挫，表情自然亲切，自然会把学生带入到数学学习的情境中。

3. 发挥教师主导作用，调控教学过程

运用讲解，教师可以在较短的时间内讲授大量的数学知识，快速地、密集地向学生传授数学知识，能够突出教学重点，有效突破教学难点，正确把握教学关键，顺利实现教学目标。教师可以根据设计意图，逐步将思考的过程和思维的结果展现给学生，对关键点的刻意雕琢，对疑难点的有意停顿，充分体现了教师在课堂上的主导作用。教师可以根据学生接受知识的具体情况，调节讲解的步调速度，严密的逻辑、清晰的层次、正确的推理、透彻的分析，这些都可以在讲解中一一实现，可避免学生的思维多走弯路。

三、讲解的基本原则

不同的讲解风格造就了讲解技能的艺术性和创造性，不同的讲解方法体现了讲解技能的灵活性和选择性，讲解方式灵活多变，但是必须遵循一些基本原则。

1. 计划性原则

讲解目的要明确具体，离不开讲解的计划安排。这节课的目标是什么？分成几个阶段讲解？每一个阶段的目标是什么？教师应该做到心中有数并做好周密的安排，这样才能讲到点子上、讲在关键处。

设计讲解计划首先要针对学生的实际，设计出符合学生认知规律的讲解；其次要针对教材的实际，设计出符合教材所处知识体系的某个位置的讲解；再次要符合教师自己的特点，设计出尽可能发挥教师特点的讲解。

2. 科学性原则

科学性主要指语言的科学性和内容的科学性，它赋予教学语言强大的雄辩力和征服力，要求教师以无可辩驳的事实和无懈可击的论证来正确表达自己的思想，并导出令人信服的科学结论。数学学科有自己的概念系统和理论体系，数学教师要将数学学科的专业用语作为讲授过程的基本语言，用学科的专业术语解析学科知识，也就是教师讲授时运用的语言要符合科学性。同时，教师讲授的内容应该是完全正确的，教师要以科学的认识论和方法论为指导，从客观存在的实际事物中出发，从中抽象和概括出概念、定理和法则。

3. 启发性原则

讲解是一种教学行为方式，其主要特点就是通过剖析知识启发学生形成新的认知结构体系，引导他们去把握事物的本质和规律。因此，讲解要富有启发性、指导性。同时也要注意，讲解不是目的，讲解只是手段，教师必须通过讲解启迪学生思维、教会学生思考，使学生掌握有关的知识、习得相关的技能。

4. 连贯性原则

讲解必须过渡自然、清晰连贯，忌讳平铺直叙，讲究轻重缓急、错落有致，也就是说新知与旧知之间、例证与原理之间、问题与问题之间都要精心选择有关的词语或短语将其连接起来。

5. 灵活性原则

在教学过程中，教师和学生常处于复杂的、变化的状态中，往往会有意外的情况出现。这就要求教师讲解善于机智应变，灵活驾驭教学，有效管理课堂。同时，教师还要注意教学反馈信息，要强化学生所学的知识，并且通过观察学生反应、课堂提问形式检查学生的知识掌握情况。

6. 多样性原则

课堂讲解贵在灵活，妙在变化，在课堂教学中，长时间的讲解是不多见的。讲解技能虽然强调教师以讲授为主，但不否认同时运用提问、演示、讨论等教学方法和教学手段。多种教学方法和各类教学艺术的巧妙配合，才能做到相互取长补短，充分发挥教学整体效应。

四、讲解的注意事项

1. 课前充分准备

在上课前，教师必须充分准备、认真备课，这是讲解技能实现的前提和基础。讲解的内容要精选提炼，讲解的结构要设计好，讲解的层次要安排好。同时教师要明确讲解顺序，力争做到循序渐进、承前启后、相互渗透。教师还应配合内容选取适宜的讲解方式，确定关键的词汇和术语，避免讲课时语言的随意性。

上课前的准备还包括对学生的了解，包括学生的知识基础与能力储备，忽视学生的认知起点，仅考虑数学问题的设计是否漂亮，这样的讲解将脱离学生的学习实际情况，影响学生的自主思考空间，导致师生的关系紧张失调。

2. 不要照本宣科

有些教师很少考虑学生的内在心理需求，只是一味地原原本本地照搬教材，照本宣科；有的教师担心脱离教材，甚至唯恐所教的内容与书本不同。数学课程改革倡导“用教材”而不是“教教材”，一个好的老师在讲授过程中要能够创造性地处理教材，不但要把教材的内容讲清楚，更要挖掘教材中隐含的思想方法及其与相关知识的联系，学生才能真正理解教材内容。

3. 抓住关键，深入浅出

讲解要抓住关键，“关键”问题是对学生顺利进行学习起决定性作用的环节。有的关键问题也是重点问题，但重点问题不一定都是关键问题，围绕重点讲解不等于就完全抓住了关键。知识总是一环扣一环的，在教学的诸多环节中，总有最重要的一环，抓住了这一环，才抓住了关键。抓住了关键，其他问题就能迎刃而解；抓住了关键，教师就能明确指出学生学习、理解方面的问题，有时几句话就能使学生恍然大悟。抓不住关键，尽管费了九牛二虎之力，也难以使学生明白所讲的内容。

教师在讲解时应运用浅白通俗的语句，听起来清楚易懂，且有平易、朴素、亲切之感。要做到这一点，教师要深入理解内容，深入才能浅出，许多东西，只有理解透了，融会贯通了，才能用浅白通俗的语言表达出来。

4. 要与其他技能配合

讲解技能不能代替其他技能，只有与其他教学技能合理地配合，才能充分发挥它的作用。比如教师长时间的讲解会使学生处于从属地位，学生在单向信息接受中容易疲倦，这时可应用提问技能、变化技能等，就可以改变上述不利的局面。同样，学生只听不练，没有亲身体验，不经历独立思考的数学思维过程，就很难建立正确合理的数学认知结构。只有适时结合其他教学技能，教师才能更好地发挥讲解技能的作用。

5. 注意反馈，及时调控

教学是教师和学生共同开展的一种双边活动，教师在讲解时要注意学生的反应，洞察学生对讲解内容的理解情况，或者通过提问、练习了解学生的知识掌握情况。优秀的教师要有敏锐的眼光、丰富的经验，随时从学生的神态、表情和动作中发现学生是否理解掌握，是否还有疑问并根据存在的种种现象、问题和反馈的信息，及时调整讲解内容，控制讲解速度，改变讲解方式，从而达到理想的课堂教学效果。

第二节　板书技能

一、板书技能的概念

板书是指在教学中，教师在黑板上书写文字、符号或图示等，向学生呈现教学内容、分析认识过程，使知识概括化和系统化，帮助学生正确理解、有效记忆、提高效率的教学行为。

板书技能是教师在黑板上运用凝练的书面语言，以文字、符号、图示等传递教学信息的教学技能，它是教师的一项基本功。

板书可分为主题板书和辅助板书。主题板书是教师在对教学内容进行概括的基础上，提纲挈领地反映教学内容的书面内容，主要是讲授要点、内容分析、解题过程和概括总结，一般写在黑板的左侧和中间。主题板书保存时间一般较长，且作为教材内容的框架保留下来，这往往是重点部分，也是学生课堂笔记的主要内容。辅助板书是在教学过程中教师为了引起学生的注意或为了解释一些学生难以理解的问题，写在黑板右侧的书面内容。教师在教学中遇到的关键词，需要补充的知识点，不太重要的局部教学过程，一般写在黑板右侧。辅助板书不用保留很长时间，一般只起辅助和补充的作用，一旦学生理解就可擦去。一般来说，一节课应有一个完整的板书计划，讲课结束以后，黑板上应留下完整的、美观的板书。

二、板书的特点

板书的内容是教学内容的概括和提炼，能突出教学的重点和难点，反映教材知识的脉络体系，它的特点表现在以下几方面。

(1) 直观性。板书以文字、符号、图表等形象性手段将教学内容直接作用于学生的视觉，丰富了学生的感知表象，有助于学生理解和掌握知识信息。

(2) 简洁性。板书的文字、符号、图像既是概括精练的，又是准确适当的，能够深刻地反映教学内容的本质。

(3) 启发性。板书的启发性往往来自板书本身的含蓄、意蕴和弹性，它对教学内容不作具体交代，而给学生留下思考和想象的余地，这样才能充分调动学生思维的积极性。富有启发性的板书，对于发展学生的思维能力、培养学生的创造精神具有重要意义。

(4) 趣味性。教师在设计与运用板书时，可尽量使板书新颖别致、妙趣横生。趣味性的板书能有效地激发学生的学习兴趣、调节课堂的教学气氛、调整课堂的教学节奏。

(5) 示范性。板书具有很强的示范性，对于学生而言，好的板书是一种艺术。

教师在板书时字形字迹、书写笔顺、演算步骤、解题方法、制图技巧、板书态度和习惯动作等，都能对学生起到潜移默化的作用。

(6) 审美性。板书应该追求形式与内容的完美统一，从而给学生以美的感受。一般认为，板书美的要求具体包括内容的完善美、语言的精练美、构图的造型美和字体的俊秀美。

三、板书的作用

教师在数学教学中恰当地运用板书，可以帮助他们优化教学，它的作用有以下几点。

1. 简明扼要的板书有利于激发学生的探索欲望

教师在数学教学中设计出具有“精”“新”“活”“美”的教学板书，可以把学生引入探索的学习状态中，促使学生明确探索目标，激发强烈的探索欲望。“精”就是用尽可能少的语言符号传达尽可能多的信息；“新”就是要突出教学的创造性和新颖性；“活”就是在预设板书时要留有充分的空间，让学生和老师共同完成，突出板书的灵活性；“美”就是要求板书在形式上能给学生美的享受。

2. 直观形象的板书为学生提供直观形象的感性材料

学生的数学学习过程是知识的掌握过程，是由感性认识上升到理性认识而形成抽象概念的过程。学生的感性知识的获得一般可有两个途径：一是学生通过日常生活经验的亲身感知；二是由教师的语言和醒目的板书获得，所以板书是学生获得感性材料的一条重要途径。板书之所以能给学生提供直观的感性材料，这与它自身的特点有着密切关系，教学板书主要以文字、符号、图表等形式将教学内容直接呈现给学生，让学生通过视觉获得信息和接受信息，可丰富学生的视觉表象。数学的抽象性、概括性和逻辑性都很强，在教学过程中，如果教师只靠语言描述和抽象讲解，学生往往很难理解，教师必须依靠板书，把有关的知识与内容直观形象地显示出来，让学生在感性认识基础上倾听详细的描述与生动的讲解，学生才能真正理解教学内容，课堂教学才能收到好的效果，如果离开了板书的直观感知，有些教学活动甚至无法进行。

3. 条理清晰的板书有助于提高学生的记忆效果

板书由于受黑板容量的限制，不可能把讲授的全部内容或表达的全部想法都写上去，教师在板书时必须进行精心的设计和周密的考虑，尽量做到提纲挈领、简明扼要地把讲解内容表达出来，这就必须经过提炼，选择最准确、最形象的语句作为板书内容。这些经过推敲锤炼、字斟句酌的板书往往能突出教材重点、揭示难点，教师在板书时配以适当的色彩，容易引起学生注意，从而提高他们的记忆效果。

4. 图文并茂的板书有助于发挥学生的想象能力

想象是人脑对已有的表象进行加工和改造而创造出新形象的心理过程，任何想象的产生都是以丰富的表象作为基础的，并且表象越丰富，想象也就越容易进行。板书的一个重要特点就是图文并茂、直观形象。教师通过图文并茂、直观形象的板书，给学生提供了丰富的表象，为学生想象力的发展创造了有利的条件，教师在黑板上的板书，除了一些语言文字以外，为了把一些抽象的概念原理形象化，常常配有一定的图表、图形或者符号，而且这些图表、图形或者符号就是教师对教学内容本质特征的高度概括，学生若要领会与掌握这些图表、图形或者符号，必须发挥自己的想象力，否则就很难理解它们的含义。

5. 形式简洁优美的板书有助于发展学生的思维能力

学生思维的发展是由具体形象思维向抽象逻辑思维的发展过程，抽象逻辑思维是以具体形象思维作为基础的。板书是以一定的形象与简洁优美的形式表现出来的，再经过教师的讲述，它便能使学生的思维从具体到抽象，进而掌握事物的本质特征。教师如果只依赖语言的描述和抽象的讲解，就减弱或抽掉了抽象思维的基础，不利于学生掌握科学的概念，也不利于学生抽象思维能力的发展。可见，简洁优美的板书为感知与理解铺设了一条通道，也为形象思维到抽象思维架设了一座桥梁。教师通过板书，使教学内容形象地呈现在学生眼前，这不仅能集中学生的注意力，而且在教师的引导下，学生能根据板书的内容，进行分析、综合、比较、概括等思维活动。

四、板书的形式

板书应根据数学学科的特点、教学内容、教学目的进行设计，一般具有以下几种形式。

(1) 图文式。图文式就是用简明的线段图和提纲式文字呈现教学内容。它以知识的内在逻辑关系为线索，图文相互映衬，通过线段图帮助学生分析、思考问题，运用提纲式文字展现思维过程、突出教学重点，便于学生抓住要点，理解和掌握知识的层次和结构，提高分析、概括能力。如在应用题教学时，教师可板书线段图分析数量关系，列标题提示解题思路，从而使内容形成完整清晰的知识结构。

(2) 词语式。词语式就是选择关键词语浓缩概括地书写在黑板上，准确地反映讲授的内容。这种板书简明扼要、富有启发性，便于学生记忆和理解，有利于培养学生的思维能力。如在“倒数的认识”教学时，教师可用“变形”“换位”两个词语，扼要地说明求倒数的过程和方法。

(3) 表格式。表格式就是教师根据教学内容提出相应的问题，让学生思考回答后书写简要的词语，制作成表格。师生也可以先设计表格，边探讨边填写关键词语。这种板书对比性强，便于比较知识的异同点，使学生容易把握知识的本质，深刻领会所学知识。

(4) 结构式。结构式就是整个板书由词语、短句、简要的连接符号相互连接而成的。这些词语和短句是所学知识的精炼概括，这种板书能准确地表明知识间的内在关系。

(5) 对称式。对称式就是用精炼的文字、线条、符号合理布局，形成匀称均衡的板书。它强化了板书的表现力，给学生以清晰、强烈、浑然一体的感受，让学生受到美的感染和熏陶，便于学生对比观察，深刻理解掌握新知，既突出重点又启发学生思维。

(6) 图解式。图解式就是把知识的发生、发展过程和物体的形态变化用单线图，配以一定意义的箭头符号和文字图解出来。这种板书能直观形象地展示知识建构过程，使得学生一目了然，能有效地引起学生的注意，激发学生的学习兴趣，加深学生对知识的理解。如在"探索球的体积公式"教学时，教师可板书"整球→半球→分割成薄圆片→近似为圆柱→求体积和的近似值→取极限为球"的体积公式。

五、板书的要求

板书的具体要求有以下几点。

(1) 计划性。即教师在课堂教学前应对本节课的板书有一个总体设计，主要包括确定板书的文字、图表和符号及其表述形式；合理设计板书结构，努力使板书做到既实用又美观，使板书成为数学课堂的一道风景线，给学生以视觉享受。有经验的教师，有时一节课下来，其板书就是一件完美的艺术品。

(2) 规范性。课堂教学的重要任务之一是传递知识信息，其基本要求是科学、准确。板书作为一种基本的信息传递方式，首先应做到科学规范，以保证学生接受信息的科学性。具体来讲，要注意以下几个方面：①文字书写要规范，杜绝不规范的简化字，不能误导学生；②字母、符号使用正确，如角的符号不能写成"$<$"等，那样会使学生养成不规范的书写习惯；③作图规范，如画几何图形，尽可能用尺规作图；④用语规范科学，不能用一些似是而非的字眼；⑤解题格式规范，过程详略得当，关键步骤完整，让学生在教师的影响下渐渐养成解题规范的习惯。

(3) 启发性。板书不单纯是静态的信息传递，更是师生互动交流的重要媒介，通过匠心独具的板书启发学生思维，使学生积极投入到探究活动中去，这是板书的重要功能之一。如在"等差数列的通项公式"的教学中，由定义得到 $a_n - a_{n-1} = d$，为了引导学生得出等差数列的通项公式，教师可按如下格式板书上述事实：

$$a_2 - a_1 = d,$$

$$a_3 - a_2 = d,$$

$$\cdots$$

$$a_n - a_{n-1} = d,$$

然后启发学生，从上述格式中能否得出通项 a_n。实践表明，由于上述板书具有极强的启发性，多数学生都能由此得出等差数列的通项公式。

(4) 逻辑性。严密的逻辑性是数学区别于其他学科的重要特点之一。掌握数学知识的内在联系是学好数学的重要前提。板书不应是零星知识点的简单罗列，而应尽可能显示知识之间的内在联系，以帮助学生构建完整的认知结构，以便提高学习效率。

(5) 简捷性。板书既要注意传递信息的完整性和规范性，又要提高效率，以提高课堂教学的效益。为此，在保证信息完整规范的基础上，应尽可能地减少书写内容，教师要做到以下几个方面：①只板书关键的字词；②合理加工重组板书内容，尽量符合学生接受能力；③合理使用符号语言和图形语言，节约文字书写时间。

(6) 选择性。板书应该突出重点，该写则写，不该写就不写。一般来说，下列内容应作为板书的重点：①重要概念的表述及其注解；②重要公式、定理、法则的表述及其推导过程；③典型例题的关键步骤；④重要规律、方法的概括和总结；⑤其他有特殊目的的素材等。

(7) 艺术性。教学实践表明，富有艺术性的板书可以唤起学生内心美的感受，使其形成积极愉悦的情感体验，可以提高学习兴趣，强化学习效果。因此，板书要尽可能地突出艺术性，主要表现在：①合理安排板书结构，追求板书的结构美；②字体书写、图形绘制工整美观，大小适中，有表现力；③注意使用彩色粉笔合理搭配色彩；④用特殊符号如“☆、△、——”等表达重要性，以引起学生的注意。

(8) 人文性。课堂教学不仅是传递知识的过程，更是师生情感沟通、生命交融的场所。数学教学应关注学生的发展，关注学生的感受，具体到板书要做到书写工整，忌潦草不清楚，书写不要太小，要合理安排疏密，书写位置合适，尽可能居中，不要写得太靠上，也不要写得太靠下，要尽可能使学生看得清楚、看得舒服。同时，板书时应边说边写，要与学生有必要的交流，忌长时间背对学生板书。

(9) 互动性。数学教学是师生、生生的互动过程，作为课堂教学的重要环节，板书也要体现互动性。教师不能只顾书写，不顾学生，学生无所事事。正确的做法是边说边写(如概念的规范表述)、边问边写(如板书解题过程中提问学生下面该写什么了？怎样表述？)、边听边写(让个别学生或全体学生说，教师写)等。

第三节 导入技能

一、导入技能的概念

“导”就是引导，“入”就是进入学习状态。导入技能就是指教师以教学内容为目标，在课堂教学的起始阶段，用巧妙的方法集中学生的注意力、激发学生的求知欲，帮助学生明确学习目的，引导学生积极地进入到课堂学习中的教学活动方式。

导入是课堂开始的起始环节，是课堂教学的有机组成部分。学生思维活动的水平是随时间变化的，一般在课堂教学开始10分钟内学生思维逐渐集中，在10～30分钟内学生思维处于最佳活动状态，随后学生思维水平逐渐下降。心理学对“人的注意规律”的研究表明：人在注意力集中的情况下，更能清晰地、完整地、迅速地认识事物、理解事物。因此，成功的导入能集中学生注意力、引发学生的兴趣、激发学生的求知欲，而且能有效地消除其他课程的延续思维，使学生很快进入新课学习的最佳心理状态，提高课堂教学效率，取得好的教学效果。反之，一段失败的教学导入会使学生产生厌烦心理，学习消极，结果导致概念不清、主次不明、重点难点不分。

二、导入技能的作用

1. 诱导作用

诱导作用主要表现为，教师通过导入诱导学生的注意和思维，使学生把注意力集中在教学任务上，积极思考当前的教学任务。同时限制学生的与教学任务无关的其他活动，从而保证教学有序进行。

2. 承启作用

数学教学是建立在学生已有的知识和经验的基础上，教师通过一定的导入设计，如复习导入、习题导入、提供学习背景材料等，进行承上启下，联结新课与旧课、新知识与旧知识，使学生原有的知识技能与即将学习的新的知识技能建立联系，从而为新知识的学习奠定基础。

3. 激励作用

激励作用主要表现为，教师通过导入可以使新的教学任务与学生原有的认知产生认知冲突，激发学生的学习动机、学习兴趣、期待心理、求知欲望，使学生在一种自主、积极、自觉的氛围中学习新知识。

4. 指引作用

指引是强化导入效果，并将其渗透到整个课堂教学中的一项重要工作。教师必须精心设计导入，明确学习目标，指定学习课题，确定学习重点，安排学习进度，提示学习方法，指导思维方向。

三、导入的设计原则

1. 针对性原则

导入的针对性包含两个方面：其一，教师要针对教学内容设计，使之建立在充分考虑与教学内容的有机内在联系的基础上，而不能游离于教学内容之外；其二，教师要针对学生的年龄特点、知识基础、学习心理、兴趣爱好等差异程度设计。引入新课时所选用的材料必须紧密结合所要讲述的课题，不能脱离教学主题，更不能引用与课题不相关、有矛盾的材料。

2. 趣味性原则

心理学研究表明，令学生耳目一新的“新异刺激”可以有效地强化学生的感知态度，吸引学生的注意指向。在教学过程中，一般要求导入做到新颖有趣，能唤起学生的注意，激发学生的学习热情。当然教师也要注意，一堂课之所以必须有趣味性，并非为了引起笑声或消耗精力，趣味性应该使学生在课堂上掌握所学材料的认知活动积极化”。学习数学必须要付出艰苦的劳动，教师要在导入中让学生以新知发现者的愉快心情把兴趣转化为稳定的内在动力。

3. 多样性原则

导入应根据不同的教学内容、不同的教学对象、不同的数学课型灵活多变地采用各种方法，做到巧妙新颖、形式灵活，不要千篇一律，单一方法会使学生感到枯燥呆板。

4. 简洁性原则

导入不是中心环节，它是为中心环节服务的。课堂导入时间不宜过长，否则会影响新课的讲述。教师在引入新课时应该言简意赅，力争在最短的时间内集中学生的注意力，一般用 3～5 分钟就要完成新课过渡。如果导入时间过长，导入就会显得冗长，就会影响课堂教学进度。

四、导入的主要类型

1. 旧知导入

旧知是相对所学的新知识而言的。旧知导入主要是利用新知与旧知之间的逻辑联系，即旧知是新知的基础，新知是旧知的发展与延伸，从而找出新旧知识之间的联结点，由旧知的复习迁移到新知的学习上来导入新课。苏联著名教育家苏霍姆林斯基说：“教给学生能借助已有知识去获取新知，这是最高的教学技巧。”通常所说的复习导入、练习导入、类比旧知导入等都可以归为旧知导入，旧知导入是最常用的新课导入方法之一。

例如，等比数列的概念及计算公式可以类比等差数列导入；由角度制的复习导入弧度制的学习；学习双曲线的定义及其标准方程时，先复习椭圆的定义及其标准方程，然后将椭圆定义中的平面上到两个定点的距离之和的“和”改为“差”，问学生动点的轨迹是怎样的曲线，然后导入新课等。

2. 事例导入

事例导入是教师选取与所学内容有关的生活实例或某种经历，通过对其分析、引申、归纳演绎出从特殊到一般、从具体到抽象的规律来导入新课。这种导入强调了数学与生活的联系性，能使学生产生亲切感，起到触类旁通的效果。这种导入类型也是导入新课的常用方法之一，尤其对于抽象概念的讲解，采用这种方法效果特别明显。

例如，在对数概念的教学导入中，教师可以从研究学生身边的一些增长率问题为出发点；在函数概念的教学导入中，以研究非空数集之间的对应的实例为出发点等。实例导入容易调动学生思维，在他们不会解决又急于解决的心理之间制造一种悬念，引发学生强烈的求知欲。

3. 直接导入

直接导入就是开门见山，紧扣教学目标要求，教师直接给出本节课的主要内容、基本结构及知识之间的关系来导入新课。这种导入能使学生迅速定向，对本节课的学习有一个总的概念和基本轮廓，它能提高学生学习的质量和效率，适合条理性强的教学内容。

4. 趣味导入

趣味导入就是教师把与课堂内容相关的趣味知识，即数学家的故事、数学典故、数学史、游戏、谜语等传授给学生来导入新课。俄国教育学家乌申斯基认为："没有丝毫兴趣的强制性学习将会扼杀学生探求真理的欲望"。美国著名心理学家布鲁纳也说过："学习的最好刺激乃是对所学知识的兴趣"。趣味导入可以避免平铺直叙之弊，可以创设引人入胜的学习情境，有利于学生从无意注意迅速过渡到有意注意。

5. 悬念导入

悬念导入是教师从侧面不断巧设带有启发性的悬念疑难，创设学生的认知矛盾，唤起学生的好奇心和求知欲，激起学生解决问题的愿望来导入新课。美国心理学家布鲁纳说过："教学过程是一种提出问题和解决问题的持续不断的活动"。可见思维永远是从问题开始的，这种导入能使学生由"要我学"转为"我要学"，使学生的思维活动和教师的课堂讲解交融在一起。

6. 实验导入

实验导入是指教师通过直观教具进行演示实验或引导学生一起动手实践或利用电教手段，如计算机、投影仪等来巧妙地导入新课。实验导入新课直观生动，效果非凡。实验演示导入能使抽象空洞的教学内容具体化、形象化，让学生在实践中体会，这样导入符合学生的好奇心理，能给学生留下深刻的印象，也有利于培养学生的感性认识，使学生从形象思维逐步过渡到抽象思维。

7. 情境导入

情境导入是指教师根据教学内容的特点运用语言、图片、音乐等手段，创设一定的情境渲染课堂气氛，使学生在潜移默化中进入新课学习来导入新课。苏联著名教育学家赞可夫说：“教学法一旦触及学生的情绪和意志领域，触及学生的精神需要，这种教学法就能发挥高度有效的作用。”这种导入使学生能感到身临其境，能激发学生的好奇心和求知欲，起到渗透教学目标的作用。

8. 反例导入

反例导入就是教师针对学生在学习中常犯的错误或者易被忽略的问题，用反例引起学生的注意，启发学生去分析错误的根源，找出解决问题的方法来导入新课。反例导入不仅能使学生从错误中吸取教训，而且对于加强概念的理解，培养严密思维的良好习惯都十分重要。

第四节　提 问 技 能

一、提问技能的概念

提问是教学的一个重要环节，是教师与学生之间常用的一种交流手段，是通过师生相互作用、相互问答、检查学习、引发疑问、促进思维、巩固知识、运用知识，实现教学目标的一种行为方式。课堂提问巧妙可以优化课堂教学，提高教学效率。

二、提问的作用

1. 激发作用

激发作用主要体现在教师对学生的学习动机和学习兴趣的激发上。激发学生学习动机和学习兴趣的方式应该说有很多，但提问是其中最重要的一种方式。

提问为学生提供了一个表现自我的平台，它能让学生展现才华、发表见解、陈述观点，能提高学生的学习积极性，激发学生的学习动机和兴趣，增加学生的好奇心和想象力。提问还促成了以问题为纽带的师生之间的互动，可以促进人际交流、沟通感情、发扬教学民主、凸现主体意识，使学生积极地投入到各种学习活动中。

2. 集中作用

教师在课堂教学中以问题解决为手段，可以促使学生集中精力听课，引导他们如何围绕着数学问题去思考、去探究、去开展各种数学学习活动。

3. 启迪作用

启迪作用主要体现在教师对学生思维的启发和诱导上。提问不仅可以启迪学生积极主动地思维，还可以诱导学生由被动思维变为主动思维，高水平的提问还有助于提高学生思维的广度和深度，发展学生的思维能力。

4. 反馈作用

提问过程是一个教师“教”与学生“学”的双向过程。教师通过学生回答检查他们对有关问题的掌握情况(包括理解情况、记忆情况、运用情况等)，便于教师和学生及时把握教与学的效果，及时调整教学方式，及时转变学习方式。提问还是教师诊断学生学习困难的有效途径。

5. 巩固作用

各种数学概念、定理、法则的习得离不开发人深省的启发。知识与技能的巩固强化同样来自精心设计问题的诱导，教师恰到好处的提问不仅能激发学生强烈的求知欲望，而且还能促进学生的知识内化，构建认知结构，强化综合应用能力。

三、提问的类型

1. 知识性提问

知识性提问是考查学生对数学概念、数学公式、数学法则等基础知识记忆情况的提问方式，是一种最简单的提问。对于这类提问，学生只需凭记忆回答。一般情况下，学生只是逐字逐句地复述学过的内容，不需自己组织语言。知识性提问有时会限制学生的独立思考，学生没有机会表达自己的思想或想法。因此，提问不能局限在这一层次上。在知识性提问中，教师通常使用的关键词：是什么、在哪里、有哪些、什么时候等。

2. 理解性提问

理解性提问是用来检查学生对已学知识及技能的理解和掌握情况的提问方式，多用于某个概念、原理讲解之后，或学期课程结束之后。学生要回答这类问题必须对已学过的知识进行回忆、解释、重新组合，对学习材料进行内化处理，组织语言然后表达出来。因此，理解性提问是较高级的提问。学生通过对事实、概念、规则等的描述、比较、解释等，探究其本质特征，从而达到对学习内容更深入的理解。在理解性提问中，教师经常使用的关键词是：请你用自己的话叙述、阐述、比较、对照、解释等。

3. 应用性提问

应用性提问是检查学生把所学概念、规则和原理等知识应用于新的问题情境中解决问题能力水平的提问方式。在应用性提问中，教师经常使用的关键词是应用、运用、分类、分辨、选择、举例等。

4. 分析性提问

分析性提问是要求学生通过分析知识结构因素，理清概念之间的关系或者事件的前因后果，最后得出结论的提问方式。学生必须能辨别问题所包含的条件、原因和结果及它们之间的关系。学生仅靠记忆并不能回答这类提问，必须通过认真的思考，对材料进行加工、组织，寻找根据，进行解释和鉴别才能解决问题。这类提问多用于分析事物的构成要素、事物之间的关系和原理等方面。在分析性提问中，教师经常使用的关键词是：为什么、哪些因素、什么原理、什么关系、得出结论、论证、证明、分析等。

5. 综合性提问

综合性提问是要求学生发现知识之间的内在联系，并在此基础上使学生把教材内容的概念、规则等重新组合的提问方式。这类提问强调对内容的整体性理解和把握，要求学生把原先个别的、分散的内容以创造性的方式综合起来进行思考，找出这些内容之间的内在联系，形成一种新的关系，从中得出一定的结论。这种提问可以激发学生的想象力和创造力。在综合性提问中，教师经常使用的关键词是：预见、假如……会……、如果……会……、结合……谈谈……、根据……你能想出……的解决方法、总结等。

6. 评价性提问

评价性提问是一种要求学生运用准则和标准对某些数学事实、数学方法、数学结论等做出价值判断，或者进行比较和选择的一种提问方式。这是一种评论性的提问，需要运用所学内容和各方面的知识和经验，并融进自己的思想感受和价值观念，进行独立思考，才能回答。它要求学生能提出个人的见解，形成自己的价值观，是最高水平的提问。在评价性提问中，教师经常使用的关键词是：判断、评价、证明、你对……有什么看法等。

四、提问的要求

1. 设问得当

(1) 趣味性。在设计提问时，教师最好能以学生感兴趣的方式提出问题。设计具有趣味性的问题，能够吸引学生的注意力，引发学生积极思考并主动参与到问题的解决中，同时可以使学生从困倦的状态转入积极的思考氛围。

(2) 目的性。教师设计问题时，应该服务于教学目标、教学内容，每个问题的设计都是实现特定的教学目标、完成特定的教学内容的手段，脱离了教学目标、教学内容，纯粹为了提问而提问的做法是不可取的。同时，设问还要抓住教材的关键，在重点和难点处设问，以便集中精力突出重点，突破难点。

(3) 科学性。为保证课堂提问的科学性，提问要做到：直截了当、主次分明、围绕问题、范围适中、语言规范、概念准确。

(4) 启发性。学生对教师提出问题的回答不仅需要记忆，还需要分析、对比、归纳、综合，这无疑会促进学生的创造性思维。

(5) 针对性。提问要从学生的实际情况出发，符合学生的年龄特征、认知水平和理解能力。有针对性的设问要求问题难易适度，能够面向全体学生，吸引多数学生参与，适当兼顾两头。

(6) 顺序性。即教师按教材和学生认识发展的顺序，由浅入深，由易到难，由近及远，由简到繁的原则对问题进行设计，先提认知理解性的问题，然后是分析综合性的问题，最后是评价性的问题。这样安排提问可以大大降低学生学习的难度，层层推进教学活动，提高教学的有效性。

2. 发问巧妙

(1) 对象明确。提问是要启发大多数学生的思维，引发大多数学生的思考。教师应该针对不同水平的学生提出不同难度的问题，使尽可能多的学生参与回答，实现全体学生都能在原有基础上有所提高的目的。

(2) 表述清晰。发问应该简明易懂，不重复，以免养成学生不注意教师发问的习惯。若某个学生没有注意到教师所提问题，可以指定另一个学生代替老师提问。如果学生不明白问题的意思，教师可用更清楚的话重复问题。

(3) 适当停顿。教师发问后要稍作停顿，留给全班学生一些思考时间，不宜匆匆指定学生作答。

3. 启发诱导

(1) 启发引导的时机。学生回答问题时，教师可抓住以下时机进行启发诱导：当学生的思想局限于一个小范围内无法突围时；当学生疑惑不解，感到厌倦困顿时；当学生各执己见，莫衷一是时；当学生无法顺利实现知识迁移时。心理学研究表明：只有牢固和清晰的知识才能迁移。因此，教师应在讲授新课前通过提问复习与新课有关的旧知识，并在此基础上讲授新知识，实现由已知向未知的过渡。

(2) 启发诱导的方式。从联系旧知识入手进行启发。例如，学习计算平行四边形的面积一节，让大家回忆长方形的面积公式并以此推算平行四边形的面积；增设同类，对比启发。例如：双曲线的概念的教学，教师在引导学生学习时，先对椭圆的概念和有关性质进行提问，启发学生思维，读书指导，深入思考。学生回答时会“卡壳”常常是因为没有认真研读教材。因此，教师要指导学生在读书过程中进行思考，从教材中寻找问题的答案；运用直观手段进行启发，运用直观的教学媒体，如挂图、实物、多媒体教学课件等进行演示，引导学生回答问题；把握教材内在逻辑关系，逐步提问引导。此外，教师逐步提问引导，还能够帮助学生理清思路，引导学生抓住关键和重点。

(3) 提问态度。首先，教师要创设良好的提问环境。提问要在轻松的环境下进行，也可以制造适度的紧张气氛，以提醒学生注意，但不要用强制性的语气和态度提问。教师要注意师生之间的情感交流，消除学生过度的紧张心理，鼓励学生做“学习的主人”，积极参与问题的回答，大胆发言。其次，教师在提问时要保持谦逊和善的态度。提问时教师的面部表情、身体姿势以及与学生的距离、在教室内的位置等，都应使学生感到信赖和鼓舞，而不能表现出不耐烦、训斥、责难的态度，否则会使学生产生回避、抵触的情绪，阻碍问题的解决。再次，教师要耐心地倾听学生的回答。对一时回答不出的学生要适当等待，启发鼓励；对错误的或冗长的回答不要轻易打断，更不要训斥这些学生；对不作回答的学生不要批评、惩罚，应让他们听别人的回答。最后，教师要正确对待提问的意外。有些问题，学生的回答往往出乎意料，教师可能对这种意外的答案是否正确没有把握，无法及时应对处理。此时，教师切不可妄作评价，而应实事求是地向学生说明，待思考清楚后再告诉学生或与学生一起研究。当学生纠正教师的错误回答时，教师应该态度诚恳、虚心接受，与学生相互学习、共同探讨。

4. 归纳总结

回答问题后，教师应对其发言做总结性的评价，并给出明确的问题答案，使他们的学习得到强化。必要的归纳和总结，对知识的系统与整合、学生认识的明晰与深化、问题的解决及学生良好思维品质与表达能力的形成都具有十分重要的作用。

第五节　讨 论 技 能

一、讨论技能的概念

讨论是在教师的主导下，师生围绕一个主题(即本节课的课题，通常由一个或一组尝试性问题体现出来)开展课堂讨论，可以个人准备、自由发言，也可以分组讨论、准备、选派代表发言，也可以分配指定人“主讲”，大家进行评论质疑。在讨论时，教师着重挖掘数学自身的规律，用于启迪学生的思维，挖掘数学美的因素(对称、统一、奇巧、新颖)，教师应给学生创造一种情境，提供动脑、动手、动口的机会，让他们在简化的、理想的形式下，亲历知识的生长过程。这样的课堂洋溢着宽松和谐的气氛、探索进取的气氛，不同见解的争论质疑，多端信息的传输反馈，师生可以通过交流讨论这种方式汲取知识。

二、讨论的作用

1. 激发创新兴趣

研究表明，学生的学习过程是一个创新的过程，与教师讲授和个人探究相比，讨论能更有效地激发学生的创新兴趣，调动学生的创新思维。在讨论式的课堂里，学生总是兴趣盎然、热情高涨、思维活跃。另外，讨论具有一定的自由探索性，学生在这样充满民主、自由、和谐宽松的氛围中，能表现出他们对自己所从事的学习活动的极大兴趣。

2. 提高教学效果

提高课堂效果是教学追求的一个具体目标，讨论有利于这一目标的实现。首先，在讨论过程中，学生思维呈现开放状态，不同的见解与思路可以广泛地交流，并得到及时的反馈，从而促进思维的有序发展，提高思维活动的有效性。其次讨论可以集思广益，协作攻关，从而有效地使认识趋于完善、使结论趋于完满。

3. 培养交流能力

通过讨论实现数学交流，学生能把自己对数学知识的理解、对数学问题解答的思考，通过数学语言表达出来，并且能接受教师和其他学生的看法，相互沟通，从而提高数学交流能力。

三、讨论的原则

1. 互动——课堂讨论的形式

讨论是一个信息的交流、精确和细致化的过程，所有参加成员既要发出信息同时又要接受信息，并对别人的信息积极做出反馈，所以互动成为讨论本身所固有的特点。传统的教学一般强调师生间的互动，而讨论不仅仅限于此，它更注重学生之间的互动，因为同龄个体之间的交往更容易促进认知发展。根据课堂互动形式，讨论具体可分为教师领导的班级讨论、学生领导的班级讨论、教师指导的学生讨论、教师—学生讨论等。

2. 严谨的思维——课堂讨论的基础

讨论是发言者通过语言尽量把个人观点清晰地呈现给小组其他成员，其他成员在此基础上，根据自身的认识和理解，提出自己的看法和观点，要么赞成、要么反对、要么进一步深化或修正，经过讨论双方或多方的辩解，最终求同存异，达到一定程度的共识。个人观点的得出和群体共识的达成这两者都必须经过严谨周密的思维，这样才能保障讨论顺利而有效地进行，使得所有参与讨论的成员在原有的基础上取得一定的提高和发展。

3. 知识的可靠性——课堂讨论的保障

讨论是冲突、商讨和精致化的过程，各成员所运用的知识不仅要有利于佐证自己的观点，同时也应该对其他成员有一定的启发性，促使对方在接受或认同自己观点的同时，能够深化或修正原有的观念和看法。所有这些得以实现还必须要有可靠的知识作为保障，即讨论者所引用和陈述的知识应是科学的，具有一定的逻辑性，能经受住他人的考验。

综上所述，有效的讨论是在课堂情境中，在互动的前提下，参与讨论的所有成员利用可靠的知识，针对某一共同关注的问题进行严谨思维的过程。为了能更好地保证讨论的有效性，而不是流于形式，参与讨论团体的主要成员学生和教师负有维护讨论团体、保证严谨思维和可靠知识的责任。

四、讨论时机的选择

讨论的成败及作用的大小，在很大程度上取决于讨论时机的选择与把握。为此，教师要合理选择讨论的时机，给学生提供学习的内容，把那些具有思考性或开放性、仅凭个人的力量难以考虑周全、须发挥集体智慧的问题让学生合作学习，讨论要适时，一般可以放在以下几个环节处展开。

1. 产生“愤悱”的心理状态时

学生的认知需要常常来自学生学习过程中出现的似乎相似，但又不清楚、不能立即理解掌握的新知识、新技能，或者不能立即解决的新问题，“问题”激起了学生对新知的渴求，产生了一种“愤悱”的心理状态。在这种心态的作用下，学生往往对自己的想法产生怀疑，希望从别人的想法或别人对自己的评价中得到验证，更希望从别人的发言中得到启发。所以，这时组织讨论效果最佳。

2. 通过操作实验来探究规律时

数学教材中有很多规律需要学生通过操作才能发现，如各种平面图形的面积公式、圆柱体和圆锥体体积的关系等，这时仅凭个人的才智是不够的，必须依赖集体智慧，在集思广益中实现真正的把握和理解。

3. 解答开放性的问题时

开放性问题的解答方法多种多样，结果也不唯一，不同的学生常常发现不同的结果。正是这种差异的存在，为学生的交流创设了良好的机会。学生在小组交流中能自由地表述自己的观点，倾听同伴的意见，并从中互相启发、互相补充、共同进步。

五、讨论内容的确定

讨论在通常情况下只安排几分钟或者十几分钟，但这段时间的成效如何，很大程度上取决于讨论内容的组织。组织哪些有价值的内容，那些能引起学生极大关注并能够展开讨论的内容显得至关重要。

1. 选择有讨论价值的内容

组织讨论必须把握教材的重点、难点，越是教材的核心问题、越是难以理解的问题，越要让学生去展开讨论，学生在讨论的过程中，重点也就把握了，难点也就理解了。

2. 设计能展开讨论的内容

讨论的内容应有适当的难度，应处于班内大多数学生的“最近发展区”。如果问题太简单了，会影响讨论的积极性；如果讨论问题太难，学生可能很难取得成功，同样也会影响讨论的积极性。这就要求教师必须针对具体内容和学生实际选择和安排适当的问题。

六、讨论的几种形式

1. 双人讨论学习

两人一组讨论学习是其他合作方式的基础，每个人都是这个小组的“主角”。

这种学习活动简便易行，容易组织开展。

2. 三至四人一组讨论学习

这种方式进一步培养了学生的合作精神，也是课堂中常采用的一种方法。例如，讲解“统计”时，教师可以让一个学生收集数据，其他学生进行登记、汇总、制表等。

3. 班级小组讨论学习

这种学习方式可以引进竞争机制，以增强学生的集体荣誉感，培养学生相互合作的精神。

4. 跨小组的讨论学习

这种学习方式使每个学生都能参与，每个学生在他自己的小组里是学生，到别的小组里是“专家”(发挥他的特长)，每个人都扮演一个相对活跃的、重要的、独立的角色。

七、讨论的若干技巧

教师要坚持不懈地引导学生掌握讨论的方法并形成必要的讨论技能，包括如何倾听别人的意见、如何表达自己的想法、如何纠正他人的错误、如何吸取他人的长处、如何归纳众人意见等。

1. 学会独立探索知识

学生若要有效参与讨论、参与探索，必须要有自己的见解，要有相应的认知能力作基础，而个体的独立思考是无法由别人来替代的。只有在学生个体通过阅读、观察、分析、比较、抽象等方式，利用各种信息，探索到达一定程度时展开讨论，才有可能出现一点即通、恍然大悟的效果，不同观点才有可能出现正面交锋，因此教师在组织学生参与讨论或探索之前，要留给学生一定的独立学习思考的时间。

2. 学会倾听他人发言

在开始讨论时，同学之间最大的问题是不能容纳别人的意见。为此，教师要逐步要求学生在课堂上学会三听：一是认真听每个同学的发言，不能插嘴；二要听出别人的发言要点，培养学生的信息收集能力；三是听后须作思考，提出自己的见解，提高学生处理信息、反思评价的能力。

3. 学会表达自己观点

语言是思维的窗口，是社会交往的工具。讨论学习需要每个成员清楚地表达自己的想法，互相了解对方的观点。教师在教学中要有意识地提供机会让学生多表达自己的观点，发现问题及时指点，比如要让学生学会讨论发言的语言模式，“我同意某某同学的意见，不过我还有补充……”“我对某某同学的发言有不同看法……”“我想提一个问题……”等。同时教师应要求学生在发言时一定做到语言正确、有理有据、逻辑性强。

第六节　结束技能

一、结束技能的概念

结束技能是教师在一个教学内容结束或课堂教学任务终了阶段，通过重复强调、归纳总结和实践活动等方式回顾与概括所讲的主要内容，引导学生对所学的知识与技能及时进行总结、巩固、扩展、延伸、迁移，强化学生的学习兴趣，使学生形成完整的认知结构的教学行为。它的良好运用能使学生将所学的知识及时地进行巩固和运用，纳入自己的认知结构中。

二、结束技能的功能

1. 系统归纳

从学生学习数学的过程来看，为了获得知识、巩固知识，需要把知识系统化。经验表明，系统的材料便于学生理解、记忆。而在数学教学结束时，系统归纳、及时抽象概括数学知识是非常必要的，教师通过强调教学中某段内容的重要的数学事实和规律，使学得的新知识系统化；通过概括、比较相关知识，使新知识与原有的认知结构形成系统化。只有这样才能使学生把所学的新知识、新技能纳入原有的认知结构或形成新的认知结构。

2. 概括巩固

教师在课堂结束时，除了对教学内容进行梳理、系统归纳外，还要适当地通过实际操作或技能训练使学生巩固所学的知识与技能，进一步使学生加深对知识的理解；教师还要帮助学生理清思路，学会正确的思维方式，明确读、写、算、解题、操作等活动的步骤，防止和减少学生在运用知识、技能时出现差错。在数学教学的各个环节中，尤其是结束时，教师必须要对学生所学到的知识、技能、步骤、法则等加以巩固，使学生形成深刻的印象，便于记忆和应用；对于学生没有学好的知识、技能，在结束时教师要采取措施，使之得到矫正、完善；教师在结课时，应该启发学生分析和概括数学的方法、思路、程序、步骤等，要求学生概括具体的练习过程、解题思路、推理方法等，不断提高认识水平。这对于帮助学生形成技能、加深对知识的记忆和理解、灵活应用知识和技能是有好处的。

3. 置疑生趣

学生学习动机中最现实、最活跃的成分是对知识的兴趣。只有使学生对学习材料自身产生兴趣，才能激起他们的求知欲，并成为自觉学习的动力。好的教师是善于激发和培养学生浓厚的学习兴趣的，他们善于把数学学习变成学生自觉的要求。学生的积极思维往往开始于“疑”。因此，教师在课堂教学中要创设问题情境，设置疑问来激发学生的求知欲，唤起他们的学习兴趣，引导他们积极主动地探索。另外，数学课堂教学中经常出现几个课时才讲完一个完整教学内容的情况，这就要求在教师安排教学时格外注意结束的设计，既要使结束起到对本节课的教学内容进行概括总结的作用，又要使结束为下一节或是以后的教学内容作好铺垫。较好的方法是教师通过设置疑问，引起学生对后续学习材料产生兴趣。典型的做法是教师在结束时，安排一些用旧知识解决新问题的练习来激发学生的学习兴趣。这种做法不仅能帮助学生归纳整理所学的知识，而且能培养学生独立思考的能力，培养学生思维的灵活性和创造性。

4. 提炼升华

在数学教学中，教师引导学生总结数学证明与计算的思维过程，提炼数学思想方法，促进学生重视数学思想方法，提高和发展学生的数学思维能力，这些是数学教学的精髓，而数学的抽象性常使部分学生对数学思想方法要反复理解，这就要求教师恰当地运用结束技能，引导学生在数学学习过程中不断总结数学证明与数学解题的方法、技巧，指导学生提炼其中的数学思想和数学方法，引起学生对数学思想方法认识的升华，特别是对概念、定理的认识及解题方法的认识，培养和提高学生的数学能力。

5. 收集信息

在课堂教学的结束环节，教师引导学生回忆、归纳、系统总结，还可针对这些内容设计问题、实验、讨论和检查学生对所学知识的理解程度，及时得到反馈，收集教学的有关信息，以便改进和完善教学。

三、结课的常用方式

1. 概括式

这是最常见的结束方法，可由教师或学生完成，但一般以教师为主，主要是总结全课，照应开头，比对教学目标，总结本课的主要教学内容，强调重点，强化记忆和理解。一般可以采取叙述、列表格、图示等多种方法进行总结概括。这种结束方式的特点是系统完整、简明扼要，能给学生留下一个清晰的整体印象，便于记忆、理解和掌握本节课的学习内容。

2. 启迪式

教师根据教学内容因势利导地引导学生扩展思维，这种引导可以是思想上的，也可以是艺术形式的。

3. 呼应式

这种结束需要教师在导入新课时给学生设疑置惑，结束时释疑解惑。首尾呼应，形成对照，学生就会豁然开朗。这种设计方式应用得好，可以使学生始终处于问题之中，思维高度活跃，能给学生留下深刻印象。

4. 比较式

教师通过类比等方法，将新学的概念、性质、定理与原有的知识进行比较，比较它们的异同点，加深和扩展学生对知识的理解。

5. 延伸式

在结束时教师不仅要总结归纳所学知识，而且还要与日常生活、其他学科等联系起来，把知识向其他方向延伸，拓展学生的知识面，激发学生的学习兴趣，或者为下次课的有效进行提出新的学习情境。

6. 活动式

安排一定的实践活动，通过课堂作业、应用练习，鼓励学生质疑问难，师生共同讨论，教师去点拨和总结，力求当堂知识当堂掌握。无论设计什么样的结束方式，结束要有目的性、针对性，能够突出学习重点；结束要有概括性、系统性，有利于形成知识网络；结束要有启发性、实践性，能够总结规律，揭示本质。

四、结课的基本要求

1. 结课要体现完整性

一堂课的结课实际上是教学的收尾工作，这个尾收得如何，直接关系到课堂教学的整体效果。因而，教师结课时必须考虑和体现这一整体效果，这是结课完整性的一个体现。结课的完整性也体现在：它是完整教学过程的统一整体中的一个重要环节，离开这一环节，教学过程就不完整。结课的完整性还体现在：教师在结课时既要紧扣教学内容，使其成为整个课堂教学的有机组成部分，又要做到与导课首尾相呼应，使结课成为导课设疑的总结性回答或导课思想内容的进一步延续和升华。

2. 结课要体现简洁性

结课的简洁性在于它只是课堂教学的一个环节，并不是教学活动的中心环节或重点，它受到教学时间的限制，一般在课堂教学最后的 5 分钟左右完成。因而，教师在结课时力求做到：语言简练、时间简短、过程简练、重点突出、突出关键，起到画龙点睛的作用。

3. 结课要体现升华性

结课的最终目的和最高境界是实现教学的升华。结课的升华既包括教师教的升华，又包括学生学的升华。教的升华体现为良好教学效果的取得，学的升华体现为良好学习效果的取得。教师通过结课对教学内容的整理、挖掘、提炼，使学生理清了教学过程的整体脉络、把握了教学内容的深刻内涵，这也正是结课的意义和价值。

4. 结课要体现灵活性

教师在实施课堂教学时，要根据不同的教学内容、不同的教学目的、不同的教学情境，灵活设计结课方式，不可千篇一律。

第九章　数学微格教学

第一节　微格教学的基本概念

微格教学的英文为 micro teaching，可以译为“微型教学”“微观教学”“小型教学”“录像反馈教学”等，国内目前用得较多的是“微格教学”。国外有学者将其定义为“一个有控制的实习系统，它使师范生有可能集中解决某一特定的教学行为，或在有控制的条件下进行学习。”国内有学者将其定义为：“一个有控制的实践系统，它使师范生和教师有可能集中解决某一特定的教学行为，或在有控制的条件下进行学习。它是建立在教育教学理论、视听理论和技术基础上，系统训练教师教学技能的方法。”

具体地说，微格教学是一种利用现代化的教学技术手段来培训教师的实践性较强的教学方法。通常，先将参加培训的学员(本书主要指师范生)分成几个小组，每个小组配备一名指导教师。在指导教师的理论指导下，小组的每个成员都进行10 分钟左右的微格教学，并当场将教学实况录制下来，然后在指导教师的引导下，组织小组所有成员一起反复观看录制成的视听材料，指导教师现场指出问题，小组成员之间可以相互评议，最后由指导教师来进行小结。这样反复训练，让所有的师范生进行多次微格教学，使师范生在这个过程中不断熟练教学技能，提高教学技巧，从而促进师范生的整体教学素质的提高。

根据我国高等师范院校实际情况，微格教学通常安排在第三学年第二学期进行，也就是在学习数学教育学基本理论后(有时也会同步)、在教育实习前进行。也就是说，师范生只有在接受了微格教学训练后，掌握了基本的数学教学技能，方可到中学去进行教育实习。

第二节　微格教学的基本特点

微格教学将复杂的教学过程细分了，并应用现代化的视听技术，对细分了的教学技能逐项进行训练，帮助师范生掌握有关的教学技能，提高他们的教学能力。微格教学大致具有以下特点。

一、技能单一集中性

传统教师培训方法通常运用整节课堂教学进行，在 20 世纪 60 年代，国外学者从运动员的摄像培训方式中得到启示，并且认为“教学研究的全盘宏观方法已经失败，教育家应采用科学家剖析微分子的方法来作为理解复杂现象的手段”。微格教学就是将复杂的教学过程细分为容易掌握的单项技能，如导入技能、讲解技能、提问技能、强化技能、演示技能、组织技能、结束技能等，使每一项技能都成为可描述、可观察和可训练的。因为，师范生若集中对某一技能进行深入、细致的训练，容易掌握、易于提高。

二、目标明确可控性

微格教学中的教学技能以单一的形式逐项呈现，使得训练目标明确具体、容易控制。课堂教学其实就是各项教学技能的综合协调运用，只有反复训练，熟练掌握了每一项教学技能，方可将其结合起来熟练运用。因此在微格教学中，每一位师范生都应高度重视每项教学技能的训练和分析，在微格教学这一受控制的条件下朝着明确目标发展，最终提高课堂教学能力。

三、反馈及时全面性

传统的教学反馈是听课者在课堂上观察和记录，课后将观察到的和记录下的情况反馈给执教者。但是，执教者在上课时身心投入教学之中，通常回忆不起自己上课时的某些细节，或者回忆不够完整，因而对自己的教学没有完整的感觉，微格教学则利用了现代化的视听设备作为记录手段，能够真实准确地记录教学的全过程。这样，对师范生而言，在课后接收到的反馈信息有来自指导教师的，有来自听课同伴的，更为重要的是来自自己的，这时他就可以完整地看到自己上课的全过程，所以说微格教学反馈具有反馈及时全面性的特点。

四、角色转换多元性

传统教师培训模式往往采用理论讲授方式，师范生只是被动地听讲，抽象原理难以理解，缺少实践互动环节，角色过于单一，很难有学习积极性，实际收效甚微。

微格教学则避免了上述不足，对于课堂教学技能研究既有理论指导环节，又有实践指导环节，如观察、示范、实践、反馈、评议等内容，师范生所接收到的信息，既有教学技能方面的理论分析，又有可观察到的形象化的录像示范，这时师范生要听、要看、要评，充分激发了学习积极性。在微格教学过程中，每一位师范生首先是学习者，其次是执教者，到了观摩评议阶段，他又是评议者。正是这样不断地转换角色，从理论到实践多次反复，使师范生既掌握了教学技能的理论基础，又学会了教学技能的实践操作。

第三节　微格教学的实施过程

微格教学实施过程一般可以分为六个阶段，具体如图 9-1 所示。

一、理论研究和组织

这一阶段需要确定一种有效的教学组织形式，师范生在学习教学理论时，通常是以他们所在的班级为单位。当然，在进行微格教学时，自然班级将会分成几个小组，每个小组人数控制在 8～10 人较为合适，每个小组还会指派一名指导教师，这时指导教师也可以组织学生进行理论学习，还可以组织学生针对某一问题展开讨论，直至理清问题为止。

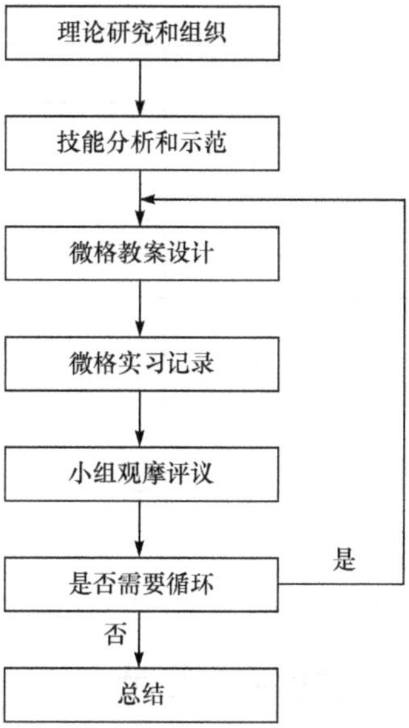

图 9-1　微格教学实施过程

二、技能分析和示范

微格教学就是将复杂的教学过程具体分为单一的技能，并且逐项培训，指导教师可以根据师范生的实际情况，有针对性地选择几项主要教学技能，经过微格教学实践使得他们及早掌握教态、语言、板书等方面的技能。

这一阶段，指导教师要做一些报告，分析各种技能的定义、作用、实施类型、方法、运用要领和注意事项等，同时要将事先编辑好的示范录像交给学生观看，这些录像内容多为某项教学技能的课堂教学片断。小组成员在观看录像后进行讨论分析，最终达成某些共识。这样，师范生不仅在理论上获得了知识，在实践上也有了初步感知。

三、微格教案设计

在理论学习和技能分析的基础上，学生可以在指导教师的指导下自行确定一个具体课题进行备课，所选课题可以是自己感兴趣的，可以是有待深入探讨的，也可以大胆选择一些教学重点、难点、关键问题，可供小组成员集体研讨，有时几位小组成员还可确定相同课题，大家从不同的角度准备，最后相互吸取对方好的做法，避免不足之处，达到取长补短的目的。特别需要指出的是，所选课题必须要与某项教学技能对应起来。

这一阶段主要任务就是编写微格教学教案，微格教学教案格式可以是各种各样的，但大体上应该包括教学目标、教师主要教学行为、所对应的教学技能、学生学习行为、所用教具、演示仪器、时间分配等项目。当然，指导教师可设计好教案表格，直接发给学生填写，形成教学技能训练教案(表 9-1)。

表 9-1　微格教学技能训练教案

执教者		指导教师	
年级		日期	
课题名称			
教学目标			
教学过程 (含时间分配)			
教学反思			

四、微格实习记录

微格教学教案形成以后，就要进行课堂实习，不过课堂实习不是在真实的课堂内进行的，而是在微格教学实验室内进行的，有时人们也将课堂实习称为“角色扮演”。在微格教学实验室内，有指导教师、学生和摄像人员。当实施角色扮演后，教师由接受技能训练的学生轮流担任，小组其余成员自动成为学生，微格教学每节课的时间应控制在 10 分钟左右。为了使微格教学收到更好的效果，这一阶段应该注意以下几个问题。

(1) 学生扮演者最好是教师扮演者平时的好朋友，彼此已经非常熟悉，这样对第一次站上讲台的教师扮演者来说有一种安全感，不至于非常紧张，影响技能训练效果。

(2) 除了教师扮演者和学生扮演者以外，一定不要让无关的人员进入模拟课堂内，这样当教师扮演者面对镜头时，能够减少紧张情绪。

(3) 让每一位学生轮流去扮演课堂上的教师和学生，而且要求他们能够进入角色，扮演教师的应该像教师，扮演学生的应该像学生，以便收到好的效果。

通常情况下，微格教学实验室内有两台摄像机，一台用来拍摄教师扮演者，一台用来拍摄学生扮演者，一般来说，拍摄人员都在幕后操作，这样可以避免拍摄人员对扮演者的影响。

五、小组观摩评议

录像一般集中进行，即小组成员每人都应完成录像，录像完成以后，先由教师扮演者介绍自己的设计目标、教学技能、教学过程等，然后播放这一节微格课的录像，指导教师和小组全体成员共同进行观摩，观看录像后再进行评议，一般先由本节课的教师扮演者表述自己看完录像后的感受，检查训练目标是否达到，自我感觉如何，再由小组其他成员根据课堂教学技能要求逐一进行评议，如有必要，可由指导教师进行适时补充或者总结。

六、再循环或总结

在技能训练时是再次循环还是进行总结，这需根据教学技能训练效果决定，如果某项教学技能训练效果不好，离教学目标还有一定的距离，那就需要重新设计微格教学教案，再次进行录像，组织小组观摩评议，直至达到要求为止；如果某项教学技能训练实际效果非常不错，只有一些细节尚待完善，基本的、核心的内容已经熟练和掌握了，那就可以进行下一项教学技能训练了。

第十章　数学教育实习

第一节　数学教育实习的基本认识

教育实习包括教学实习、班主任见习与教育调查，有时还包括学校管理工作实习，是一门体现师范教育特点的专业实践课程，是师范教育体系的重要组成部分。

一、教育实习的基本目的

高等师范院校开展教育实习，就是要促进师范生将所学的教学知识、专业知识和基本技能，综合运用到教学实践活动中，通过教育实习这样一个动态过程，培养学生从事教育教学工作的能力，巩固学生的专业思想，坚定学生的从教信念，帮助学生树立从事教育事业的责任心，增强从事教育事业的责任感，为将来迅速成为一名优秀的教师奠定牢固基础。

除此以外，教育实习还有助于实习生解决以下问题：①巩固所学的数学教育理论知识，践行所学的数学教学理论知识，并在这个过程中理解和深化这些理论知识；②激发学生从事数学教育教学的兴趣；③促使学生积累初步的数学教学经验；④学生即将面临撰写毕业论文，在教育实习过程中可以收集相关数学教学素材，开展相关数学教学实验。

二、教育实习的教育功能

教育实习一般安排几周时间，相对整个大学教育过程来说，时间确实不长，但对师范生能力的培养和素质的提高有着重要作用，教育实习的教育功能主要表现在以下三个方面。

1. 思想教育功能

当然，绝大部分数学专业的师范生立志成为一名数学教师，并将数学教学作为自己的事业和追求。由于各种原因，有少数师范生在入学后，表现出不爱教师工作的情绪和表现，教育实习有助于改变学生的消极思想。在教育实习过程中，尤其是在帮助差生、提高优生的过程中，学生将会正确评价自己，并对自己形成合理定位，同时发现自己知识上的缺陷和能力上的不足，在教学中体会教育事业的重要性，感受教学工作的复杂性，特别是感觉众多学生渴求知识，感觉基层学校缺乏教师后，学生将重新考虑自己的人生价值取向，激发他们热爱教师职业的强烈兴趣，点燃他们热爱教育事业的满腔热情，树立终身从师的信念，坚定终身从教的信心。

2. 角色体验功能

学生在实习前，已经系统地学习了多门数学类和教学类的课程，其中既有数学专业知识，又有数学教学知识，但是这些都是书本知识，都是前人整理的结论经验，由于缺乏切身体会，学生往往掌握不牢靠，理解不深刻。通过数学教育实习，学生可以在教学场景中认识数学教学活动的规律，了解学生数学学习的特点，感受数学教育的复杂性，体验数学教学的成就感，这样一方面可以在实践中检验所学的理论知识，另一方面可以将书本上的理论知识转化为实践中的教学智慧。另外，无论在教学实习中，还是在班级管理中，学生都会碰到很多问题、遭遇很多挫折，当然这些都不可怕，只要学生敢于正视这些问题、理性看待挫折，并且通过学习或者求教别人，找出问题，总结经验，吸取教训，最终能够有效解决这些问题，这对学生而言就是一种角色体验，并且他们就在这种体验中收获和成长。

3. 能力培养功能

教学实习可以培养学生驾驭专业的能力、处理教材的能力、组织教学的能力、启发思维的能力、教学设计的能力、调查研究的能力、语言表达的能力、教学评价的能力以及绘制图形、教具操作、板书设计、课堂管理等基本教学技能。班级管理实习工作，除了锻炼班级常规管理能力以外，还可以提高班集体活动的策划、设计、组织、协调、指挥能力。教师在实习过程中还要开展数学教育调查活动，可以培养学生收集数学教育教学资料、查阅参考文献、采集信息数据、参与集体评议等能力。最后学生还需撰写数学教学调查报告或者专题性小论文，这也可以培养数学教育研究能力。

三、教育实习的过程特征

教育实习与常规的课堂教学和班级管理相比，显然有着很多不同，这就是教育实习作为教育过程的特殊性。

(1) 形式特殊。教育实习与常规的课堂教学是不同的，它是由师范院校的带队教师和实习学校的指导教师共同管理、合作指导的，不以传授书本知识为主，而是主要通过学生自己的实践活动，从中接受教育、增长见识、开阔眼界，习得实践性的知识。

(2) 身份特殊。实习生具有双重身份，在实习学校学生的眼中，他们是教师；在实习学校指导老师和师范院校带队老师的眼中，他们是学生，所以他们的身份是非常特殊的，既不是纯粹意义上的老师，也不是纯粹意义上的学生。

(3) 任务特殊。实习生必须在实习期间，到实习学校完成教学任务和班级管理任务，这个任务其实比较特殊。第一，必须要对学生负责，要以高度的责任感对每一位学生的学习负责，对每一位学生的成长负责；第二，必须要对自己负责，因为实习就是一个学习过程，实习生必须学会安排时间，虚心求学，以便圆满完成实习任务；第三，必须要对实习学校和指导教师负责，实习生应严格遵守实习学校的教师守则，服从实习学校管理，听从指导教师安排，并且尊重实习学校教师；第四，必须要对师范院校和带队教师负责，实习生应严格遵守师范院校的实习规章制度，听从带队教师安排，服从带队教师管理。

(4) 条件特殊。实习生基本上是在一个陌生的班级中途进入，在教师指导下上几节课，做几周班主任见习工作。因此教学内容的确定、教学方法的选择、班级管理的开展，既要按照常规教育教学规律进行，又要接受学生配合，听从指导教师指导，否则是不可能完全独立地开展以上各项活动的。

第二节　数学教育实习的基本过程

一、准备阶段

一般为实习生进入实习学校前的两周时间，主要针对实习而做的教学理论准备、实践技能准备、心理准备与物质准备。准备阶段主要事项、内容、要求如下。

1. 召开实习动员大会

一般来说，应召开学校或学院层面的教育实习动员大会，部署安排有关教育实习工作，强调教育实习注意事项。具体内容有学校或学院有关领导作实习动员报告、安排学校实习计划、宣读学校实习纪律、强调实习注意事项、公布实习分组情况、指定实习小组组长、宣读指导教师名单、指导教师与实习小组成员见面、安排小组具体实习工作。学校会要求所有实习生认真听讲，领会精神，做好记录。

2. 准备实习用具和生活用品

实习用具有教材、教学参考资料、各种教具(如圆规、直尺、三角板、模型、挂图等)，有的实习学校可以提供这些实习教学用具；生活用品有被褥、换洗衣服、日常生活用品、常用药品等，如果乘车比较方便，可以随身携带，也可以到实习学校后自己购买。学校会要求实习生仔细检查所需用品是否备齐完好。

3. 准备实习教案

具体内容有钻研数学课程标准、认真熟悉数学教材、查阅教辅材料、请教指导教师、编写修改教案。教案编写要求突出重点、抓住难点、把好关键，必须反复修改教案，积极邀请指导教师批阅，提出修改、完善意见。对实习生来说，教案应该写得详细一些，考虑周全一些。

4. 试讲

具体内容有小组成员逐个试讲，教师逐个进行点评，小组成员互相评议，要求课堂教学时间分配合理紧凑、板书安排科学合理、语言表述清楚流畅、教态自然大方，评议准备到位。

5. 了解和准备班级管理工作内容

具体内容有浏览有关班主任工作经验的材料、阅读有关中学生心理行为的材料、搜集有关班集体各种活动的素材。学校会要求实习生做好阅读笔记，撰写学习体会，归类整理资料。

二、见习阶段

一般为实习生进入实习学校后的一周时间，主要事项如下：了解学校总体情况，熟悉实习班级学生，观摩课堂教学，在指导教师的指导下批改作业、答疑辅导，编写教案并交指导教师审阅，开展试讲活动，在班主任的指导下开展班级管理工作。

1. 了解实习学校的总体情况和具体要求

具体内容有实习学校组织召开实习安排大会，学校有关领导介绍学校总体情况，提出具体实习要求，公布详细实习计划，年级组长介绍实习年级情况，数学学科组长介绍学生数学学习情况，公布指导教师名单，指导教师与实习生见面。学校会要求实习小组全体成员按时参加会议，认真做好笔记，牢记实习要求，实习小组组长应与实习学校教导主任联系落实实习安排大会具体事宜，包括会议地点、时间、参加人员等，还可能要根据会议具体内容进行即席发言。

2. 初步安排实习，提出详细要求

实习安排大会结束之后，带队教师结合实习学校的具体要求和实习计划，召开简短的安排会议，做出具体实习部署，带队教师根据实习具体情况提出一些补充要求，同时也包括办公地点的具体分配、值日安排和注意事项。

3. 联系落实后勤，报送实习方案

实习小组组长向实习学校后勤处联系办公地点及办公地点的各种用具，如桌椅、扫帚、拖把等，同时也要落实学校对教师管理的有关规定、宿舍管理、食堂用餐时间安排。实习小组组长应该点清借用物品种类及其数量，写好借条，以方便实习结束后归还，还要向全体实习生介绍用餐时间安排。实习小组组长应向学院报送实习学校的实习安排，向学校教务处呈送实习学校的实习方案。

4. 联系指导教师，了解实习班级

实习生应主动向指导教师联系听课、辅导、作业批改、试讲等有关事宜，具体包括详细了解实习班级总体情况，搜集课表和学生名单，联系观摩教学时间，了解教学进度和课时安排，听取指导教师工作安排。另外，实习生应主动与指导班主任联系，听取班级情况介绍，咨询班级管理具体事宜，具体包括了解实习班级干部情况和具体学生情况，如有必要可以借阅学生简历、学生成绩册等，听取指导班主任的工作安排。

5. 初步接触了解学生

指导班主任会举行实习生与实习班级学生的见面活动，实习生应听取指导班主任安排见面活动，向学生进行简短的自我介绍，在见面活动结束后可与学生进行有关交流活动。

6. 开展班级管理工作

实习生应观察指导班主任的班级管理工作范围，学习班级管理工作方法，观察班级学生的活动表现，了解学生干部的工作能力。这个过程实习生必须做到细致观察，虚心请教，熟悉班级管理纪律，识记每位学生特点。

7. 观摩课堂教学

实习生应随实习班级观摩指导教师的每一节课堂教学，在观摩过程中必须全面细致，认真做好笔记，注意提炼吸收，课后认真分析，学习教师的教学方法，了解学生的学习情况。

8. 编写修改教案

实习生应在指导教师的指导下编写教案，要求指导教师提出意见，然后结合意见进行修改，直至指导教师满意为止，在这个过程中应主动求教，多与指导教师沟通交流，认真聆听指导教师意见。

9. 试讲确定教案

实习生要在教案修改完毕后进行正式的教学试讲，在试讲的基础上确定正式的教案。实习生在试讲时应邀请带队教师和指导教师进行现场指导，在试讲前检查教具是否齐全，还可邀请部分实习小组成员参加试讲，帮助自己记录、梳理、发现问题，在试讲后应该虚心听取指导教师的意见，再次修改教案。如有必要还要再次试讲，直至指导教师同意通过为止。

三、实习阶段

实习阶段一般指见习周后的3～4周，是教育实习的重要环节，主要目的是使实习生全面实践数学教学和班级管理工作，体验从“学生”到“教师”的身份转变。实习阶段包括以下主要环节。

1. 实习编写教案

实习内容为编写实习期间每节课的教案，当然这不是一次完成的。

实习目的为熟悉教材内容，学会分析教材，实习生在了解学生数学学习状况的基础上有针对性地设计课堂教学。

实习要求如下：①实习生在指导教师指导下完成教案修改，并正式抄写到实习记录簿上，在试讲前交给带队教师和指导教师签名认可后方可进行正式试讲；②教案编写必须做到目的明确、重点突出、条理清楚，尤其不能出现知识性的错误；③从第二个教案开始，后一个教案应该比前一个教案设计得要好，每次都要有所提高。

2. 实习试教

实习内容为实习生在指导教师的指导下正式进入实习班级面对学生进行试教。

实习目的是让实习生体验走上讲台的感觉，体验面对学生的感觉，训练课堂教学组织能力、调控能力和表达能力。

实习要求如下：①按时完成教学任务，学生的学习积极性高；②教态自然大方，仪表端庄得体；③语言准确流利，表达清晰无误；④书写整齐，板书合理，不出现错别字；⑤合理运用教学方法；⑥有一定的应变能力，能够有效调控学生学习。

3. 实习批改作业

实习内容为实习生批改实习期间学生的作业或测试卷。实习生在批改过程中还要做好作业情况记录，把一些典型性的、普遍性的错误记录下来，并且进行分析，找出错误原因，以便作业讲评、个别辅导或下节课上课时参考。同时实习生还要根据作业情况反思课堂教学效果。了解学生具体情况，如有必要还要及时调整教学策略。

实习目的是让实习生学习作业的批改方法，锻炼课后常规工作能力，获取教学反馈信息。

实习要求如下：①作业批改必须认真、准确、及时(一般应在下一节课前发还学生)；②作业批改方式可以灵活多样，具体方法包括教师批改、学生在教师指导下相互批改、当面批改(主要针对作业完成的比较差的少数学生)，课堂讲评，主要指出作业中的普遍性的错误或者较巧妙的解法，在这些方式中，主要是以教师批改为主。

4. 实习听课

实习内容为实习生现场听课，听课对象一般为指导教师和同一年级的实习生，有时也可以去听实习学校其他数学老师或另外年级实习生的课，但是听课之前先得征求他们同意，在听课时应该做好听课纪录，并对教学做出客观评价。

实习目的是加强指导教师与实习生以及实习生之间的课堂教学交流，培养课堂教学评价能力。

实习要求如下：①注意指导教师如何运用教学方法、如何组织教学、如何调动学生、如何设计板书等，同时也可以进一步了解班级学生，熟悉教学环境；②听课记录必须包括主要的教学过程，不足之处和独到做法都要详细记录，作为课堂教学的评价素材；③对课堂教学评价时，要求做到分析中肯、评价客观，既需指出好的做法，也要指出不足之处。

5. 实习组织班会

实习内容为每周举行一次班会，既可以是班级工作例会，又可以是围绕某一主题开展的主题班会。实习期间可以组织一次课外活动，比如郊游、体育竞赛、文艺演出等，但是必须征求指导班主任同意，外出期间必须注意安全，原则上不提倡这种外出活动。

实习目的是锻炼实习生的集体活动策划能力、组织协调能力以及班级管理工作能力。

实习要求如下：①课外活动、班会课的内容要在指导班主任的指导下，密切结合实习学校或者实习班级原定活动计划并开展；②班会设计务必形式多样，如辩论、演讲、智力竞赛、文艺汇演等，内容要充实，目的性要强；③课外活动必须注意安全，不要自行组织在学校外开展的课外活动。

6. 实习第二课堂教学

第二课堂教学一般以课外数学兴趣小组形式进行，一周安排两三节课，主要教学内容为数学选修教材内容、数学奥林匹克竞赛训练、趣味数学游戏等。

实习目的是锻炼实习生第二课堂的组织与教学能力。

实习要求如下：①第二课堂教学需要搜集研究相关资料，制定教学活动方案，做好试讲准备；②第二课堂教学不是常规教学的重复，它旨在激发学生的数学兴趣，开阔学生的数学视野。

7. 实习个别教育

实习期间，实习生可以通过观察、谈心、家访等途径了解学生，一般包括学生的基本情况、思想状况、学习情况、健康状况、家庭情况、个性特点等，在了解学生的基础上，要善于抓住各类学生的特点，做好优等生、中等生和后进生的教育工作，使每个学生在各自的基础上都能取得进步。

实习目的是使实习生锻炼了解学生的能力及进行个别教育的能力。

实习要求如下：①了解学生务必做到全面、及时、经常、细致；②要加强对优等生的教育工作，促使他们严格要求自己；③要重视对中等生的教育工作，激励他们上进，力争向优等生转化；④要做好后进生的转化工作，帮助他们找出原因，制订学习计划，既要进行思想指导，也要进行课外辅导。

8. 实习班级常规管理

实习生在指导班主任的指导下，开始全面实习班级管理工作，一个班的常规工作是比较多的，从一周活动看，实习事项有组织学生参加升旗礼、组织召开班会、组织团队活动、召开班级干部例会、批阅周记、组织学生出好班级板报等，从一天安排看，实习事项有检查和指导学生自习、检查和指导早读、督促并检查保洁工作、指导课间操和眼保健操、维持课间纪律、检查学生晚上作息等。

实习目的是增强实习生班级管理工作的感性认识，锻炼从事班级管理工作的基本能力。

四、总结阶段

实习总结是教育实习的最后一个环节，一般安排在实习期的最后一周进行。总结阶段的实习工作一般可以分为三个部分：一是继续开展实习阶段的各项工作，当然有些工作可能指导教师将会接替，比如上课、辅导等；二是根据实际情况，组织听课或者教学研究活动，举行对实习学校的答谢会、师生话别座谈会等；三是进行实习总结工作，包括实习评议、实习情况统计调查、撰写实习鉴定、实习总结、教育调查报告等。

1. 开展听课活动或者教学研究

当试教活动结束后，应该继续进行听课活动，或开展相关的教学研究，实习生通过自己的试教，有了一定的教学体会，此时进行听课，认识将会有所深入，并且将会促进实习总结。

2. 继续进行辅导答疑、批改作业

虽然课堂教学活动已由指导教师承担，但是实习生仍需坚持辅导答疑活动，协助指导教师批改作业，除非学校明确要求实习生不再进行辅导答疑、批改作业的活动，或者指导教师提出自己进行辅导答疑、批改作业的活动，实习生可以不承担这些工作。

3. 实习评议

这是对实习小组的整个教育实习的评议活动。实习小组应邀请带队教师、指导教师一起就实习期间的教学情况进行分析和评议。回顾和审视每一位实习生的教学过程，从内容到方法，从过程到效果，从不足到长处，使实习生对自己的教学有比较系统地、全面地认识。每一位实习生应带上自己的教案和听课记录，在评议时认真做好笔记，既对自己展开中肯地评议，又对实习小组其他成员进行客观地评价。

4. 实习鉴定

这又具体分为小组鉴定和个人鉴定。无论小组还是个人，都应该从教学工作、班级管理工作、教学评议、组织纪律情况及对教师角色的认识五个方面进行评议，要求做到实事求是，既要充分肯定优点，又要客观分析问题，个人鉴定经带队教师认可后方可抄写到实习记录簿上，实习生在抄写时必须注意字迹工整，不应出现错别字和错误语句。

5. 实习总结

这也具体分为小组总结和个人总结，实习生应具体地写出感悟和体会、经验和教训、心得和收获，切忌写成流水账的形式，通过总结清楚地认识到自己的不足和努力的方向。

实习小组总结一般由组长和副组长共同撰写，具体分为实习试教工作总结和实习班级管理工作总结。

实习试教工作总结具体内容如下：①每位实习生完成的教案、集体备课、试讲、试教等基本情况；②检查实习期间的教学效果；③用教学理论分析小组的教学活动；④备课钻研教材和运用教学方法的深刻体会；⑤实习中取得较好效果的突出事例；⑥实习中取得明显进步的突出事例；⑦实习中团结合作，在教学上共同提高的典型事例；⑧积极进行课外辅导，认真批改作业，使学生数学成绩提高的典型事例；⑨数学课外活动组织情况；⑩实习期间测试次数，试教内容考查情况，评卷评分反映情况。

实习班级管理工作总结具体内容如下：①实习班级基本情况简介；②实习第一周实习小组的准备情况；③实习生在见习班主任工作中的分工合作情况；④班级日常管理工作情况；⑤开展各项班级活动情况；⑥个别教育工作情况及其效果；⑦见习班主任工作取得的成效；⑧实习生在见习班主任工作中的典型事例；⑨见习班主任工作中成败得失的原因分析。

实习生个人总结的具体内容如下：①对教育实习的目的和意义的认识，在实习过程中所采取的态度以及表现；②教学实习和班主任见习工作情况，取得哪些经验和教训，分析在工作中成败得失的原因；③对备课、试讲、试教、作业批改、课外辅导等方面的深刻体会；④班主任日常管理工作的情况及其成效；⑤个别教育工作的效果和体会；⑥通过教育实习，专业思想是否得以提高，对忠诚党的教育事业的认识方面是否提高；⑦遵守实习纪律、积极承担工作、热心帮助同学等方面的情况以及存在问题和努力方向。

第四篇

延伸拓展篇

第十一章　数学教育发展简史

数学教育发展的源头可以上溯到古代，在中国的“六艺”(礼、乐、射、御、书、数)教育和西方的“七艺”(文法、修辞、逻辑学(辩证法)、算术、几何、天文、音乐)教育中都已包含了数学内容。随着社会政治、经济、文化、科学、技术、生产的发展，数学科学本身发展也很迅猛，新的数学分支不断诞生，数学教育也呈现出勃勃生机，以下将对数学教育发展简史作一简要回顾。

数学教育的发展过程大致可以分为古代(19 世纪以前)、近代(19 世纪至 20 世纪 50 年代)和现代(20 世纪 50 年代至今)三个阶段。

第一节　古代数学教育

在人类社会发展史上，古希腊曾创造了丰富多彩的文化，尤其是在文学、艺术、哲学、数学等领域取得了卓越成就，对古罗马和后来的欧洲有着重要的影响。因此，我们不妨就把古希腊的数学教育作为这一时期国外数学教育发展的典型代表。

公元前 6 世纪左右，古希腊的数学、科学技术相对当时的东方来说，还是比较落后的。那时人们鄙视商业活动和手工业劳动，崇尚哲学和艺术，认为理想的人应该是一个才智见识超众的哲人，教育的任务就是通过学习文法、修辞、逻辑学、算术、几何、天文、音乐七艺培养充满智慧的人。

古希腊的学校教育分为初级和中级两个阶段，初级教育将持续到 14 岁，数学教学内容主要是一些日常生活中的实用算术。在接下来的四年中级教育中，数学学习科目是几何和天文学。这一阶段数学教学的重点已经转为训练思维和增长才智，但数学的地位仍然不高，在七艺中排在文法、修辞和逻辑学的后面。

古希腊数学是在人们学习了古埃及和古巴比伦的数学的基础上发展起来的，有着浓厚的民族特色。古希腊的数学家强调学习和研究数学不能被具体的事物束缚住，应将数学与应用分开，摆脱一贯使用的经验说明方法，而把演绎推理作为唯一的数学证明方法，坚持细致、严密的治学风格。这种数学观和治学风格在欧几里得的《几何原本》等西方数学教科书中得到了体现，并对数学产生了极为深远的影响，以至于《几何原本》和尼科马霍斯的《算术入门》成为沿用了一千多年的权威教材。

中国是一个历史悠久的文明古国，在古代实行高度集权的统治，必须树立以皇帝为最高权威的金字塔形的等级观念。长期以来，无论哪个朝代，都把“君为臣纲、父为子纲、夫为妻纲”和“仁、义、礼、智、信”等伦理道德作为传统教育的主要内容，所以最受人们重视的就是道德和礼仪。数学地位不高，学的人也很少，“自古儒士论天道定律历皆学通之，然可以兼明，不可以专业”，“后世数则委之商贾贩鬻辈，学士大夫耻言之，皆以为不足学，故传者益鲜”就是证明。

中国历代所办学校分为官学和私学两科，官学是各级官府所办的学校，早在西周时代就已有了，西周的国学是当时官学的一种，分为小学和大学两个阶段，小学以书、数为主，其中的数是指数学，内容基本上包含在《九章算术》中，多半是结合日常生活和劳动的基本计算。对于大多数学生来说，他们一生中所接受的数学教育也就到此为止。大学阶段则学习“礼”“乐”“射”“御”。由此可见，官学中教授数学仅为经世致用而已，但在专门传授数学的私学中情况则是完全不同的，私学是私人所办的学校，多半采用个别教学，教材以及学习年限都不固定，在潜心数学学习和研究的私学中，师生完全沉浸在钻研数理的快乐中，获得了大量具有世界先进水平的数学成果。隋朝以后，虽然建立了国家最高学府——国子寺，并在国子寺里增设了明算学，开创了我国高等数学教育机构，但是由于历代统治者对数学教育的兴废无常，这一机构的作用极不稳定，因此传授数学的私学依然是培养数学人才的主要基地。

和古希腊数学一样，中国古代数学也有着明显的民族特色，也许是因为当时人们(包括少数的数学家)只看到数学的实用价值而没有发现它的训练价值和教育价值，所以中国古代数学发展的目标主要是解决应用问题和提高计算技术，这从上千部遗留下来的中国古代数学著作中可以得到佐证，其中最有代表性也最有影响的就是《九章算术》。

《九章算术》是我国最早形成的数学专著之一。全书采用问题集的形式，按“问”“答”“术”的顺序编写。因此，对大多数要用数学但又不想深究算理的人来说，只需学会依“术”行事，保证计算结果正确就可以了，而少数以数学为专业的人则可借助《九章算术》的注书，探究“术”中蕴含着的深奥算理，我国古代数学家都要研习《九章算术》，可见它对我国古代数学的教学和研究有着深刻的影响。

第二节　近代数学教育

进入 19 世纪，西方国家的科学技术迅速发展，但学校教育依然是传统的人文学科占据着统治地位。于是，古典教育和科学教育之间展开了有史以来最为激烈的斗争，交战双方各持己见，相互攻击诋毁，贬低丑化对方，抬高美化自己，在这场斗争中，科学教育思想首先在英国战胜了古典教育思想。科学教育的倡导者赫胥黎说：“像英国这样一个具有深厚的工商业利益的殖民主义大国，没有良好的物理和化学的教学，就会严重阻碍工商业的发展，不重视科学的教育是极其鼠目寸光的政策”。斯宾塞也认为：“科学的价值是无穷无尽的，不仅在实用价值上，而且在训练价值、教育价值上，远胜于传统的人文学科。”他们提出的这些观点很快就被英国采纳了。19 世纪中叶以后，其他工业大国，如德国、法国和美国，也都先后采纳了这个主张。于是，以科学为中心的学校课程体系开始建立起来，数学也因其与自然科学的紧密联系从此在学校教育中占据了重要地位。

进入 20 世纪以后，人们发现学校课程越来越庞杂了，学生学习负担也重。人们开始反思学校教育的目的究竟是什么？学校教育如何适应工业的发展、教育的普及、教育理论的革新，于是一场教育改革运动开始酝酿了。

这一时期，学校先是重视职业教育，后又重视生活适应教育，总的来说数学课程没有被人们所忽视，由于初等、中等教育日益普及，学习数学的学生人数也大量增加，因此当时数学教育改革的重点是如何使数学课程满足不同学生的需要，使数学课程更容易为学生所掌握。比如，设置不同水平的数学课程，综合处理数学的各科内容，在教学中强调直观等。

1901 年，近代数学教育改革的倡导者之一——培利发表了著名演说。他认为应从教学内容和教学原则两方面去改革英国的数学教育，在数学教学内容上，要从欧几里得《几何原本》的束缚中完全解脱出来；要充分重视实验几何学；要重视各种实际测量与近似计算；要充分利用坐标纸；应多教一些立体几何(画法几何)；要更多地利用几何学知识；应尽早地教授微积分概念。在数学教学原则上，培利强调“在儿童们了解事物的根源之前，必须先对那事物有亲近感，并进行观察。即便是简单的事物，与其由教师指出，不如让学生自己去发现”。可惜的是，他的演说中的建议并没有被当时保守的英国数学教育界所采纳。

这一时期，德国数学教育改革主要体现在教材编写上。19 世纪末，先后出版了用射影的方法统一几何、代数和三角的《初等几何教科书》与融合了代数、几何、三角、画法几何的《初等数学教科书》，将几个分支综合起来了，互为所用，互相渗透。其间有一灵魂人物，他就是德国伟大的数学家、国际数学教育委员会第一任主席克莱因，他热衷于倡导数学教育改革，他在著作《高观点下的初等数学》中告诫人们：数学教育改革不能采取保守的、旧式的态度，数学教育工作者的头脑中应始终保持着近代的、新的数学进步、新教育的进展去改造初等数学。他还主张：教育必须采用发生的方法，因此空间的直观、数学应用、函数概念是非常必要的，他的改革方案注重让知识的呈现次序符合学生的认识过程，提倡以函数思想为中心组织教学内容，重视数学应用。1905 年，有关专家在意大利米兰召开了数学理科教授协会会议，经过会议讨论，克莱因的改革方案发展成为著名的“米兰纲领”。根据“米兰纲领”出版了《近代主义数学教科书》，1915 年日本将其翻译出来用作教材。

在 1908 年举行的国际数学家大会上，美国的史密斯曾向大会提出了当时美国数学教师密切关注的一些问题：取消代数与几何分科的结果会是什么？在同一年级中同时教授代数、几何课程会怎么样？至今为止在这些问题上有什么可借鉴的？欧几里得几何、微积分及力学的最低标准是什么？中学应把应用数学与纯粹数学的关系放在什么地位？对那些不打算进大学学习的人与想继续深造的人来说，中学数学课程的属性是什么？从这些问题中，我们也许可以看出这一阶段国际数学教育改革的重点和主线。

这一时期，中国学校教育也发生了非常大的变化。早在明末清初，西方传教士就将《几何原本》等数学著作带入中国。这样不用筹算、不用珠算，而用笔算的抽象的、系统的数学令人耳目一新，徐光启非常推崇《几何原本》，认为这是一本训练思维的好书，“举世无一人不当学”。从那时起，这本书对中国的初等数学教育开始产生重要影响。但自清代中叶以后清政府采取了闭关锁国政策，甚至多次兴起文字狱，使西方数学传入我国受到了阻碍，数学家只能埋头于传统数学的整理与研究工作。1840 年鸦片战争以后，中国的国门被打开，帝国主义列强迫使清政府签订了一系列丧权辱国的不平等条约，中国沦为了半殖民地半封建社会。当时，来到中国的西方传教士不再满足于翻译介绍西方数学，而是兴办教会学校，编写宗教用书和数理化教科书。与此同时，清朝统治者中的一些有识之士也注意到了办学的重要性。魏源提出的“师夷长技以制夷”的主张得到了许多朝野人士的响应。闽浙总督和船政大臣联名奏称：“水师之强弱，以炮船为宗；炮船之巧拙，以算学为本。”自此，两千多年来教学内容几乎没有任何变化的中国学校教育传统受到了巨大的冲击，数学课程在新式学校教育中占有了主要地位。

这一时期我国数学教育主要受到美国、日本、英国的影响，教学内容与这些国家很类似，有算术、代数、平面几何、立体几何、三角和簿记。教科书的发展则经历了一个逐渐提高的过程。从教材所用的数学符号和排版格式看，弃用了先进的西方数学符号，重新创造了一些汉字符号，排版也沿用了中文排版习惯，从右向左，自上而下。进入 20 世纪以后，教材的形式才完全西化，再从教材的选用来看，先是以翻译美国传教士编写的课本为主，后来发展到以翻译英、日、美等国质量较高的课本为主，以国人自编的课本为辅，到民国初年终于发展到以自编的课本为主，以翻译的课本为辅。20 世纪 20 年代，混合算学也开始在我国流行，但 30 年代以后，又恢复了分科的做法。一些国外的分科教材，如《范氏大代数》《三 S 平面几何》《斯、盖、尼三氏解析几何》逐渐流行，国人自编的教科书虽然也有一定的影响，但使用面缩小了。

第三节　现代数学教育

20 世纪 50 年代，经过第二次世界大战，各国对科学技术在现代战争中的巨大作用有了深刻认识。苏联第一颗人造卫星上天，形成了社会各界支持发展科学教育和数学教育的风尚，这为数学教育改革创造了有利的外部环境。与此同时，数学教育研究本身也已取得长足进步，为数学教育改革指明了方向。在数学方面，首先是应用数学的领域迅速扩大，包括通信、策略制订、生物统计学、计量经济学、控制论等。这令数学家们倍感自豪，他们极力主张国际数学教育委员会调查数学及数学家在当代生活中的作用。其次是 20 世纪 30 年代法国的布尔巴基学派致力于把全部数学建筑在各种结构的基础上：从最无结构性的数学概念即集合开始，逐步引入各种公理体系，使它成为各种不同层次的结构，这样就把整个数学学科建成一座层次分明、体系完整的大厦。从那时起，集合论、公理化方法成了数学的基础，数学的这些新发展在当时的初等数学教育中没有任何反映，自然无法令人满意。在教育学习理论方面，对儿童的智力发展和学习心理有了新的了解，一些新理论对传统的讲授、操练、记忆和模仿提出了质疑。其中，尤以布鲁纳在其著作《教育过程》中阐述的结构课程理论对数学教育改革的指导作用是最大的。他认为，无论教什么学科，教授和学习这个学科的基本结构最为重要；学习应该是发现的，不是习得的，课程应该由该学科的专家、教师和心理学家共同设计，这些观点在 60 年代的数学教育现代化运动中得到了较好的体现和有效的落实。

1951 年，美国以伊利诺伊大学为中心，开始了数学教育改革的实验。1958 年，美国又成立了由国家资助的“学校数学研究小组”。通过 1959 年、1960 年、1962 年的几次国际会议，60 年代那一场从美国兴起的“新数学运动”终于波及世界各地。

各国改革的实际情况不尽相同，但在改革的一些基本观点上是一致的。比如，改革者都认为，当前的数学课程严重地落后于社会生产、科学技术和数学本身的发展，学生的学习偏重于记忆和模仿，缺乏对数学的理解，数学课程内容之间缺乏整体联系，因此必须采取有力的措施提高学生的数学素养，这些措施就是要强调数学所持有的演绎推理的方法；导出基本的数学结构，使学生对数学本身有更深刻的理解；削减甚至取消欧几里得几何，以增加新的数学内容，具体来说，就是要尽早渗透集合的概念，然后以集合、关系、映射、运算律、群、环、域、向量空间的代数结构为骨架，把中学数学统一为一个整体；在代数中强调交换律、结合律和分配律；在几何中强调对称与变换。数学内容采用螺旋式安排，逐步渗透概率统计、程序设计、极限、矩阵、向量、逻辑等新内容。

从“新数学运动”倡导者的这些改革措施看，有许多措施是合理的，但是改革者在实际执行中却超过了必要的限度。比如，英国的 SMP(School Mathematics Project)教材，编写者试图以结构主义观点综合处理数学，打破算术、代数、几何、三角的学科界限，但其课本给人的印象却是知识缺乏系统性，不易于抓住线索。受布尔巴基学派的影响，法国试图在中学阶段推行形式的现代化，用了大量时间去给出抽象的定义，引进大量的符号，以致有人称当时的数学课简直成了语法修辞课。这种超过了必要的限度的做法导致大多数学生既难于理解和掌握现代数学，又未能从学习中获得实际工作中需要的数学知识，甚至连基本数学运算都没有过关，这当然引起了社会、家长的强烈不满，反对“新数学运动”的呼声日益高涨。

20 世纪 70 年代以后，各国的数学教育现代化运动都开始降温，进入了调整策略、总结经验教训的稳步改革阶段。新的改革者开始重视从“新数学运动”一开始就不断传来的数学界内部的反对意见。虽然各国经过调整，都在向后“倒退”，但并不是简单重复 60 年代改革前的老路，大多数国家还是保留了映射、概率统计、向量、矩阵、微积分、计算机的使用等现代数学的初步知识，但不再像过去那样过分强调集合、数理逻辑、数学结构、公理化等严谨晦涩的理论和抽象的形式符号，而是注重在教学中渗透现代数学思想。对于受“新数学运动”冲击最大的几何，大多数国家采取了直观几何、变换几何和经过精简的欧氏几何三者共存的折中方案。教材编排不再强求混合，但注意加强各科内容之间的紧密联系。另外，针对传统数学和“新数学运动”都忽视了数学应用这一弊端，20 世纪 80 年代美国提出“问题解决”这一口号，由此揭开了以“问题解决”为旗帜的数学教学改革运动的序幕。它的产生并不是偶然的，首先，这是社会发展的需要，信息社会的来临要求人们学会学习、学会创新、学会合作、学会适应，数学教育必须努力提高学生应用数学知识去解决实际问题的能力。其次，这是数学观现代演变的需要，人们往往把数学等同于各类数学知识的简单汇集，由公理、定义、公式、定理等事实性结论组成数学，忽视了结论的发现与创造的过程，形成静态的数学观。20 世纪 50 年代以来，动态的数学观认为：数学是人类的一种创造性活动，在日常教学的数学活动中，解决问题无疑是最基本的形式和最核心的内容，因此问题解决也就成为数学观转变的直接产物。再次，这也是数学教育研究深入的必然结果。学数学应是“做数学”，即应当让学生通过问题学习数学，这就为问题解决作为数学教育的中心提供了理论依据。

进入 21 世纪，各国都在对数学课程进行改革，这是信息时代的要求，社会发展的必然。世界各国共同面对的现实是：①数学本身发生了变化。20 世纪下半叶以来，数学最大的发展是应用。数学正从幕后走到台前，成为能够创造经济效益的数学技术，数学过分形式化的趋势有所缓和，与此同时，纯粹数学也发生了变化，离散数学、非线性数学、随机数学等迅速发展；②社会发生了变化。信息技术、国民经济高速发展，对公民的数学素养有了新要求，这都要求对数学教育做根本性的改革；③教育发生了变化。世界上中等发达国家，甚至一部分发展中国家，已经实行大众数学教育，原来适合精英教育的数学课程必须进行变革；④教育观念发生了变化。数学教育从以知识传授为本转向以学生发展为本，国际上盛行的建构主义教学观、问题解决教学模式、探究性与发现式的教学方法及数学开放题、合作学习、情景创设等，都是数学课程改革中提出的新理念、新追求。进入 21 世纪以后，各国和各地区的数学教育仍然处于不断变革之中。由此可以预见，随着社会的发展和科技的进步，数学课程改革必将成为一种周期性的工作，必将成为一种常态。

中华人民共和国建立以来，我国数学教育也获得了长足发展。中华人民共和国成立后不久，中央就着手制定全国统一的中学数学教学大纲，其指导思想是“以苏联教学大纲为蓝本”。同时在中学各个年级普遍使用苏联中学数学课本的编译本，1953 年起在中学教师中广泛传播苏联伯拉基斯《中学数学教学法》的理论。当时苏联在教育方面崇尚的是凯洛夫的教学模式，这一模式源于赫尔巴特和乌申斯基的以传授知识为基点的，该教学模式的心理学基础是巴甫洛夫的条件反射理论。从数学教育思想看，重视目的性、思想性、系统性和科学性，整个教材强调了基础知识和技能技巧，突出了函数观念的重要性，教材安排由浅入深，适合学生学习。所以全面学习苏联之后，我国从根本上改变了数学教育杂乱无章的状态，建立了中央集中领导、大纲教材统一的数学教育体制，苏联的教材崇尚严密的逻辑演绎体系，比英美教材有更强的科学性和系统性，逐步形成了注重严谨性的数学教育传统。在课堂教学方面，重视教学环节运用，提倡讲深讲透，较好地发挥了教师的主导作用。1956 年，在华罗庚的倡议下，我国开始学习莫斯科、列宁格勒的做法，在北京、天津、上海、武汉四个城市举办了数学竞赛，我国成为除东欧国家和苏联之外，较早地开展数学竞赛的国家。

1958 年，数学教育改革出现了过热的态势。1960 年 2 月在上海举行的中国数学会第二次代表大会，“彻底改革数学教育体系”成为大会的两项主要议程之一，大会认为中小学数学教材内容贫乏、陈旧、孤立、割裂、烦琐、重复，必须彻底改革，要打破旧体系，中学数学教材应突出数学分析这一分支的地位，讲授包括解析几何、概率论、数理统计、微分方程在内的现代数学知识。大会前后，全国各地出现了上百个中学数学教学改革方案，最有代表性的是北京师范大学数学系提出的《中学数学现代化方案(初稿)》，这个方案要求在初中毕业时就讲授 140 课时的微积分，基本达到大学一年级的数学水平，这就必须对原有教材体系进行大删大改，使中学数学的基本内容严重削弱。由于这个方案脱离我国实际，所以支持的人很少，最终难以实施。这场改革运动虽然时间比较短暂，但反映了我国数学教育界民族自主意识正在不断增强，表达了要求建立中国自己的数学教育体系的强烈愿望，它和同时在欧美等国掀起的“新数学运动”遥相呼应，反映了数学家对中学数学应与现代数学相适应的强烈渴望。

1961 年，我国贯彻执行“调整、巩固、充实、提高”的八字方针，对 1958 年以来的数学教育改革进行了反思。人们希望保留好的做法，摒弃错误做法，逐步建立中国自己的现代数学教育体系。从 1961 年起，人民教育出版社根据中央文教小组关于重新编写一套质量较高的全日制十二年制学校教材的指示和教育部《关于实行全日制中小学新教学计划(草案)的通知》精神，草拟了《全日制小学算术教学大纲(草案)》和《全日制中学数学教学大纲(草案)》，在教学上提出以下注意事项：①突出重点，抓住关键，解决难点；②讲清概念，揭示规律；③加强学习和练习，注意因材施教；④恰当地联系实际，不能过分强调和勉强联系，以致削弱基础知识和基本技能。这个大纲总结了 1958 年以来数学教育改革的经验教训，调整了数学教育改革的方向，我国数学教育开始出现稳步发展势头。

1963 年 5 月，教育部正式颁布十二年制的《全日制中学数学教学大纲(草案)》，并开始使用人民教育出版社编写的十二年制中小学数学教材，同时在全国范围内深入开展教研活动，持久地进行加强双基、提倡精讲多练的教学方法的宣传，由于数学教学秩序趋于正规，数学教师积累了丰富的教学经验，形成了较为稳定的数学教学模式，我国数学教育体系终于自上而下得以确立。这一体系的主要特征是：①体现中央高度集中，大纲全国统一，教材全国统一；②教材分科编写，以直线式为主；③重视科学性、系统性和逻辑演绎的严格性，恰当联系实际；④强调基础知识和基本技能的训练；⑤形成了精讲多练、因材施教的方法，体现了教师的主导作用。这一数学教育体系基本宣告了我国 20 余年来机械模仿外国模式的终结，它所呈现的数学课程、数学教学方面的成果反映了世界各国以及我国数学教育中的优良传统。

1966 年开始的“文化大革命”使我国的社会主义教育事业遭到了严重破坏，数学教育当然不能幸免。数学教学质量大为降低。

党的十一届三中全会以后，我国进入了一个新的历史时期，数学教育有了前所未有的发展，这得益于国家一系列教育政策的制定。我国在教育战线上进行了一系列的拨乱反正工作，采取了一系列的重大措施。1983 年 9 月，邓小平给北京景山学校题词：“教育要面向现代化，面向世界，面向未来”，在这个方针指引下，我国教育事业有了前所未有的大发展。1985 年 5 月中共中央颁布了《中共中央关于教育体制改革的决定》，并提出了实现九年制义务教育的目标。1986 年，国家颁布《中华人民共和国义务教育法》，正式把普及义务教育的国家政策转变为法律，在中国确立了九年义务教育制度，对进一步落实教育的基础地位起了重大作用，促进了我国中小学教育(包括数学教育)的发展。1993 年，中共中央、国务院印发了《中国教育改革和发展纲要》，确定了我国 20 世纪末期教育改革和发展的基本目标和基本任务。1994 年，国务院又印发了关于《中国教育改革和发展纲要》的实施意见。1999 年，中共中央、国务院印发了《关于深化教育改革全面推进素质教育的决定》。2001 年，国务院又印发了《关于基础教育改革与发展的决定》，我国教育有了空前发展,数学教育当然也不例外,一方面取得了前所未有的重大成就，另一方面又为未来的发展奠定了基础。

1978 年 2 月,《全日制十年制学校中学数学教学大纲(试行草案)》开始试行。这份大纲提出了新的教学目的，明确数学不再分科，在教学内容上首次提出了“精简、增加、渗透”的三原则。

1981 年 4 月，教育部印发了《全日制六年制重点中学教学计划(试行草案)》和《全日制五年制中学教学计划(试行草案)的修订意见》，决定把五年制中学逐步改为六年制中学。与此同时，教育部制定了《全日制六年制重点中学数学教学大纲(草案)》，并对教材进行全面修订。

1986 年，我国制定了新的《全日制中学数学教学大纲》，其中就教学目的、教学内容的确定、教学内容的安排、教学中应注意的几个问题、教材编写等进行了具体阐述。

1992 年，我国制定了《九年义务教育全日制初级中学数学教学大纲(试用)》，多种数学教材开始付诸使用，打破了以往的“一纲一本”的局面。按照大纲规定，都采用几何、代数分科的方式。这个大纲虽有进步，但是缺点也很明显，如整体体系陈旧、知识内容陈旧、要求和措施相脱节等。

初中数学课程作了调整以后，高中此时仍然使用按 1986 年大纲编写的教材，于是初中、高中数学课程内容出现了衔接问题。针对这个问题，我国在 1996 年制定了《全日制普通高级中学数学教学大纲(供试验用)》，按这个大纲编写的教材从 1997 年起在江西、山西两省和天津市首先进行试验，2000 年起全国全面实施。

2000 年 3 月，教育部印发了《九年义务教育全日制初级中学数学教学大纲(试用修订版)》，2000 年 4 月，教育部印发了《全日制普通高级中学数学教学大纲(试验修订版)》，这样两份大纲为 21 世纪初的中学数学教育提供了比原大纲更符合时代、更切合实际的依据。

与此同时，我国新一轮的数学课程改革正在拉开帷幕，主要标志有以下两个。一是 2001 年 7 月教育部制定了《全日制义务教育数学课程标准(实验稿)》，2011 年又印发了《全日制义务教育数学课程标准(2011 年版)》，它实际上是 2001 年版本课程标准的修订和完善，2022 年 4 月又制定了《义务教育数学课程标准(2022 年版)》，它是 2011 年版课程标准的进一步修订和优化。二是 2003 年 4 月教育部制定了《普通高中数学课程标准(实验)》，2017 年 12 月教育部发布了《普通高中数学课程标准(2017 年版)》，它实际上是 2003 年版本课程标准的修订和完善，2020

年 6 月教育部又发布了《普通高中数学课程标准(2017 年版 2020 年修订)》。以上两个最新的课程标准后面将会简要介绍。

伴随着数学课程改革、数学教材建设的发展，我国数学教育还有许多可喜的进步。如数学教学观念的更新、数学教学模式的变革、数学教学方法的改革、数学竞赛活动的开展、数学教育书籍的出版、数学教育杂志的繁荣、数学教育团体的壮大、数学教育研究成果的丰富、数学教学改革实验的进行、数学教育的国际交流、数学教育学位点(包括硕士点和博士点)的增多等。可以说，我国数学教育步入了发展的快车道和活跃期。

第十二章　数学课程改革简介

数学课程改革是一项系统工程，需要精心设计、周密部署、建立机制、统筹安排，才能取得成功。我国新一轮的数学课程改革仍在推进之中，具体地说，我国数学课程改革分成两个阶段：义务教育(包括小学和初中)阶段和普通高中阶段。下面就对数学课程改革情况作一简要介绍。

第一节　义务教育数学课程改革简介

2005年教育部成立修订组，开始了《全日制义务教育数学课程标准(实验稿)》(以下简称《课程标准(实验稿)》)的修订工作。2010年完成了《义务教育数学课程标准(2011年版)》(以下简称《课程标准(2011年版)》)，2011年5月通过审议，2011年12月正式颁布。

《课程标准(2011年版)》共有四个部分组成，即前言、课程目标、课程内容、实施建议，另外还有附录部分。这里仅对前言、课程目标、课程内容、实施建议进行简要介绍。

1. 前言

1) 界定了课程性质

义务教育阶段的数学课程是培养公民素质的基础课程，具有基础性、普及性和发展性。数学课程能使学生掌握必备的基础知识和基本技能；培养学生的抽象思维和推理能力；培养学生的创新意识和实践能力；促进学生在情感、态度与价值观等方面的发展。义务教育的数学课程能为学生未来的生活、工作和学习奠定重要的基础。

2) 阐述了课程基本理念

课程基本理念主要包括以下五个方面。

(1) 数学课程应致力于实现义务教育阶段的培养目标，要面向全体学生，适应学生个性发展的需要，使得人人都能获得良好的数学教育，不同的人在数学上得到不同的发展。

(2) 课程内容要反映社会的需要、数学的特点，要符合学生的认知规律。它不仅包括数学的结果，也包括数学结果的形成过程和蕴涵的数学思想方法。课程内容的选择要贴近学生的实际，有利于学生体验与理解、思考与探索。课程内容的组织要重视过程，处理好过程与结果的关系；要重视直观，处理好直观与抽象的关系；要重视直接经验，处理好直接经验与间接经验的关系。课程内容的呈现应注意层次性和多样性。

(3) 教学活动是师生积极参与、交往互动、共同发展的过程。有效的教学活动是学生学与教师教的统一，学生是学习的主体，教师是学习的组织者、引导者与合作者。数学教学活动应激发学生的兴趣，调动学生的积极性，引发学生的数学思考，鼓励学生的创造性思维；要注重培养学生良好的数学学习习惯，使学生掌握恰当的数学学习方法。学生学习应当是一个生动活泼的、主动的和富有个性的过程。除接受学习外，动手实践、自主探索与合作交流同样是学习数学的重要方式。学生应当有足够的时间和空间经历观察、实验、猜测、计算、推理、验证等活动过程。教师教学应该以学生的认知发展水平和已有的经验为基础，面向全体学生，注重启发式和因材施教。教师要发挥主导作用，处理好讲授与学生自主学习的关系，引导学生独立思考、主动探索、合作交流，使学生理解和掌握基本的数学知识与技能、数学思想和方法，获得基本的数学活动经验。

(4) 学习评价的主要目的是全面了解学生数学学习的过程和结果，激励学生学习和改进教师教学。应建立目标多元、方法多样的评价体系。评价既要关注学生学习的结果，又要重视学生学习的过程；既要关注学生数学学习的水平，又要重视学生在数学活动中所表现出来的情感与态度，帮助学生认识自我、建立信心。

(5) 信息技术的发展对数学教育的价值、目标、内容以及教学方式产生了很大的影响。数学课程的设计与实施应根据实际情况合理地运用现代信息技术，要注意信息技术与课程内容的整合，注重实效，要充分考虑信息技术对数学学习内容和方式的影响，开发并向学生提供丰富的学习资源，把现代信息技术作为学生学习数学和解决问题的有力工具，有效地改进教与学的方式，使学生乐意并有可能投入到现实的、探索性的数学活动中去。

3) 介绍了课程设计思路

义务教育阶段数学课程的设计，充分考虑了本阶段学生数学学习的特点，符合学生的认知规律和心理特征，有利于激发学生的学习兴趣，引发学生的数学思考；充分考虑了数学本身的特点，体现数学的实质；在呈现作为知识与技能的数学结果的同时，重视学生已有的经验，使学生体验从实际背景中抽象出数学问题、构建数学模型、寻求结果、解决问题的过程。

一是明确了学段划分。为了体现义务教育数学课程的整体性，统筹考虑了九年的课程内容。同时，根据学生发展的生理和心理特征，将九年的学习时间划分为了三个学段，即第一学段(1～3 年级)、第二学段(4～6 年级)、第三学段(7～9 年级)。

二是界定了课程目标。义务教育阶段数学课程目标分为总目标和学段目标，应从知识技能、数学思考、问题解决、情感态度四个方面加以阐述。数学课程目标包括结果目标和过程目标。结果目标使用“了解、理解、掌握、运用”等术语表述，过程目标使用“经历、体验、探索”等术语表述。

三是介绍了课程内容。在各学段中，安排了四个部分的课程内容：“数与代数”“图形与几何”“统计与概率”“综合与实践”。“综合与实践”内容设置的目的在于培养学生综合运用有关的知识与方法解决实际问题的能力，培养学生的问题意识、应用意识和创新意识，积累学生的活动经验，提高学生解决现实问题的能力。

“数与代数”的主要内容有数的认识、数的表示、数的大小、数的运算、数量的估计、字母表示数、代数式及其运算、方程、方程组、不等式、函数等。

“图形与几何”的主要内容有空间和平面基本图形的认识，图形的性质、分类和度量，图形的平移、旋转、轴对称、相似和投影，平面图形基本性质的证明，运用坐标描述图形的位置和运动。

“统计与概率”的主要内容有收集、整理和描述数据，包括简单抽样、整理调查数据、绘制统计图表等；处理数据，包括计算平均数、中位数、众数、极差、方差等；从数据中提取信息并进行简单的推断；简单随机事件及其发生的概率。

“综合与实践”是一类以问题为载体、以学生自主参与为主的学习活动。在学习活动中，学生将综合运用“数与代数”“图形与几何”“统计与概率”等知识和方法解决问题。“综合与实践”的教学活动应当保证每学期至少一次，可以在课堂上完成，也可以课内外相结合。

数学课程应当注重发展学生的数感、符号意识、空间观念、几何直观、数据分析观念、运算能力、推理能力和模型思想。为了适应时代发展对人才培养的需要，数学课程还要特别注重发展学生的应用意识和创新意识。

2. 课程目标

1) 阐明了数学课程总目标

通过义务教育阶段的数学学习，学生能

(1) 获得适应社会生活和进一步发展所必需的数学的基础知识、基本技能、基本思想、基本活动经验。

(2) 体会数学知识之间、数学与其他学科之间、数学与生活之间的联系，运用数学的思维方式进行思考，增强发现问题和提出问题的能力、分析问题和解决问题的能力。

(3) 了解数学的价值，提高学习数学的兴趣，增强学好数学的信心，养成良好的学习习惯，具有初步的创新意识和实事求是的科学态度。

总目标从以下四个方面具体阐述。

(1) 知识技能方面。

经历数与代数的抽象、运算与建模等过程，掌握数与代数的基础知识和基本技能。

经历图形的抽象、分类、性质探讨、运动、位置确定等过程，掌握图形与几何的基础知识和基本技能。

经历在实际问题中收集和处理数据及利用数据分析问题、获取信息的过程，掌握统计与概率的基础知识和基本技能。

参与综合实践活动，积累综合运用数学知识、技能和方法等解决简单问题的数学活动经验。

(2) 数学思考方面。

建立数感、符号意识和空间观念，初步形成几何直观能力和运算能力，发展形象思维与抽象思维。

体会统计方法的意义，发展数据分析观念，感受随机现象。

在参与观察、实验、猜想、证明、综合实践等数学活动中，发展合情推理和演绎推理能力，清晰地表达自己的想法。

学会独立思考，体会数学的基本思想和思维方式。

(3) 问题解决方面。

初步学会从数学的角度发现问题和提出问题，综合运用数学知识解决简单的实际问题，增强应用意识，提高实践能力。

获得分析问题和解决问题的一些基本方法，体验解决问题方法的多样性，发展创新意识。

学会与他人合作交流。

初步形成评价与反思的意识。

(4) 情感态度方面。

积极参与数学活动，对数学有好奇心和求知欲。

在数学学习过程中，体验获得成功的乐趣，锻炼克服困难的意志，建立自信心。

体会数学的特点，了解数学的价值。

养成认真勤奋、独立思考、合作交流、反思质疑等学习习惯，形成坚持真理、修正错误、严谨求实的科学态度。

总目标的四个方面不是相互独立和割裂的，而是一个密切联系、相互交融的有机整体。在课程设计和教学活动组织中，应同时兼顾四个方面的目标。这些目标的整体实现是学生受到良好数学教育的标志，它对学生的全面、持续、和谐发展有着重要的意义。数学思考、问题解决、情感态度的发展离不开知识技能的学习，知识技能的学习必须有利于其他三个目标的实现。

2) 详细介绍了数学课程学段目标

按照第一学段、第二学段、第三学段的顺序，分别从知识技能、数学思考、问题解决和情感态度四个方面对各学段的目标进行了具体介绍。

3. 课程内容

按照第一学段、第二学段、第三学段的顺序，分别对数与代数、图形与几何 、统计与概率及综合与实践的课程内容进行了具体介绍。

1) 第一学段课程内容

数与代数：数的认识；数的运算；常见的量；探索规律。

图形与几何：图形的认识；测量；图形的运动；图形与位置。

统计与概率：能根据给定的标准或者自己选定的标准，对事物或数据进行分类，感受分类与分类标准的关系；经历简单的数据收集和整理过程，了解调查、测量等收集数据的简单方法，并能用自己的方式(文字、图画、表格等)呈现整理数据的结果；通过对数据的简单分析，体会运用数据进行表达与交流的作用，感受数据蕴涵的信息。

综合与实践：通过实践活动，感受数学在日常生活中的作用，体验运用所学的知识和方法解决简单问题的过程，获得初步的数学活动经验；在实践活动中，了解要解决的问题和解决问题的办法；经历实践操作的过程，进一步理解所学的内容。

2) 第二学段课程内容

数与代数：数的认识；数的运算；式与方程；正比例、反比例；探索规律。

图形与几何：图形的认识；测量；图形的运动；图形与位置。

统计与概率：简单数据统计过程；随机现象发生的可能性。

综合与实践：经历有目的、有设计、有步骤、有合作的实践活动；结合实际情境，体验发现问题和提出问题、分析问题和解决问题的过程；在给定目标下，感受针对具体问题提出设计思路、制订简单的方案解决问题的过程；通过应用和反思，进一步理解所用的知识和方法，了解所学知识之间的联系，获得数学活动经验。

3) 第三学段课程内容

数与代数：数与式；方程与不等式；函数。

图形与几何：图形的性质；图形的变化；图形与坐标。

统计与概率：抽样与数据分析；事件的概率。

综合与实践：结合实际情境，经历设计、解决具体问题的方案，并加以实施的过程，体验建立模型、解决问题的过程，并在此过程中，尝试发现问题和提出问题；会反思参与活动的全过程，将研究的过程和结果形成报告或小论文，并能进行交流，进一步获得数学活动经验；通过对有关问题的探讨，了解所学过的知识(包括其他学科知识)之间的关联，进一步理解有关知识，发展应用意识和能力。

4. 实施建议

实施建议主要包括教学建议、评价建议、教材编写建议和课程资源开发与利用建议。

1) 教学建议

教学活动是师生积极参与、交往互动、共同发展的过程。

数学教学应根据具体的教学内容，注意使学生在获得间接经验的同时也能够有机会获得直接经验，即从学生实际出发，创设有助于学生自主学习的问题情境，引导学生通过实践、思考、探索、交流等，获得数学的基础知识、基本技能、基本思想、基本活动经验，促使学生主动地、富有个性地学习，不断提高发现问题和提出问题的能力、分析问题和解决问题的能力。

在数学教学活动中，教师要把基本理念转化为自己的教学行为，处理好教师讲授与学生自主学习的关系，注重启发学生积极思考；发扬教学民主，当好学生数学活动的组织者、引导者、合作者；激发学生的学习潜能，鼓励学生大胆创新与实践；创造性地使用教材，积极开发、利用各种教学资源，为学生提供丰富多彩的学习素材；关注学生的个体差异，有效地实施有差异的教学，使每个学生都得到充分的发展；合理地运用现代信息技术，有条件的地区，要尽可能合理、有效地使用计算机和有关软件，提高教学效益。

提出的具体教学建议如下：①数学教学活动要注重课程目标的整体实现；②重视学生在学习活动中的主体地位；③注重学生对基础知识、基本技能的理解和掌握；④感悟数学思想，积累数学活动经验；⑤关注学生情感态度的发展；⑥合理把握“综合与实践”的实施；⑦教学中应当注意的几个关系，即“预设”与“生成”的关系；面向全体学生与关注学生个体差异的关系；合情推理与演绎推理的关系；使用现代信息技术与教学手段多样化的关系。

2) 评价建议

评价的主要目的是全面了解学生数学学习的过程和结果，激励学生学习和改进教师教学。评价应以课程目标和内容标准为依据，体现数学课程的基本理念，全面评价学生在知识技能、数学思考、问题解决和情感态度等方面的表现。

评价不仅要关注学生的学习结果，更要关注学生在学习过程中的发展和变化。应采用多样化的评价方式，恰当呈现并合理利用评价结果，发挥评价的激励作用，保护学生的自尊心和自信心。通过评价得到的信息，可以了解学生数学学习达到的水平和存在的问题，帮助教师进行总结与反思，调整和改进教学内容和教学过程。

提出的具体评价建议如下：①注重对学生学习基础知识和基本技能的评价；②注重对学生数学思考和问题解决的评价；③注重对学生情感态度的评价；④注重对学生数学学习过程的评价；⑤体现评价主体的多元化和评价方式的多样化；⑥恰当地呈现和利用评价结果；⑦合理设计与实施书面测验。

3) 教材编写建议

数学教材为学生的数学学习活动提供了学习主题、基本线索和知识结构，是实现数学课程目标、实施数学教学的重要资源。

数学教材的编写应以《课程标准(2011 年版)》为依据。教材所选择的学习素材应尽量与学生的生活现实、数学现实、其他学科现实相联系，应有利于加深学生对所要学习内容的数学理解。教材内容的呈现要体现数学知识的整体性，体现重要的数学知识和方法的产生、发展和应用过程；应引导学生进行自主探索与合作交流，并关注对学生人文精神的培养；教材的编写要有利于调动教师的主动性和积极性，有利于教师进行创造性教学。

内容标准是按照学段制定的，并未规定学习内容的呈现顺序。因此，教材可以在不违背数学知识逻辑关系的基础上，根据学生的数学学习认知规律、知识背景和活动经验，合理地安排学习内容，形成自己的编排体系，体现出自己的风格和特色。

提出的具体教材编写建议如下：①教材编写应体现科学性；②教材编写应体现整体性；③教材内容的呈现应体现过程性；④呈现内容的素材应贴近学生现实；⑤教材内容设计要有一定的弹性；⑥教材编写要体现可读性。

4) 课程资源开发与利用建议

数学课程资源是指应用于教与学活动中的各种资源，主要包括文本资源，如教科书、教师用书、教与学的辅助用书、教学挂图等；信息技术资源，如网络、数学软件、多媒体光盘等；社会教育资源，如教育与学科专家，图书馆、少年宫、博物馆，报纸杂志、电视广播等；环境与工具，如日常生活环境中的数学信息，用于操作的学具或教具，数学实验室等；生成性资源，如教学活动中提出的问题、学生的作品、学生学习过程中出现的问题、课堂实录等。

教师若在数学教学过程中恰当地使用数学课程资源，将在很大程度上提高其从事教学活动的质量和学生从事数学活动的水平。教材编写者、教学研究人员、教师和有关人员应依据《课程标准(2011 年版)》，有意识、有目的地开发和利用各种课程资源。

第二节　普通高中数学课程改革简介

《普通高中数学课程标准(2017 年版 2020 年修订)》由六个部分组成，即课程性质与基本理念、学科核心素养与课程目标、课程结构、课程内容、学业质量、实施建议，另外还有附录部分。这里仅对课程性质与基本理念、学科核心素养与课程目标、课程结构、课程内容、学业质量、实施建议进行简要介绍。

1. 课程性质与基本理念

1) 界定了课程性质

高中数学课程是义务教育阶段后普通高级中学的主要课程，具有基础性、选择性和发展性。必修课程面向全体学生，构见共同基础；选择性必修课程、选修课程充分考虑学生的不同成长需求，提供多样性的课程供学生自主选择；高中数学课程为学生的可持续发展和终身学习创造了条件。

2) 提出了基本理念

《普通高中数学课程标准(2017 年版 2020 年修订)》共提出了四个基本理念：学生发展为本，立德树人，提升素养；优化课程结构，突出主线，精选内容；把握数学本质，启发思考，改进教学；重视过程评价，突出素养，提高质量。

2. 学科核心素养与课程目标

1) 明确了数学核心素养

数学学科核心素养是数学课程目标的集中体现，是具有数学基本特征的思维品质与关键能力以及情感、态度与价值观的综合体现，是在数学学习和应用的过程中逐步形成和发展的。数学学科核心素养包括数学抽象、逻辑推理、数学建模、直观想象、数学运算和数据分析。这些数学核心素养既相对独立、又相互交融，是一个有机的整体。

2) 确定了数学课程目标

通过高中数学课程的学习，学生能获得进一步学习以及未来发展所必需的数学基础知识、基本技能、基本思想、基本活动经验(简称“四基”)；提高从数学角度发现和提出问题的能力、分析和解决问题的能力(简称“四能”)；在学习数学和应用数学的过程中，学生能发展数学抽象、逻辑推理、数学建模、直观想象、数学运算、数据分析等数学学科核心素养。通过高中数学课程的学习，学生能提高学习数学的兴趣，增强学好数学的自信心，养成良好的数学学习习惯，发展自主学习的能力，树立敢于质疑、善于思考、严谨求实的科学精神，不断提高实践能力，提升创新意识，认识数学的科学价值、应用价值、文化价值和审美价值。

3. 课程结构

1) 阐述了课程结构设计的依据

依据高中数学课程理念，实现“人人都能获得良好的数学教育，不同的人在数学上得到不同的发展”的目标，促进学生数学学科核心素养的形成和发展。

依据高中课程方案，借鉴国际经验，体现课程改革的成果，调整课程结构，改进学业质量评价。

依据高中数学课程性质，体现课程的基础性、选择性和发展性，为全体学生提供共同基础，为满足学生的不同志趣和发展提供丰富多样的课程。

依据数学学科特点，关注数学逻辑体系、内容主线、知识之间的关联，重视数学实践和数学文化。

2) 介绍了课程结构

高中数学课程分为必修课程、选修性必修课程和选修课程。高中数学课程内容突出函数、几何与代数、概率与统计、数学建模活动和数学探究活动四条主线，它们贯穿必修课程、选择性必修课程和选修课程。数学文化融入课程内容。高中数学课程结构如图 12-1 所示。

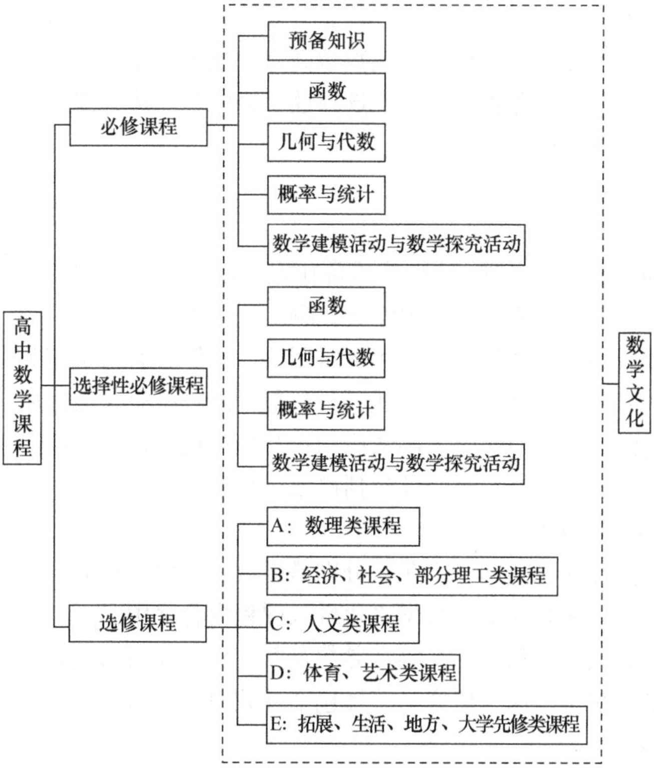

图 12-1　高中数学课程结构

3) 说明了学分与选课

学分设置如下：必修课程 8 学分，选择性必修课程 6 学分，选修课程 6 学分。选修课程的分类、内容及学分如下：A 类课程包括微积分(2.5 学分)、空间向量与代数(2 学分)、概率与统计(1.5 学分)。B 类课程包括微积分(2 学分)、空间向量与代数(1 学分)、应用统计(2 学分)、模型(1 学分)。C 类课程包括逻辑推理初步(2 学分)、数学模型(2 学分)、社会调查与数据分析(2 学分)。D 类课程包括美与数学(1 学分)、音乐中的数学(1 学分)、美术中的数学(1 学分)、体育运动中的数学(1 学分)。E 类课程包括拓宽视野、日常生活、地方特色的数学课程，还包括大学数学先修课程等。

课程定位：必修课程为学生发展提供共同基础，是高中毕业的数学学业水平考试的内容要求，也是高考的内容要求。选择性必修课程是供学生选择的课程，也是高考的内容要求。选修课程为学生确定发展方向提供引导，为学生展示数学才能提供平台，为学生发展数学兴趣提供选择，为大学自主招生提供参考。

选课说明：如果学生以高中毕业为目标，可以只学习必修课程，参加高中毕业的数学学业水平考试。如果学生计划通过参加高考进入高等学校学习，必须学习必修课程和选择性必修课程，参加数学高考。如果学生在上述选择的基础上，还希望多学习一些数学课程，可以在选择性必修课程或选修课程中，根据自身未来发展的需求进行选择。

4. 课程内容

1) 必修课程

必修课程包括五个主题，分别是预备知识、函数、几何与代数、概率与统计、数学建模活动与数学探究活动。数学文化融入课程内容之中。

其中，预备知识包括集合、常用逻辑用语、相等关系与不等关系、从函数观点看一元二次方程和一元二次不等式；函数包括函数的概念与性质、幂函数、指数函数、对数函数、三角函数、函数应用；几何与代数包括平面向量及其应用、复数、立体几何初步；概率与统计包括概率、统计。

2) 选择性必修课程

选择性必修课程包括四个主题，分别是函数、几何与代数、概率与统计、数学建模活动与数学探究活动。数学文化融入课程内容之中。

其中，函数包括数列、一元函数导数及其应用；几何与代数包括空间向量与立体几何、平面解析几何；概率与统计包括计数原理、概率、统计。

3) 选修课程

选修课程是由学校根据自身情况选择设置的课程，供学生依据个人志趣自主选择，分为 A，B，C，D，E 五类。

5. 学业质量

1) 阐述了学业质量内涵

学业质量是学生在完成本学科课程学习后的学业成就表现。学业质量标准是以本学科核心素养及其表现水平为主要维度，结合课程内容，对学生学业成就表现的总体刻画。数学学科学业质量是应该达成的数学学科核心素养的目标，是数学学科核心素养水平与课程内容的有机结合。

2) 划分了学业质量水平

数学学业质量水平是数学学科六个核心素养水平的综合表现。每一个数学学科核心素养划分为三个水平，每一个水平是通过数学学科核心素养的具体表现和体现数学学科核心素养的四个方面即情境与问题、知识与技能、思维与表达、交流与反思来进行表述的。

3) 介绍了学业质量水平与考试评价的关系

数学学业质量水平一是高中毕业应达到的要求，也是高中毕业的数学学业水平考试的命题依据。数学学业质量水平二是高考的要求，也是数学高考的命题依据。数学学业质量水平三是基于必修课程、选择性必修课程和选修课程的某些内容对数学学科核心素养的达成提出的要求，可以作为大学自主招生的参考。

6. 实施建议

1) 阐述了教学与评价建议

教学建议如下：教学目标制定要突出数学学科核心素养；情境创设和问题设计要有利于发展数学学科核心素养；整体把握教学内容，促进数学学科核心素养连续性和阶段性发展；既要重视教，更要重视学，促进学生学会学习；重视信息技术运用，实现信息技术与数学课程的深度融合。

评价建议如下：评价的目的是考查学生学习的成效，进而也考查教师教学的成效。评价原则包括重视学生数学学科核心素养的达成，重视评价的整体性与阶段性；重视过程评价；关注学生的学习态度。评价方式，即教学评价的主体应多元化，包括教师、同学、家长以及学生本人，评价方式应多样化，包括书面测验、课堂观察、口头测验、开放式活动中的表现、课内外作业等。评价结果的呈现与利用。评价结果的呈现与利用应有利于增强学生学习数学的自信心，提高学生学习数学的兴趣，使学生养成良好的学习习惯，促进学生的全面发展。评价应更多地关注学生的进步，关注学生已经掌握了什么，得到了哪些提高，具备了什么能力，还有什么潜能，在哪些方面还存在不足等。

2) 阐述了学业水平考试与高考命题建议

对高中毕业的数学学业水平考试、数学高考的命题提出了具体的命题原则、考试命题的路径及对命题的一些说明。

3) 阐述了教材编写建议

教材编写要以发展学生数学学科核心素养为宗旨：全面体现并落实课程标准提出的基本理念和目标要求；促进学生数学学科核心素养的发展；准确把握内容要求和学业质量标准。教材编写应体现整体性：凸显内容和数学学科核心素养的融合；注重教材的整体结构；体现内容之间的有机衔接；落实数学建模活动与数学探究活动；实现内容与数学文化的融合，体现时代性；整体设计习题等课程资源。教材编写应遵循“教与学”的规律：教材编写要有利于教师的教；教材编写要有利于学生的学；教材编写要处理好数学的科学形态与教育形态之间的关系，过程与结果的关系，直接经验与间接经验的关系。

教材内容呈现方式应丰富多彩，注重教材特色建设。

4) 阐述了地方与学校实施课程标准的建议

地方实施课程标准应注意以下问题：重视顶层设计，建立有效的数学教研体系；示范引领，整体推进数学课程的实施；集中力量研究解决课程标准实施中的关键问题；重视过程性评价。

学校实施课程标准应注意以下问题：加强学校课程建设，形成有效的课程管理机制，加强数学教师的专业发展和团队建设，开展有针对性的数学教研活动。

教师实施课程标准应注意以下问题：以教师专业标准的理念为指导，提升自身专业水平；要努力提升通识素养；要努力提升数学专业素养；要努力提升数学教育理论素养，要努力提升教学实践能力。

第十三章　数学教育技术简介

现代信息技术的发展对数学教育的价值、目标、内容以及教学方式产生了很大的影响。数学课程的设计与实施应根据实际情况合理地运用现代信息技术，要注意信息技术与课程内容的有机结合。教师要充分考虑计算器、计算机对数学学习内容和方式的影响以及所具有的优势,大力开发并向学生提供丰富的学习资源，把现代信息技术作为学生学习数学和解决问题的强有力工具，致力于改变学生的学习方式，使学生乐意并有更多的精力投入到现实的、探索性的数学活动中去。

第一节　数学认知工具及其分类

信息技术是指对信息的采集、加工、存储、交流、应用的手段和方法的体系，其内涵包括两个方面：一是手段，即各种信息媒体。如印刷媒体、电子媒体、计算机网络等，是一种物化形态的技术；二是方法，即运用信息媒体对各种信息进行采集、加工、存储、交流、应用的方法，是一种智能型态的技术。信息技术就是由信息媒体和信息媒体应用的方法两个要素所组成的。本书中的信息技术主要侧重于计算机与网络技术的组合。信息技术要做的事情是人不愿意做的事情，人不能做的事情，人难以完成的事情，人利用技术之后可以做得更好的事情。

就其本质而言，信息技术是一种认知工具，是一种帮助人们进行思考从而解决问题的认知工具。因此，在信息技术与数学课程教学整合过程中，教师要培养学习者学会把信息技术作为获取信息、探索问题、协作讨论和解决问题的认知工具。只有信息技术成为学生学习不可缺少的思维支持“工具”的时候，才能实现真正的、高层次的信息技术与数学教学的整合。

教师利用计算机开展数学实验，通过组织“探索—猜想—验证—提升”的认知环境教学，更有利于把研究性学习贯彻到数学课堂教学中，而且计算机可以使学生从繁杂的计算、绘图中解脱出来，使学生更加专注于数学方法的体验，从而把数学学习提升到一般科学方法的高度。因此，学生既可以积极“触摸”数学对象的本质、建构数学知识的意义，还能体验数学家的思考方法和精神，体会数学知识的动态性，更有利于发展较高认知水平层次的能力(如分析、综合、评价等)，推动学生的数学认识活动由复现性不断向准研究性以至研究性发展。因此，计算机作为一种技术和工具，对数学课堂的深层也是最重要的支持作用就是作为数学思想的实验工具。

信息技术与数学课程整合不是简单地将信息技术应用于教学，而是高层次的融合与主动适应。我们必须改变传统的单一辅助教学的观点，从数学课程整体高度考虑信息技术的功能与作用，创建数字化的学习环境，创设主动性的学习情境，创造能让学生最大限度地接触信息技术的条件，让信息技术成为学生强大的认知工具。

信息技术与数学课程整合，其主体是数学课程而非信息技术，应以课程目标为基本出发点，以改进学生数学学习为目的，选用合适的、恰当的技术。不要在使用传统教学手段能够取得良好效果的时候，生硬地、强行地使用信息技术。

根据课程的服务对象——学生，教师需要分析信息技术与数学课程整合，无论选用哪种技术，采用哪种应用方式，信息技术作为一种教育教学工具，其应用必然是为了优化教学过程和学习过程，并最终服务于促进学生全面发展这一课程目标。因此，从学校教学的角度看，信息技术与数学课程整合应是以符合教学和学习需要的方式，高效益地应用信息技术，不断优化教学和学习，以此促进学生全面发展的过程。评价整合应该主要审视技术的应用是否促进了学生的发展，而不是技术的有无与多少。

认知工具是支持和扩充学习者思维过程的心智模式和设备，用于帮助和促进认知过程，学习者可以利用它来进行信息与资源的获取、分析、处理、编辑、制作等，也可用来表征自己的思想，替代部分思维，并与他人通信和协作。信息技术作为支持学生的认知工具大致可以分为以下几种类型。

1. 信息(知识)获取工具

从某种意义上说，没有比信息技术更为方便的信息获取工具了。只要某个资源已被数字化，大多数人还是愿意使用信息化的检索方式获取信息。以中国学术期刊网为例，随着数据库的不断丰富，文献检索已经变得非常方便。输入一些关键词(如标题、作者姓名等)，相关文献便可以呈现在学习者面前。在如此方便的方式面前，原有的信息检索方式已经不再是首选的了，对于非专家型的学习者来说尤其如此。因此，应培养学习者利用信息技术获取知识的习惯，使信息技术成为学习者发现与获取所需信息的主要途径之一。将信息技术作为知识的获取工具，可以有以下三种途径：①利用搜索引擎，搜索引擎技术的快速发展使得人们通过搜索引擎可以非常容易地查询和挖掘网络环境中的数字资源；②利用各种类型网站，包括各类数学教育网站、专业网站、主题网站等；③利用各种专业数据库资源，如中国学术期刊网、万方数据等。这些经过系统化整理的资源在教学中正发挥着重要的作用。

2. 思维支持工具

包括专家系统在内的许多应用软件可以介入并支持人们解决问题的思维。常用的支持数学问题解决思维的工具大致分为以下几类：①表征工具。在问题解决过程中，一个能够清晰地记录思维过程的工具是重要的。除了黑板和纸笔外，还有许多的软件程序可以更好地完成这一工作。各种通用的程序如 Microsoft Visio，Microsoft Word 以及各种概念图工具都为问题解决者厘清思维提供了很好的工具。②智能辅助工具。一定的社会行为总是伴随行为发生所依赖的情境。如果要求学习者理解这种社会行为，最好的方法是创设同样的情境，让学生具有真实的情境体验，在特定的情境中理解事物本身。信息技术与课程整合就是要根据一定的课程学习内容，利用多媒体集成工具或网页开发工具将需要呈现的课程学习内容以多媒体、超文本、友好交互等方式进行集成、加工处理转化为数字化的学习资源，根据教学的需要，创设一定的情境，并让学习者在这些情境中进行探究、发现，有助于加强学习者对学习内容的理解。一般的链接性的集成软件工具，如 PowerPoint、Authorware、北大青鸟等；非数学专业性的但可以用于数学课程整合的多媒体平台和辅助工具，如 Flash、Photoshop、C 语言等；数学专业软件，如几何画板、Z+Z 智能教育平台、Mathematica、MathCAD、MATLAB 等；此外还有 TI 图形计算器、HP (惠普)计算器等，前者由美国德州仪器公司生产，比较昂贵，英文黑白界面，操作键盘小，功能键繁多，携带方便，功能强大，可以联网更新下载，本质上是微型计算机，所以又称掌上电脑。它们已经成为数学工作者的得力工具和学习者的重要工具。③监控工具。具有监控功能的软件能够起到增强问题解决者元认知能力的作用。计算机软件无疑能在这方面做得更好，因此，对问题解决活动进行监控也是智能软件系统在教学中应用的一个目的。

3. 合作交流工具

一个充满合作的学习环境对于问题解决教学是十分重要的。信息技术提供的数字化学习环境具有强大的通信功能，为合作学习提供了良好的手段。学生可以借助微信、QQ 等即时通信工具，E-Mail、BBS、论坛等异步交流工具，实现相互之间的交流，参加各种类型的对话、协商、讨论等活动。不仅这些通信软件可以提供合作交流的手段，上文提及的思维表征工具也可以用于团队合作之中。借助于这些工具生成的清晰描述个体思想的文档(如思维导图、PPT 演示文稿等)无疑为其团队成员交流思想提供了可能。

4. 自我评测和学习反馈工具

测试是数学教学过程的重要环节，计算机辅助测验是指用计算机编制和实施独立于计算机辅助教学的客观性测验。计算机辅助测验系统具有生成测验的功能，教师只要设计并录入试题的具体内容，测验模板就能按照所选择的形式和格式自动生成教师所需要的测验。通过多媒体作业与考试系统提供各种类型的试题库，学习者通过使用一些按照不同组题策略选出的不同等级的测试题目，进行联机测试，利用统计分析软件和学习反应信息分析系统分析测试成绩，发掘教学过程的信息，学生借助统计图表进行学习水平的自我评价，教师可以通过信息发掘诊断学生的学习问题，从而及时调整教学活动。

第二节　数学教育软件的数学功能与教育功能

一、数学教育软件的数学功能

多媒体技术给数学教学带来的好处是显而易见的，但对于具备一定抽象思维能力的中学生而言，要保持他们数学学习的持久兴趣，仅依靠多媒体是无法实现的。多媒体改善了信息传递的质量，但对人们对事物的理解却做得不多，精美的图像将学生的注意力引向的是外在的形式而不是实质的内容。数学教育软件在很大程度上克服了多媒体技术的不足，表现出如下数学功能。

1. 数值计算与符号运算功能

数学教学经常会有两类计算：数值计算与非数值计算(也即符号运算)。数学教育软件具有强大的数值计算和符号运算功能。

2. 数学对象的多重表示功能

所谓数学对象的多重表示，其思想是对同一概念使用多种表示方法，不同的表示法侧重于概念的不同方面：解析的、图形的及数值的；静态的或动态的；分解的或整体的；定性的或定量的。如函数绘图及参数绘图方面，它把“数”与“形”客观地联系起来，更能揭示数学概念的本质。

3. 数学图形的动态显示与交互功能

按照双重编码理论，造成数学知识的学习和记忆困难的主要原因在于数学语言和数学符号具体性差，不易唤起视觉映象。数学图形的动态显示与操作能减少这样的困难，尤其教师对图形的动态交互操作可以最大限度地支持学生进行实验、猜想和发现。

4. 数据统计与分析功能

数学教学应该注重现实世界与数学的联系，要让学生体会数学形式化的过程。客观世界是纷繁复杂的，教育软件要能够帮助学生收集、处理复杂的数据，从中寻找数学规律。利用这个功能，不仅能让学生体会到处理这些数据的现实意义与数学意义，而且能够吸引学生投入其中。

二、数学教育软件的教育功能

基于上述数学功能，数学教育软件的教育功能主要表现为以下几个方面。

1. 节约时间

在中小学甚至大学的数学学习中，学生有相当一部分时间$\left(\frac{1}{3}\text{甚至}\frac{1}{2}\right)$是用来进行运算和绘图的，其中绝大多数都是程序性的，也就是说，只要学生按照固定程序就一定可以得出运算结果或绘出图形来。如果说在一开始让学生进行运算和绘图有助于对算理和绘图方法的理解，那么当学生已经熟悉了这些方法后，仍然让学生反复地进行运算和绘图，其意义就非常有限了。而实际上，学生在数学学习中不得不将很大一部分时间和精力用于这些几乎没有任何意义的工作上。对于教师来说，在数学课堂教学中也有类似情况。如果教师在教学中适时运用数学教育软件，可以节约这些时间。

2. 利于观察与实验，促进抽象与概括

利用教育软件可以列举更多的关于数学概念、规则或问题的特例或做连续性的性质变化，有利于对模式或关系的观察、猜想、验证。更为重要的是，随着计算机软件技术的发展，这些观察与实验不再是单调的数值形式，更多的是基于可视化的数学对象，这样学生能在抽象层次上进行观察与实验，以便减轻工作记忆负担，促进数学知识的“垂直增长”。

3. 实现数学知识的多种表示及其之间的联系

知识的“水平增长”特别是对数学知识的理解，需要掌握更多的表示方法及其相互联系，教育软件可以很容易地把公式、表格、图形联系在一起，并且在操作其中一种表示法时，能够看出它对其他表示法产生的影响。

4. 提供及时、可靠的操作反馈

数学教育软件可以对操作以事先规定的方式做出符合数学规律的反应，因此学生可以大胆地猜想、检验自己的判断，并且通过多次反馈，来修正自己的观点，以提高其自主学习的能力和元认知水平。

5. 构建可探索式的数学学习环境

数学学习活动比其他学科学习有更高的抽象性，是人类高层次学习的典型，学生必须积极思考、主动建构知识。很多数学教育软件能提供猜想、验证、探究的环境，甚至在已提供的数学对象及操作规则的基础上自定义操作规则，从而构造出新的数学对象、算法或结论。另外，可探索式的学习环境还能够产生大量的随附知识，这些都有利于学生对数学问题的解决及其创造力的培养。

第三节　数学教育软件应用举例

一、几何画板在几何教学中的应用

传统几何教学由于缺乏与信息技术的整合，仍然停留在手工作图、分析讲解、推理论证层面，只注重几何知识的传授，忽视了学生的学习兴趣；片面强调演绎推理，导致学生看不到数学知识的发现和创造的过程，没有多少“研究”与“实验”的特征；课堂上画图要花费很多的时间，课堂容量偏小，几何教学效率偏低，学习效果也不明显；往往强调“定理证明”这一教学环节(逻辑思维过程)，不太关注学生的感性经验和直觉思维，导致学生难以理解几何的概念与逻辑；注重静态几何图形分析，导致了原本相互联系的知识的割裂，失去了知识之间的内在联系，“几何画板”在一定意义上弥补了传统几何教学的不足之处。

1. 几何画板概述

“几何画板”是美国两位数学家为平面几何设计由人民教育出版社翻译出版的一个简单易学的数学教育平台，平面几何图形的动态智能画图与测量是其优势。1996 年开始经教育部中小学计算机教育研究中心组织课题组研究和推广，现在使用已经较为普遍，它能够满足平面几何教学的需要，为教师开发课件和学生自主探索提供了有效的工具。“几何画板”作图比手工作图方便、精确、直观、连续、节省时间。它提供了画点、直线、射线、线段、圆等的工具，可以任意画出欧几里得几何图形且注重数学表达的准确性，更重要的是它可以在变动的情况下保持图形设定的几何关系，如线段的中点在动态中永远为中点、平行直线在动态中永远平行、点与直线的结合性在动态中不发生改变等。正是由于这一点，它能帮助学生在动态中发现数学规律，进行数学的研究和实验，进而形成猜想，经过严格证明确定猜想是否成立，经历、体验和感受数学发现的过程，体会其中的乐趣以及公理化的思想方法，提高几何直觉与几何素养。

2. 几何学习的特点

自从欧氏几何体系建立以来，几何与演绎推理结下了不解之缘，几何教学培养学生逻辑推理能力的认识在人们的心目中根深蒂固。中华人民共和国成立以来，数学课程标准(数学教学大纲)、数学教材虽然经历多次变革，但是初中几何课程的内容和目标一直没有发生根本性的变化。在很多人心目中，几何与证明是等价的。

几何内容的过分抽象化、形式化，使其缺少与现实的紧密联系，使几何的直观优势没有得到充分发挥，而过分强调演绎推理和形式化使不少学生惧怕几何，甚至厌恶几何、远离几何，从而丧失学习数学的兴趣和信心。

《义务教育数学课程标准(2022 年版)》力图改变这种状况，从内容上来说，在传统平面几何内容外，增加了一些与“空间”有关的内容，对传统平面几何内容增加了“过程性、操作性”的要求。初中阶段图形与几何领域包括“图形的性质”“图形的变化”“图形与坐标”三个主题。学生将进一步学习点、线、面、角、三角形、多边形和圆等几何图形，从演绎证明、运动变化、量化分析三个方面研究这些图形的基本性质和相互关系。“图形的性质”强调通过实验探究、直观发现、推理论证来研究图形，在用几何直观理解几何基本事实的基础上，从基本事实出发推导图形的几何性质和定理，理解和掌握尺规作图的基本原理和方法；“图形的变化”强调从运动变化的观点来研究图形，理解图形在轴对称、旋转和平移时的变化规律和变化中的不变量；“图形与坐标”强调数形结合，用代数方法研究图形，在平面直角坐标系中用坐标表示图形上点的位置，用坐标法分析和解决实际问题。

人们认识周围世界的事物，常常需要描述事物的形状和大小，并用恰当的方式表述事物之间的关系。所以，认识或把握空间与图形的性质，借助形象、直观的图形进行合情推理，这是描述现实世界空间关系、解决学生生活和工作中各种问题的必备工具，也是图形与几何课程的主要任务。认识或把握图形与几何性质的方法、途径是多种多样的。比如，既可以通过折纸、实验等手段认识图形，也可以通过变换认识图形，当然推理也是认识图形的重要方法。数学推理不仅包括演绎推理，也包括合情推理。几何作为一个演绎体系，可以使学生感悟数学论证的逻辑，体会数学的严谨性，形成初步的推理能力和重事实、讲道理的科学精神。

为了实现这一意图，教材在编写时可以选择“两阶段”的处理方式，即实验几何阶段和证明几何阶段。先是采用实验的方法探索和认识图形的性质，后面再引入演绎证明的方法，证明前面探索过的部分结论。几何是研究现实生活中物质的形状、大小和位置关系的学科，处理和认识几何的方法是多样的。从几何认知方式看有实验和推理之分，但在认知过程中并非由实验到推理的简单过渡，而是相互影响与促进的：几何实验能引发几何论证的欲望和思路；几何推理则验证了实验中的猜测，从而引发更高层次的实验。

3. 几何画板在几何教学中的应用

(1) 几何画板便于师生作图。中学作图技能可分为工具作图、尺规作图及徒手作图三个层次。其中工具作图要求学生用刻度尺等做出规范的几何图形，强调规范性；尺规作图要求学生利用几何知识作图，强调几何关系；徒手作图则强调速度和几何关系，对精确性要求不高。几何画板作图至少在前面两个层次上更优越，即表现出快速性和准确性。几何画板界面上有直接用于画点、直线、圆，甚至椭圆的按钮，此外还提供了平移、旋转等简单变换。因此，几何画板使学生能快速准确地画出几何图形。值得指出的是，学生在这一作图过程中并没有使用太多的几何知识，只是借助几何画板这一新型的、高级的作图工具。其次，几何画板作图具有深刻性。实际上，几何画板是根据几何关系构建的几何软件，因此，利用几何画板作图可以不使用上述按钮，而模仿尺规作图的步骤做出基于几何关系的图形。这一作图过程要求学生拥有相关的几何知识，同时也使学生增进了对几何知识、几何关系的理解。

(2) 利用几何画板进行几何实验研究。欧几里得几何有严密的公理体系，似乎没有“实验”的特征。而事实上，平面几何中绝大多数的定理、命题是数学家“实验”出来的，在几何中视觉思维占据主导地位，几何作图就是视觉上的数学实验。首先，几何画板几分钟就能实现动画效果，还能动态测量线段的长度和角的大小，通过拖动鼠标可轻而易举地改变图形的形状，加强条件与结论的开放性，增强学生参与探索的过程，使学生在动态中去观察、探索和发现对象之间的数量关系与位置关系，有效地发挥几何画板在数学实验中的作用，使学生从“听数学”转变为“做数学”。几何画板有利于学生进行几何探究，这主要表现在三方面：提供了具有复杂图形的问题情境、探究工具及反馈工具。具体地说，几何画板能画出复杂的几何图形。如在教学“多面体的欧拉定理”时，教师可以利用几何画板轻易地画出正十二面体和正二十面体；其次，几何画板的动态功能和度量功能为学生的自主探究提供了可能，学生可以通过改变其中的部分变量，观察其中不变的几何关系，进而形成猜想。如在“三角形中位线”教学中，学生可通过度量发现一个具体三角形中位线的性质，通过改变三角形的形状得到更一般的猜想；最后，几何画板为学生的几何探索提供了反馈。一方面，当学生的猜想被计算机验证时，学生将产生强大的自信心，这种直接的反馈比老师的反馈更为有效。另一方面，当计算机的反馈结果与学生的猜想不一致时，将使学生由于意外或反直观而产生一种惊奇感，这不仅不会挫伤学生探究的积极性，反而会激发学生更深入地思考其中原因。

(3) 利用几何画板解决定值问题。在给定条件下，几何图形的变化往往具有一定的规律，研究几何图形在变化过程中某些性质或数量关系的不变问题即为几何图形的定值问题。在定值问题中通常都未给出具体的定值或确定位置，需要用特殊化法猜测，然后予以证明。教学中的难点往往在于对定值的寻求与猜测上。传统方法是利用尺规在黑板上画出特殊位置的图形，然后加以分析，形成猜想。这样做费时费力，效果也不是很明显。几何画板动态作图功能给探求定值提供了有效的工具。

(4) 利用几何画板进行轨迹探求。轨迹是初等几何的重要内容，探求点的轨迹是几何教学的难点和关键。传统的直接探求法——描迹法，步骤比较烦琐，由于描点数量有限，不能完整反映轨迹图形的全貌，给轨迹的教学带来很大的难度。几何画板的动态追踪点的功能，使轨迹的探求迎刃而解。

但是，几何画板不能代替几何教学，只能在几何教学中起到辅助作用，它能优化几何课堂教学结构，体现几何的研究特点，实现实验的教育价值，提高数学的教学质量。动态几何软件只是能满足可视化效果，创造出有趣的可视现象，解释这些现象的方法就是求助于几何理论。技术与几何教学整合的意义在于，通过新技术所提供的各种可能性，来支持、完善和改变几何的教学与学习，不在于技术本身的使用，技术可以看作是一种产生问题或反例的催化剂，它可以使教师设计新的教学方案，从理论上能够更好地揭示几何对象的内在几何性质，而不是仅仅停留在对几何对象的外在图形性质的观察和概括上。

二、Microsoft Math 在函数学习中的应用

函数是中学数学的一个核心内容，历来是课程改革关注的焦点，也是中学生感到最难学的内容之一。在传统中学数学中，学生从初三开始接触函数概念，然后研究正、反比例函数、一次函数和二次函数的图像和性质，到了高一，则在此基础上对函数概念进一步抽象，用集合映射的语言给出函数定义，研究函数的一般性质，研究幂函数、指数函数、对数函数与三角函数。实践证明，函数内容的这种处理方式不利于学生领悟函数概念中所蕴含的变量与变量之间依赖关系的思想，导致许多学生仍然停留在用静止的眼光看待函数，机械地记忆函数概念与函数性质。现在，数学课程对函数内容的设计进行了调整，力图遵循循序渐进、螺旋上升的原则，体现知识逻辑与学生认知逻辑的统一。例如，北师大版数学教材在七年级下学期安排了“变量之间的关系”，在八年级上学期给出函数定义并研究一次函数，九年级上、下学期分别安排了反比例函数与二次函数。从内容呈现方式看，注意选取生活的事例创设情境，让学生经历具体情境中两个变量之间关系的过程，从非正式的了解与体会逐步过渡到数学的正式讨论。这样一种设计力图顺应学生的认识规律，从感觉到理解，从意会到表达，从具体到抽象，从说明到验证，一切可在眼前发生，数学的抽象变得易于理解，数学的严谨变得合情合理，这样学生能够较为透彻地领会函数思想形成的过程，提高数学学习的兴趣。Microsoft Math 软件教育平台为其提供了实现这些目标的工具与环境。

1. Microsoft Math 的功能

微软在美国、英国、法国、德国调查研究后发现，12～18 岁学生的家长有 71% 在辅助孩子完成作业方面感到力不从心，在充分调查和向多方学习后，微软推出了功能强大、全面覆盖学生基础课业的 Microsoft Student 2006 软件。其中 Microsoft Math 软件主要功能如下。

图 13-1 就是 Microsoft Math 的界面，左侧是不同类型的功能键区，包括复数、统计、三角、线性代数、基本计算等功能键；右侧是工作区，可以进行不同类型的输入操作和结果输出。在右侧的工作区，包括工作表、绘图、解方程(组)三个功能块。而绘图功能块中又包括函数、方程、数据集、参数方程、图像控制等功能区。对于函数，利用图形计算器不仅可以快速生成函数图像，而且可以在同一屏幕上实现一个函数的三种表征：图像、数对、函数表达式。对于含有参数的函数，利用图像控制功能不仅可以实现动态跟踪，而且可以通过动画按钮设置参数变化范围，并动态呈现函数图像的变换过程。如图 13-1 给出了含有参数的函数的图像以及自动生成的数对列表(默认 a=1)，更为特别的是，利用图形计算器的动画功能可以随意设置参数 a 的变化范围，直观地看到函数的图像随着参数 a 的动态变化

过程，从中可以发现参数 a 对函数图像的影响趋势。

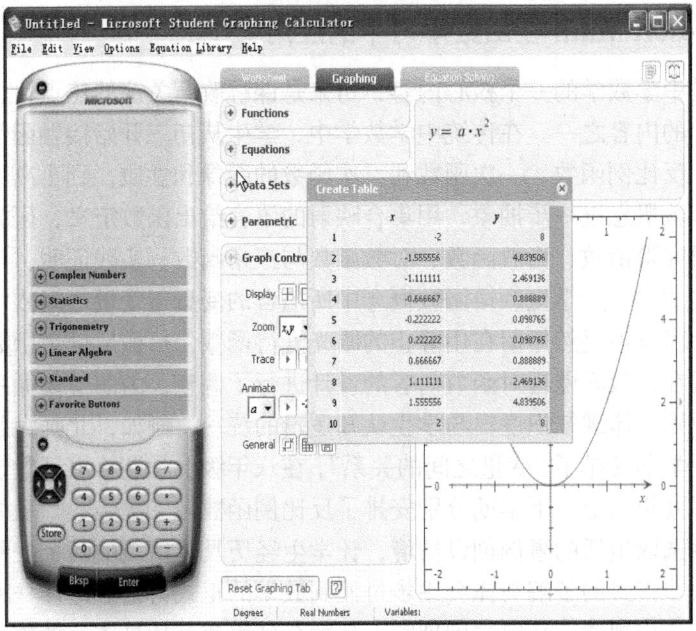

图 13-1　Microsoft Math 界面及应用样例

2. Microsoft student graphing calculator 支持函数学习样例

课题：一次函数的图像及其性质的主要教学过程设计(约需两个课时)

1) 函数图像的概念

教师活动：函数是研究变量之间关系的数学模型，在实际生活中，这种变化关系不仅需要借助数学关系式来表达，同时更需要借助图形来直观的呈现，为此就需要研究函数的图像。函数图像不仅可以直观表征变量之间的关系，而且是人们认识函数性质的窗口。那么如何定义函数的图像？为此，请学生先利用图形计算器画一个函数的图像，并利用图形计算器的跟踪(trace)功能感知函数图像的形成过程。通过操作你能发现函数图像是如何形成的吗？你能否给出函数图像的概念？

学生活动：利用图形计算器画出函数图像，并利用跟踪功能感知、体会函数图像的形成过程，归纳函数图像的定义。

在学生归纳总结和教师点拨提炼的基础上形成函数图像的定义：把一个函数的自变量 x 与对应的因变量 y 的值分别作为点的横坐标和纵坐标，在直角坐标系内描出它的对应点，所有这些点组成的图形称为该函数的图像。

图 13-2 动态地展示了函数 $y=x^2$ 图像的形成过程，学生可以直观地看到函数的图像实质上是由无数多个满足函数关系式的动点组成的图形。

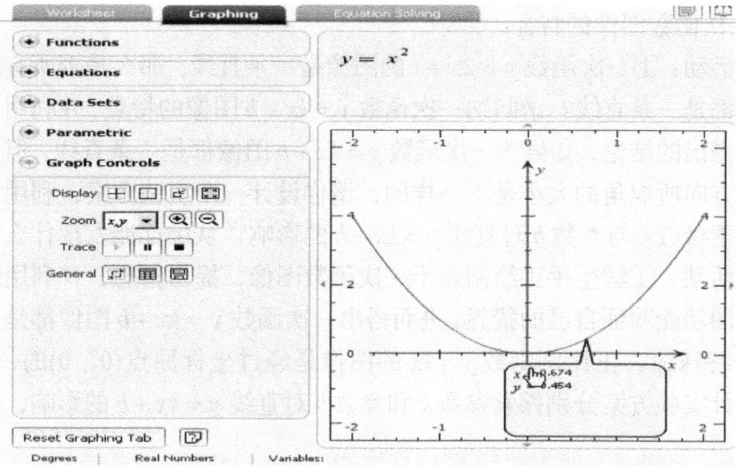

图 13-2 函数图像的动态形成过程

设计意图：让学生明确学习函数图像的意义，并通过亲自操作感知函数图像形成的过程。图形计算器使得学习内容由静态变动态，由抽象变形象，学生可以真正地看到点的运动过程和曲线的形成过程。图形计算器为学生观察现象、发现结论、探讨问题提供了理想的工具与环境。

2) 函数图像的画法

教师活动 1：我们已经知道函数图像实质上是由直角坐标平面内满足函数关系的无数个点组成的图形，那么如何在直角坐标平面内找到这些点？需要找多少个点？怎样利用这些点画出函数的图像？

学生活动 1：自主思考，合作交流，达成共识。

设计意图 1：以问题为驱动，以问题探索为形式，以实际问题解决为目的，突出学生的认知主体地位，通过自主思考、合作交流，明确画函数图像的基本思路，为下一步自己动手画出具体函数图像奠定基础。

教师活动 2：明确了画函数图像的基本思路，现在请同学们亲自动手画出一次函数 $y=2x+1$ 的图像，并归纳总结出函数图像的画法。教师巡视，收集反馈信息，适时点拨指导。

学生活动 2：手工绘制函数图像，并尝试归纳函数图像的画法：列表、描点、连线。

设计意图 2：尽管图形计算器能够迅速直接地画出函数图像，但传统的手工画函数图像的方法仍然是不可丢弃的，因为学生可以从中理解函数图像生成的过程，形成必要的画图技能，而利用图形计算器学生只能看到画图的结果，同时希望借此过程学生能够归纳总结出函数图像的画法。

3) 一次函数图像的特征

教师活动：①一次函数 $y=2x+1$ 的图像是一条直线，那么是否所有的一次函数的图像都是一条直线？请归纳一次函数 $y=kx+b$ 图像的特点，并利用图形计算器验证你得出的结论；②虽然一次函数 $y=kx+b$ 图像都是一条直线，但这些直线与 x 轴正方向所成角的大小是不一样的，请你设计一个实验方案，利用图形计算器分别探索参数 k 与参数 b 对直线 $y=kx+b$ 的影响，从中你能发现什么规律？

学生活动：①学生手工绘制若干一次函数图像，提出猜想，并利用图形计算器快速作图功能验证自己的猜想，进而得出一次函数 $y=kx+b$ 图像都是一条直线的结论。特殊地，正比例函数 $y=kx$ 的图像是经过坐标原点(0，0)的一条直线；②学生设计实验方案分别探索参数 k 和参数 b 对直线 $y=kx+b$ 的影响，并从中总结规律。

如图 13-3 所示，利用图形计算器的动画(animate)功能，学生可以清楚地看到当 $b=2$ 时，参数 k 从-2 连续变化到 2 时直线的变化趋势。类似地，也可以利用动画按钮处的选项将参数 k 换为参数 b，观察当 k 值固定时，参数 b 值的变化对直线的影响。

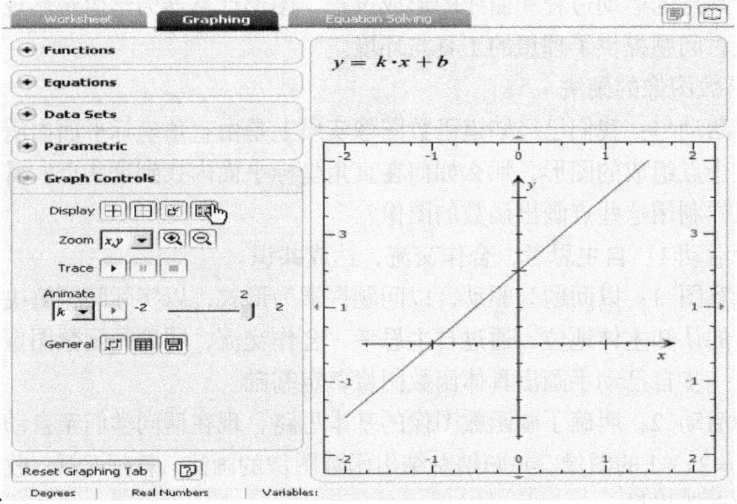

图 13-3　含有参数的函数图像的动态变换过程

设计意图：基于计算机的图形计算器的使用正在改变传统数学的性质，数学既是演绎科学也是归纳科学。图形计算器的出现改变了数学只用纸和笔进行研究的传统方式，给学生的数学学习带来了先进的工具，使得“数学实验”成为学生进行探究性学习的一种有效途径，一种新的“做数学”的方法，即主要通过计算机实验从事新的发现。图形计算器既是学生验证猜想的工具，更是学生进行探索实验的平台。此处渗透数学实验设计以及分类讨论等思想方法。

4) 一次函数的性质

教师活动：通过上面的探索实验，我们已经从图形直观的角度了解了一次函数图像的特征，而这些特征本质上是由函数本身具有的性质决定的，这充分体现了数学研究的基本思想方法——数形结合："数无形时少直觉，形少数时难入微。"下面请同学们借助一次函数图像的特征，从函数表达式即"数"的角度归纳一次函数的性质，并填写表 13-1。

表 13-1　一次函数的性质

	表达式	图像		性质
$b=0$	$y=kx$	$k>0$		
		$k<0$		
$b\neq 0$	$y=kx+b$	$k>0$		
		$k<0$		

学生活动：自主探究，合作交流，汇报结果。

设计意图：函数图像是认识函数性质的窗口。利用图形计算器可视化的优势，能够从数与形的结合上准确呈现出一次函数的图像怎样随参数的变化而变化，帮助学生在操作中体会图像与 x 轴正方向所成角的大小、与 y 轴的交点等与参数的内在联系，为数与图像关联的教与学提供了极大的便利。本环节正是希望学生在动手实验探索的基础上，进一步进行理性归纳，得出一次函数的性质，并能进行适当的解释。

5) 拓展延伸，建构一次函数之间的关系

教师活动 1：由一次函数的性质可知，函数 $y=2x+6$ 和 $y=5x$ 随着 x 值的增大 y 的值也增大，请思考当 x 从 0 开始逐渐增大时，$y=2x+6$ 和 $y=5x$ 哪一个的值先达到 20？这说明什么？提出你的猜想，并用图形计算器验证你的猜想。

学生活动 1：自主思考，提出猜想，验证猜想，得出结论。

设计意图 1：进一步让学生利用函数的性质，研究两个函数随着自变量 x 的增大，函数值变化的不同速度，渗透数形结合的思想、运动变化的观点及所蕴含的单调函数的特征，为后续进一步学习函数性质奠定基础。

教师活动 2：一次函数的图像都是一条直线，那么直线 $y=-x$ 和 $y=-x+6$ 的位置关系如何？直线 $y=2x+6$ 和 $y=-x+6$ 的位置关系又如何？从中你能得出什么结论？利用图形计算器验证你所能得出的结论，并与同学进行交流。

学生活动 2：学生手工绘制函数图像或用图形计算器画出函数图像(图 13-4，图 13-5)，观察两条直线的位置关系，并提出猜想，验证猜想，得出结论：对于

$y = k_1x + b_1$ 和 $y = k_2x + b_2$，当 $k_1 = k_2$ 时，两直线平行；当 $k_1 \neq k_2$ 时，两直线相交。反之，结论也成立。

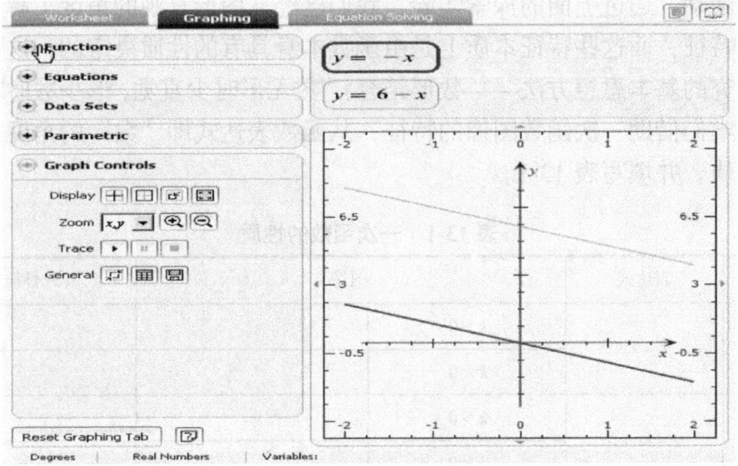

图 13-4　直线 $y=-x$ 和 $y=-x+6$ 的位置关系

设计意图 2：这是一个操作、观察、归纳、猜想、验证的数学活动过程，通过两个函数图像的位置关系，得出函数表达式的特征；反过来，两个函数表达式的特征也决定了函数图像的位置关系。此环节有效地沟通了不同的一次函数之间的关系，进一步渗透了数形结合的数学思想方法，同时也为后续学习二元一次方程组奠定了良好的认知基础。图形计算器为数学思想方法的可视化以及进行“数学实验”提供了理想的工具与环境。

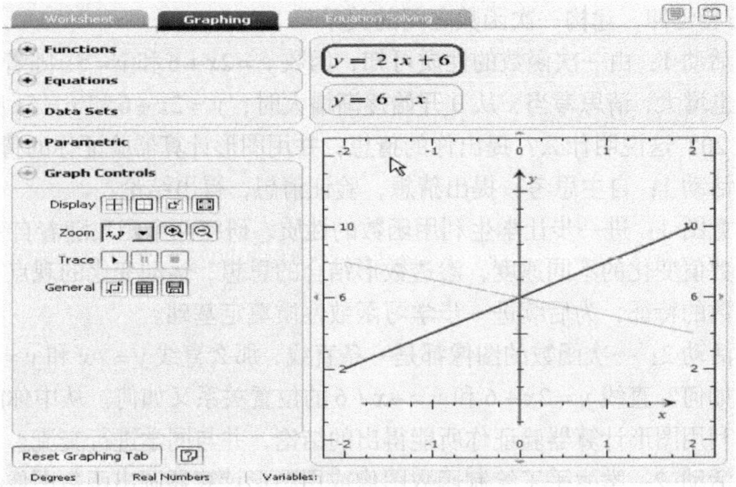

图 13-5　直线 $y=2x+6$ 和 $y=-x+6$ 的位置关系

3. Microsoft Math 支持函数学习的优势

从上述样例中可以看到，图形计算器的有效利用为降低学生函数学习中的难度提供了理想的工具与环境，主要体现在以下几点。

一是图形计算器的有效利用，不仅可以大大增强函数学习的直观性，克服思维发展水平的局限，提高学生学习的兴趣和教学效率，而且有利于改变学生的被动接受的学习方式，充分发挥学生的认知主体作用。如利用图形计算器生成各种初等函数图像，通过跟踪功能、自动列表功能、动画显示功能等多种表示方式呈现变量之间的相依关系，真实地再现函数图像的生成过程，加深学生对函数图像特征、函数概念本质及其性质的理解，使得“多重表示的相互转换”这一重要函数学习理论的实现成为可能，即同一函数关系可以用四种不同的方式——列表、文字描述、图像、解析表达式来刻画。这为具有不同认知风格的学生或同一学生从不同角度理解函数的本质内涵提供了可能。

二是图形计算器为学生进行“数学实验”提供了理想的工具与环境。函数图像是学生认识函数性质的窗口，而图形计算器为学生进行各种类型函数图像特征的探索提供了理想的实验环境。为了探索函数的性质，学生可以借助图形计算器快速生成一些具体函数图像，通过观察图像特征，发现规律，提出猜想，而提出的猜想是否正确，又可以利用图形计算器进行验证，进而做出解释，特别是对于含有参数的函数解析式，参数的变化是如何影响函数图像的变化的？具有怎样的规律？利用传统的教学手段是难以取得理想效果的。图形计算器为进行类似的“探究性实验”提供了理想的平台。教师引导学生对要进行探究的问题设计实验方案，然后根据实验方案借助图形计算器进行实验、猜测、探索等数学发现活动，实现“数学教学是数学活动的教学”，实现函数学习的“再创造”过程，让学生亲身经历运用函数知识建立模型及探索规律的过程，体验数学思想方法的价值，增强学好数学的信心，培养学生的科学探究和创新能力。

三是图形计算器更有利于学生从函数观点深入地探索方程(组)、不等式与函数之间的内在联系。函数、方程、不等式都是描述现实世界数量关系和变化规律的数学模型，它们之间既有区别又有联系。图形计算器的有效运用，能够使学生体验数形结合、类比、归纳、分类以及由特殊到一般的思想方法在解决问题中的应用。例如，北师大版八年级下册“不等式表示的平面区域”的内容，就可以让学生利用图形计算器进行如下探究：在数轴上，$x=1$表示一个点；在直角坐标系中，$x=1$表示什么？在数轴上，$x\geqslant 1$表示一条射线；在直角坐标系中，$x\geqslant 1$表示什么？在直角坐标系中，$x+y-2=0$表示一条直线；在直角坐标系中，$x+y-2>0$表示什么？$x+y-2<0$呢？对于后者可以先做出$x+y-2=m$的图像，并通过图形计算器的参数设置功能分别就$m>0$和$m<0$两种情况进行动态模拟，这样$x+y-2>0$和$x+y-2<0$所表示的平面区域就可以直观地呈现在学生

面前。在此基础上让学生进一步探究不等式组所表示的平面区域即水到渠成了！总之，图形计算器的函数与方程的绘图功能和自由设置参数的动画显示功能为学生学习函数、方程、不等式和高中平面解析几何提供了理想的实验环境与工具。

四是基于计算机的 Microsoft Math 在支持学生数学学习中的最大优势还在于不需要教师提前花费大量的时间制作课件，只要具备计算机环境和掌握图形计算器软件的基本操作，就可以在课堂教学中根据需要随时让学生进行调用，为实现学习目标服务。

要使信息技术与数学教学更好地整合，必须让数学教师用较少的时间创作出合适的课件，或不需要花时间制作课件，并在课堂教学中熟练地、经常地使用，就像使用粉笔和黑板一样自然流畅。随着人们在教学实践中对 Microsoft Math 的强大功能认识的深入和推广力度的加强，信息技术与数学课程整合的理论与实践必将迈入一个新的阶段。

第十四章　数学教育论文写作

第一节　数学教育论文撰写过程

数学教育论文撰写不是一蹴而就的，而是一个过程，这个过程一般来说都要经历选题与选材、立纲与执笔、修改与定稿三个阶段。

一、选题与选材

对自己所写的文章，是属于理论探讨方面，还是属于教材教法方面；是属于解题方法技巧方面的，还是教学经验总结方面的；是属于争鸣方面的，还是属于综述方面的；所阐述问题的深度和广度等，作者先要做到心中有数，具有明确的目的性和主题，即这篇论文写什么，解决什么问题，贡献什么内容，能够给同行提供什么样的启示。

如果经查阅资料后，你发现一个别人没有研究过的课题，固然令人兴奋，但是也会面临很大的挑战。这就要在更大的范围内查阅资料，并认真展开探讨与研究，在冷静地分析为何这是一个研究的“空白点”后，需要进一步核查、分析自己已经取得的成果，如果觉得自己能够做出一些突破，并且具备一定的基础与条件，就应该鼓足勇气钻研下去。

如果经查阅资料后，你发现这是一个老的课题，已经有很多人对此作过探讨与研究，但也不要轻易否定这个选题，从而失去信心。这时你需要深入钻研这些资料，思考能否得到进一步的启发并提出一些新的见解，有没有必要写出综述，有没有必要展开深入讨论。事实上，目前多数中学数学论文的选题一再重复，屡见不鲜，问题是你能否在类似的题材中从不同的角度，结合不同的实例，根据不同的需要，写出一定的新意来，使观点更新颖、方法更有效、结论更有用，最终使论文有很强的先进性、针对性和实用性。

二、立纲与执笔

选材确定以后，如何进行执笔写作？这既要讲究一定的方法技巧，也有很高的文字功夫要求。论文写作首先要将内容、结构布局安排合理，这与撰写普通文章一样，先要拟定一个写作提纲，准备分成几个部分，各个部分介绍什么内容，这些部分之间关系如何组织？这都需要进行精心设计、统筹安排，论文才能做到结构严谨、层次分明，具有良好的结构性和合理的逻辑性。

一旦论文框架确定下来，结构确定下来，接下来就可以进行具体的写作了。论文写作也是围绕着论文一级标题、二级标题等进行的，在每一级标题下的内容一定要围绕这个标题来展开，不可信马由缰，不可信口开河，一定紧扣主题。在撰写论文初稿时，建议对文字的数量不要做限制，对文字的润色不要做考虑，先将自己对这一问题的原始思考尽可能地表达出来。

三、修改与定稿

修改是文章初稿完成后的一个加工过程，它包括论文文字的修改、材料的核实、逻辑性的调整、科学性的推敲等。论文初稿形成以后，作者应从头至尾反反复复地阅读，逐字逐句地推敲，审核文中的论点是否明确，论据是否充分，论证是否合理，结构是否严谨，计算是否有误等。一篇好的学术论文，应该是既有好的论文内容，又有好的文字表达。因此，文字的功夫对写论文来说也很重要。数学教育论文，贵在朴实，意思表达清楚即可；少用浮词，免得冲淡文章中心。

第二节　本科学位论文撰写

学位论文又称毕业论文，是学生用以申请授予相应的学位作为考核提交的论文。它体现了作者本人从事创造性科学研究而取得的成果和独立从事专门技术工作具有的学识水平和科研能力。论文写作目的是获得学位，因而它具有不同于一般学术论文的特点和要求。

一、本科学位论文的特点

本科学位论文是高等院校毕业生，在毕业前必须独立完成的一次作业和考核，是高等学校教学过程中的一个环节。它是一项比较复杂的学习、研究和写作相结合的综合训练，是学生在大学阶段全部学习成果的总结。高师院校数学教育专业的学生在教师指导下通过撰写数学教育毕业论文，受到一次良好的数学教育科学研究的训练，获得初步的数学教育研究和论文写作的能力，可为今后的研究工作打下良好的基础。

国家学位条件中规定，本科毕业生要取得学士学位，必须达到以下两点要求：①能较好地掌握了本学科的基础理论、专业知识和基本技能。②具有从事本学科科学研究工作和担负专门技术工作的初步能力。

因此，简单说来，所谓学士论文就是本科毕业生的毕业论文。学士论文一般都是在有经验的教师(讲师以上职称)指导下完成的。只有学士论文合格，方可取得学士学位。

二、本科学位论文的要求

本科学位论文通常包括前置部分、正文、尾部三个部分。论文的前置部分包括封面、题目、摘要、关键词、主题分类、目录。前置部分页码是独立的，一般使用罗马字母作为页码标志，从题目页开始标注，位置居于页面底端中部。论文的正文包括论文前言、论文正文和论文结论。论文的正文页码用阿拉伯数字标注，位于页面底端居中位置。这一部分是论文的主体。论文的尾部主要包括致谢、参考文献、附录，尾部页码延续正文页码编序。当然，不同学校对于本科学位论文要求有一定的差异性。

(一) 论文前置部分

1. 封面

封面是毕业论文的外表面，能提供有用的信息，同时起到保护作用。一般来说，封面依次包括以下内容：①分类号，在左上角注明；②大学名称，位于封页上端中部；③论文题目；④论文目的(本科学位论文)；⑤学院名称；⑥作者姓名；⑦指导教师姓名、职称；⑧专业名称；⑨论文提交时间、答辩时间。

注意：①论文封面不标页码；②不同的学校对封面有一些更加具体的要求，学生也应遵循这些要求。

2. 题目

论文题目应当简明扼要、清楚明了，能起到概括论文主要内容的作用。同时，论文标题还应考虑题录、索引和检索的需要，为选择关键词和文献分类提供一定的便利性。论文题目一般不要超过 20 个汉字，如有必要可添加副标题。

3. 摘要

摘要是对论文内容高度概括性的总结，在读者不阅读论文全文的情况下，也可以通过摘要获得有关论文的主要信息和核心内容。所以，摘要写作尤其重要，学生应以精益求精的态度，反复斟酌修改，确保摘要写作质量。

摘要的基本要求如下：①应以高度浓缩的方式陈述论文核心内容，不要重复解释论文题目；②字数应控制在 250 字左右；③应该通俗易懂；④宜采用朴实的语言，忌使用华丽的语言；⑤摘要内容一般包括研究的问题，使用的方法，得到的结论，结论的意义，有时为了促进读者认识论文的价值，也可以加上一些有助于提高论文地位的介绍和讨论，但是切忌过分夸大；⑥不要使用第一人称，如不宜用“我们讨论了……”，而应是“本文讨论了……”；⑦避免使用陌生术语；⑧脚注、引证、表格、插图、公式等不应在摘要中出现；⑨除了中文摘要以外，还应撰写英文摘要，英文摘要须与中文摘要对应，写作模式也与中文摘要相同。

4. 关键词

关键词，有时也称主题词，是反映论文最主要内容的术语。通过关键词，读者可以很快了解到论文所研究问题的范围、方法、甚至研究的大致内容。另外，关键词对文献检索有重要作用。

关键词的写作要求如下：①一篇论文的关键词应控制在 3～8 个之间，关键词之间用分号分隔，最后一个关键词不使用标点符号；②关键词要反映论文的核心内容，一般按照在论文中重要性从大到小的顺序排列；③关键词与题目、摘要有密切的联系，如果大多数关键词在摘要中没有出现，要么关键词的选择有问题，要么摘要的写作有问题,这时就应做出相应修改;如果关键词在题目中没有出现，这时就应考虑修改题目，或者调换相应的关键词；④英文关键词要与中文关键词一一对应。

5. 主题分类

所谓主题分类是指论文属于哪个专业领域，政府或组织或权威学术机构对专业领域进行了分类，为了适应期刊检索需要，越来越多的人在论文中标明论文所属的专业领域。中文期刊的主题分类一般使用的是“中图分类号”。当然，主题分类未必只有一个，一篇论文可能涉及多个主题,这时可以标出 2 个或 3 个分类号，主分类号排在首位，多个分类号以分号分隔。当然，我们一般还是选用一个最贴近论文内容的分类号。

6. 目录

论文目录应置于英文摘要后，以“目录”为标题，放在页的上端中部，页码位于页的下端中部，并用罗马字符标志。①目录不应包括论文封面，但应包括致谢、摘要(中文和英文)、前言、论文正文、附录和参考文献等；②目录中可列出论文正文的三级标题;③如果某一标题长度超过一行,另起一行时应缩进三个字符;④目录中的各部分编号应与论文中的一致。

对于初学数学教育论文写作的人来说，除了懂得怎样确定研究课题、拟出合适的论题、掌握必要的研究方法和选读一些优秀论文以外，还要了解数学教育论文的基本结构和写作要求，并进行反复的写作训练，在实践中摸索和总结。

(二) 论文正文

论文正文包括：前言、主体和结论这三部分。在论文的正文中，作者应阐述自己的观点，运用充分的论据，采取恰当的方法，展开严密的论证。这是论文占据篇幅最大的部分。

1. 前言

前言的主要内容有：①选题理由，阐述论文的选题理由、意义和论文中心，要求能够反映作者对论文课题的研究方案的充分论证；②文献综述，文献综述的目的是考核学生检索、搜集文献资料后综述文献的能力，了解其研究工作的范围和质量。它综合叙述关于本课题的产生、发展，既有历史回顾和关于学科概念、规律的理论分析，也有前景展望和前人工作的介绍，还要说明现在的知识空白。文献综述要能够反映作者具有坚实的理论基础和系统的专门知识，具有开阔的科学视野和对文献综合、分析、判断的能力，从而展开作者在本学科发展上的见解；③学术地位，阐述本课题解决的具体问题及其工作界限、规模和工作量，说明本课题工作在本学科领域内的学术地位，能够反映作者在论文所属学科领域的学术水平。

2. 主体

论文的主体是整篇论文的核心，它体现学术论文的质量和学术水平的高低。主体部分必须对研究内容进行全面的阐述和论证，包括整个研究过程中观察、测试、调查、分析的材料，以及由这些材料所形成的观点和理论。论文中的论点、论据和论证都要在论文主体中得到充分的展示。为了使论述具有条理性，主体部分一般都划分为若干小节，每一小节应有一个标题。主体部分撰写的基本要求是：有材料、有观点、有论述；概念清晰，论点明确，论据充分、严密，合乎逻辑，无科学性差错；叙述条理清楚，文字通顺流畅，能用准确、鲜明、生动的词句和语言进行表述。

3. 结论

论文的最后，需要对主体所论及的内容作归纳小结，以便读者阅读该篇论文后，能加深对论文的概括了解，掌握其核心思想。论文结论可根据文章具体内容的不同，分为如下三种常见写法。

1) 以结论的形式结尾

在全文的结尾，作者会给出本文的明确结论，即把论文中的观点或论点用肯定的、明确的、精练的语言简洁地表达出来，包括用公式或定理的形式表达，这对全文起着画龙点睛的作用，是对整篇论文的归纳总结。

2) 以讨论的形式结尾

有一些论文的结束语，作者会采用讨论的形式，这是由于作者通过对论文的叙述，感到有些问题需要与读者讨论交流，这是一种留有余地的做法。一般来说，用讨论式结论有四种：①提出待解决的问题；②提出对某一问题的猜想、推测；③对一些数学问题、教育问题提出不确定的看法；④提出本文研究结果与他人研究结果的比较性看法。

3) 以结束语的形式结尾

有一些论文采用写结束语的形式进行结尾，写结束语就不能像下“结论”那样写得干脆、明确，也不能像“讨论”那样把一些主要问题列出来进行讨论，而是将两者"合二为一"，兼而有之，即既有结论性的意见，又有讨论、推论、建议等。在中学数学教学论文中采用结束语的形式作为文章结尾较为普遍。

(三) 论文尾部

论文的尾部包括参考文献、附录和致谢三个部分。

1. 参考文献

参考文献是指作者在撰写论文的过程中所引用的图书资料，包括参阅或直接引用的材料、数据、论点、语句，而必须在论文中注明出处的内容，如中外书籍、期刊、学术报告、学位论文、科技报告、专刊和技术标准等。注明出处是论文科学性的要求，也是作者尊重前人或别人研究成果的具体体现，同时还可向读者或同行提供研究同类问题或阅读理解本文可以参阅的一些文献或资料。

撰写论文参考文献可按照 GB7714—2005《文后参考文献著录规则》进行。

2. 附录

附录是指因内容太多，篇幅太长而不便于写入论文，但又必须向读者交代清楚的一些重要材料，主要是因为有些内容意犹未尽，列入正文中撰写又可能影响主体突出，为此在论文的最后部分用补充附录的方法进行弥补。附录主要包括有关座谈会提纲、问卷表格、测试题与评分标准、各类图表等。

3. 致谢

对论文曾经进行指导、提出建议和给予帮助的老师和机构，作者应该表示感谢；一些机构或者个人允许作者在论文中使用其研究成果，作者也应表示感谢。当然，作者对指导老师的指导和帮助也应表示感谢，但应避免使用过度赞美的语言。

三、本科学位论文的答辩

本科学位论文的答辩是审查论文的一种补充形式，是对论文的最后检验，是对学生学术水平和研究能力的综合考核，也是学生再学习、再提高的一个过程。通过论文答辩，学生能够明确存在的问题及今后的努力方向，答辩结果是授予学位的主要依据。

论文答辩须在有领导有组织的答辩会中进行。答辩前须提交答辩报告，答辩报告应该既是内容的简述，又是论文的提炼、充实和评析，应做到突出重点，抓住关键，简要清晰，逻辑性强。只有事先拟好答辩报告，并能对应答情况有所准备，才能收到好的答辩效果。答辩报告的内容应包括以下七个方面：①选题方面，包括选题的动机、缘由、目的、依据和意义，以及课题研究的科学价值；②研究的起点和终点，该课题前人做了哪些研究，其主要观点或成果是什么，自己做了哪些研究，解决了哪些问题，提出了哪些新见解、新观点，主要研究途径和方法等；③主要观点和立论依据，论文立论的主要理论依据和事实依据，并列出可靠、典型的资料、数据及其出处；④研究成果，研究获得的主要创新成果及其学术价值和理论意义；⑤存在问题，有哪些问题需要进一步研究、探讨，并提出继续研究的打算和设想；⑥意外发现及其处理设想，研究过程中有哪些意外发现还未写入论文中，对这些发现有何想法及其处理意见；⑦其他说明，论文中所涉及的重要引文、概念、定义、定理和典故是否清楚，还有哪些需要说明的问题等。

第三节　数学教育论文撰写

在数学教学过程中，为了解决数学教学问题、提升数学教学质量、促进教师专业发展，教师需要对有些问题进行深入的思考，甚至开展系统的研究，在思考和研究后常常需要撰写数学教育论文。

一般来说，数学教育论文包括首部、主体和尾部三部分，具体结构如图 14-1 所示。

- 首部
  - 题目
  - 署名与单位
  - 摘要与关键词
- 主体
  - 前言
  - 正文
  - 结论或讨论
- 尾部
  - 致谢
  - 参考文献
  - 附录
  - 英文摘要

图 14-1　数学教育论文整体结构

一般数学教育论文整体结构与学位论文是一致的，很多撰写要求也是一样的，这里主要介绍与学位论文不同的两个地方。

第一，作者署名和工作单位。论文完成以后，一般须在论文上签署作者的真实姓名与工作单位，这样既表示作者文责自负的认真态度，又反映研究成果的归属，也表示作者对论文所拥有的版权。署名是以是否直接参加全部或主要工作，能否对研究工作负责，是否做出较大贡献为衡量标准的。因此，通常以贡献大小的先后次序作为署名的顺序。

第二，英文摘要。论文到了最后还要提供英文的题目、姓名、单位、摘要和关键词，以便于论文的国际交流和检索。这项工作要根据具体要求而定，有的刊物对此不作要求。

第十五章　数学教师的专业成长

当前，教师专业化发展已经成为国际教师教育改革的重要趋势，受到许多国家的关注和重视，也是我国教育改革实践提出的一个具有重大理论意义的课题。党和国家高度重视我国基础教育教师队伍建设，2014 年第 30 个教师节前夕，习近平总书记在北京师范大学考察时号召广大教师要成为有理想信念、有道德情操、有扎实学识、有仁爱之心的好老师。习近平总书记还指出："一个人遇到好老师是人生的幸运，一个学校拥有好老师是学校的光荣，一个民族源源不断涌现出一批又一批好老师则是民族的希望。"在建设教育强国的新征程上，造就一支高素质专业化基础教育教师队伍，对于办好基础教育乃至整个国民教育至关重要。数学是基础教育阶段的重要学科之一，在形成人的理性思维、科学精神和促进个人智力发展的过程中发挥着不可替代的作用。建立一支优秀的数学教师队伍对于实现数学学科育人功能、发展学生核心素养至关重要。

第一节　数学教师专业成长过程

数学教师专业成长基本可以分成三个阶段：奠定基础阶段、走向成熟阶段、追求卓越阶段。以下我们就来分析数学教师在专业发展的各个阶段需要注意哪些事项。

一、奠定基础阶段

1. 选择从教方向

我们先来阅读一个故事：

西撒哈拉沙漠中有一个叫比塞尔的小村庄。传说，村里从来没有一个人走出过大漠，不是他们不愿离开这块贫瘠的地方，而是尝试过很多次都没人能走出去。英国皇家学院院士莱文对这种现象感到很奇怪，他来到这个村子向这儿的每一个人问其原因，每个人的回答都一样：从这儿无论向哪个方向走，最后结果总是转回出发的地方。为了证实这种说法，他尝试着从比塞尔村向北走，结果三天半就走了出来。莱文非常纳闷，比塞尔人为什么走不出来呢？为了进一步找到原因，莱文雇了一个比塞尔人，让他带路，而莱文自己收起指南针等现代设备，只拄一木棍跟在后面。十天过去了，他们走了大约 800 英里的路程，第十一天的早晨，他们果然又回到了比塞尔。这一次莱文终于明白了，比塞尔人之所以走不出大漠，是因为他们根本就不认识北斗星。在一望无际的沙漠里，一个人如果跟着感觉往前走，他会走出许许多多、大小不一的圆圈，最后的足迹十有八九是一把卷尺的形状。比塞尔村处在浩瀚的沙漠中，方圆上千公里没有一点参照物，若不认识北斗星又没有指南针，想走出沙漠，确实是不可能的。这个与莱文一起配合的青年就是阿古特尔。阿古特尔因此成为比塞尔的开拓者，多年以后，他的铜像竖在小城的中央。铜像的基座上刻着一句话：新生活是从选定方向开始的。

其实我们在进入大学时就应做好个人未来职业规划,大学毕业就要面临就业，也即选择职业。每个人的职业生涯就像要走出这沙漠一样，每天的工作都是处于走向成功的起点，关键在于确定自己的职业方向和奋斗目标。如果你想成为一名数学教师，你就要选择师范教育专业；如果你想享受数学教学的乐趣，你就要选择数学教师职业。

2. 坚定从教态度

你喜欢教师这个职业吗？如果喜欢，这是你的选择，那么要恭喜你，你已经成功了一半。但是那毕竟只有成功的一半，因为在教师专业发展过程中，无论是在工作上，还是在生活上，不可能会一帆风顺，一路坦途，难免会遇到困难、遭受挫折，这些困难和挫折也许会让我们对教学工作暂时产生质疑，失去信心、迷失方向，但是这些都是外界因素，关键之处在于把握自我，坚定从教态度，不要迷失自我，心中树立的成为优秀的数学教师这个信念不能动摇。

3. 跟进实际行动

选择教师职业、坚定从教态度只是前提条件，为此还需要在知识和能力上做好充分的准备，充分利用时间(工作以后会发现没有系统的学习时间)，好好把握机会(工作以后会发现学习进修的机会很少)，充分利用大学各种资源(工作以后会发现没有足够的学习资源)，具体包括以下几个方面。

(1) 学好数学专业课程，为数学教学奠定深厚的数学基础。

(2) 学好教育教学课程，为数学教学打下扎实的教学功底。

(3) 练好师范生的技能，为数学教学做好教学技能的准备。

(4) 把握教育实习机会，为数学教学积累初步的教学经验。

(5) 努力涉猎百科知识，拓宽自己的知识视野与科学素养。

(6) 适度参加社团活动，锻炼自己的组织能力与沟通能力。

二、走向成熟阶段

很多学生走上工作岗位以后，总是觉得自己非常优秀，学校应该重视自己，如果在工作安排上稍有不顺，可能就会心理失衡，加上刚刚工作，有一个适应的过程，这段时期确实面临很多困难，会给自己专业发展产生一些消极的影响。但是，要想成为优秀的数学教师就要敢于在逆境中成长。

1. 做好第一份工

2019年，上海市特级教师于漪被授予“人民教育家”国家荣誉称号。于漪老师长期躬耕于中学语文教学事业，坚持教文育人，推动“人文性”写入全国语文课程标准，主张教育思想和教学实践同步创新，撰写数百万字教育著述，许多重要观点被教育部门采纳，为推动全国基础教育改革发展做出突出贡献。其实，于漪老师取得如此大的成就，与她职业生涯开始从事的语文教学是分不开的。

1951年7月，于漪揣着教育系毕业证书跨出复旦大学校门。刚从大学校园里走出的她，带着教育的梦想来到上海第二师范学校工作。她先是教历史，后又服从学校工作需要改教语文。在第一次上语文课的时候，遇到了这样一件事。于漪上的第一堂语文课上，组长徐老师前来听课。她上的是王愿坚的小说《普通劳动者》。课后，徐老师对于漪说：“你虽然在教学上有许多优点，但语文教学的这扇大门在哪里，你还不知道呢！”听了这话，于漪觉得像五雷轰顶：作为一名语文教师，门还没找到，不是不合格了？从此，于漪下定决心不仅要找到语文教学的大门，还要登堂入室，成为行家。于是，白天，她常常站在窗外，看其他教师是怎么上课的；晚上，她仔细琢磨着从图书馆里搬来的一厚叠参考书。渐渐地，一个非语文“科班出身”的老师，把教研组里其他17位老师的长处都学来了。经过不到三年的时间，她自修了大学语文的全部课程。初出茅庐的于漪老师，对自己严格要求，不断学习专业知识，在教学上不断琢磨、坚持思考，在短短的几年时间内，使自己快速成长为一名优秀的语文教师。

当我们在数学教学工作上不太顺心的时候，可以看作是为自己的未来做准备。而为未来做准备的最好方法，就是集中你所有的智慧、所有的热忱，把今天的数学教学做得尽善尽美，这既是对学生负责，也是对自己负责，这就是你迎接未来的唯一办法。幸运不会惠顾没有准备之人，一个学校也绝不会接受没有上进之心、怨天尤人之人。如果你想成为一名不平凡的数学教师，你就要对数学教学一丝不苟，投入大部分的时间和精力，努力做到最好。

2. 要向同事学习

教师平时接触最多的就是本学校的教师，其中不乏有很多优秀或经验丰富的同事。教师应善于向身边的同事学习。那么，我们应该向什么样的同事学习呢？通过什么方式学习？应该学习哪些方面？

我们应该成为一名用心的教师，即应该学会善于观察与思考，在每一个学科组中，总有很多教师教学成绩十分出色，我们首先应该向这样的教师学习，目标确定之后，除了向这样的教师询问之外，更重要的则是运用好我们的眼睛与耳朵。同一学科组的教师相处时间最长的场所就是办公室。我们在办公室里就能学到很多对我们教学有价值的东西。

比如，教同一个单元、同一门课，自己布置的作业与其他老师布置的作业不同，你就要想他为什么这样布置作业。优秀教师批改作业一般都比较细致，绝对不是只打个对号错号、写个批改日期。优秀教师一般善于运用并经常运用手头上的教学参考资料。优秀教师做学生的思想工作，有两个必不可缺少的内容，一个是鼓励，另一个是方法指导。优秀教师在学科组中善于搞好与同事之间的关系，在集体活动中，十分配合大家的工作，从不与其他老师或领导发生摩擦与矛盾。优秀教师在备课上也愿意投入时间和精力。总之，我们只要善于观察与思考，总能从优秀教师身上发现许多值得学习的东西，这些虽然算不上什么惊天动地的大事情、大作为，也许是不起眼的小事情和小作为。但是，正是这些不起眼的小事情和小作为，非常值得学习借鉴，只要我们坚持一点一滴学习，累积起来就能产生巨大威力，不断快速推动个人专业成长。

学习的对象不仅是书本知识,也包括身边的人,对于教师这个职业更是如此。在教学过程中，我们要敢于向身边所有的人学习，学习老教师的教学经验，自己才能少走弯路；学习新教师的激情锐气，自己才能创新教学。其实，一个优秀的数学教师，一定是善于学习、不断学习的数学教师。

3. 规划发展计划

很多青年教师在刚刚走上工作岗位时，诚惶诚恐，久而久之就麻木了，年岁渐长，也有了一些所谓的经验，可以安安稳稳地生活了。平庸的老师就是这样形成的。如果你的目标是优秀的教师，就要好好规划一下自己专业发展计划。刚走上讲台时，你的心情可能是复杂的，或许有些自负自大，或许有些忐忑不安。而且，你可能很快就会发现教学充满艰辛，甚至还有很多挫折。但是，千万不要灰心丧气，对一个新教师而言，这些都可以原谅的，或许挫折经历会促使你不断地奋发向上，不妨先静下心来做几件事情。

第一，分析自己。我的长处在什么地方？我的弱点在什么地方？弱点有可能改进吗？这些首先要理清楚。你的性格特点，你的知识结构，哪些对你的教学直接有益，哪些对你的教学间接有益，哪些是妨碍你的教学的。平时多问自己，你很快会明白一个道理：学，然后知不足；教，然后知困。

第二，制订计划。这个计划对你的一生很重要。你首先必须明白的道理：一个教师前三年的工作成绩往往决定他一生的高度！所以你要想尽快成长，一定要重视前三年，不妨制订以下奋斗计划。

(1) 确定奋斗目标。目标有短期、中期、长期之分。比如，5 年成为合格教师：为人正派，爱学生、爱事业;善于学习，不断探索，在教学上要受学生欢迎。10 年成为优秀教师：为人师表，敬业，乐业；具备良好的科学文化素质；具有启发式教学能力，教学效果好；语言表达准确流畅，兼有逻辑性与形象性。20 年成为专家型教师：师德高尚；对所教学科具有系统的、坚实的基础理论和专业知识；较系统地掌握教育学、心理学和数学教学法的基础理论知识，并能用以指导教育教学工作；指导培养教师或进行教育教学研究，勇于改革和创新，成绩卓著；教学艺术精湛，在县(市、区)以上范围内起教学示范作用，并得到同行专家的公认；在国家级刊物上发表科研报告、编写教材或撰写教学专著。

(2) 制订实施方案。方案必须具体可行，切忌纸上谈兵。5 年是教师成长的关键期，这里仅以此为例：①读书。列出一份 5 年读书书目；②拜师。拜一位德高望重的专家为师，定期邀请专家到校备课、听课、评课，力争每年做一节校级以上的研究课；③建立个人教学档案。每月坚持写一两篇教学反思，每学期末认真写好自我评估，明确个人的优势和问题；④研究。在专家指导下进行一项课题研究，写出一两篇有独到见解的论文。⑤交流。定期与同行教师交流教学的新思考和新体会，促进自己不断成长。

三、追求卓越阶段

追求卓越是教师发展的最高境界，这时不仅要促进自己发展，同时要带动同事发展，要能够影响一批人，打造一个教学团队，在这个基础上促进学校数学教育事业又好又快发展。

1. 在学习交流中实现教师专业成长

“人永远不会变成一个成人，他的生存是一个无止境的完善过程和学习过程。人和其他生物的不同点主要就是由于他的未完成性。他必须从他的环境中不断地学习那些自然和本能所没有赋予他的生存技术。为了求生存和求发展，他不得不继续学习。”当我们看到这段文字时，往往仅把其中的“人”理解为学生，其实，我们可能忽略了教师本身需要不断学习和发展这一事实。教师的学习不仅仅是知识技能的增加或者学历层次的提升，还意味着个人的身心、智力、敏感性、审美意识、个人责任感、精神价值等方面的全面发展。

教师是在复杂情境中从事复杂问题解决的专业工作者，教师的专业能力主要体现为在教育情境中反思、选择、判断和解决问题的能力，教育改革和社会的发展已经使得教师自己的发展不再是一次性完成的。《学会生存——教育世界的今天和明天》一书指出：“那种想在早年时期一劳永逸地获得一套终身有用的知识或技术的想法已经过时了……我们要学会生活，学会如何去学习，这样便可以终身吸收新的知识；要学会自由地和批判地思考；学会热爱世界并使世界更有人情味；学会在创造过程中并通过创造性工作促进发展。”教师的成长和发展应延伸并覆盖教师职业生涯和实践，教师应当成为一个学习者，成为学习共同体的一员。

2. 在教研活动中实现教师专业成长

苏霍姆林斯基说过："如果你想让教师的劳动能够给教师带来乐趣，使天天上课不至于变成单调乏味的义务，那么你就引导每一位教师走上从事研究这条幸福的道路上来。"作为一线的数学教师，应该紧密结合数学教学实践，研究数学教学方法、数学教学策略、数学学习方式。新课程所蕴含的新理念、新方法及新课程实施过程中所出现的新困惑、遇到的新问题，都是过去的经验和理论难于解释和应付的，教师不能被动地等待着别人把研究成果送上门来，把解决方案送到手中。数学教学研究不是数学教育专家的"专利"，而应是每个教师的共同行动。

当前我国正在提倡开展校本教研活动，它的一个目的就是解决教师教学的问题，解决学校教学的问题，另外一个目的就是使教师在教学研究中获得成长。也就是说，对于教师而言，开展教研活动是不断挑战自我的过程，是不断丰富自我的过程，是获得专业发展的过程。

3. 在教学反思中实现教师专业成长

杜威认为，教师对于教学应该提出适当的怀疑，而不是毫无批判地从一种教学方法跳到另外一种教学方法，教师应对实践进行反思。他认为教师不应只是接受别人的意见，而应该有自己独立的思考和独到的见解。美国心理学家波斯纳提出"教师的成长=经验+反思"，我国著名心理学家林崇德也提出，"优秀教师的成长=教学过程+反思"。我国著名教育家叶澜教授说，"写三年教案，还是一个教书匠，而写三年反思，却有可能成为一位名师。"由此可见，教学反思是促进教师专业成长的一条捷径。

作为专业的数学教师，不仅应具有课堂教学的知识、技巧和技能，而且要对自己的信念系统、教学方法、教学内容、数学知识系统、背景因素进行反思，从而使自己处于更多的理性控制之下，始终保持一种动态、开放、持续发展的状态。作为反思型的数学教师在当前教育背景下显得尤为重要。只有通过反思，教师才能不断更新教学观念，改善教学行为，提升教学水平，同时形成自己对教学现象、教学问题的独立思考和创造性见解，从而使自己朝着研究型教师的方向发展。

4. 在研究写作中实现教师专业成长

"把想好的做出来，把做好的写出来"，这是把实践经验和理性思考融为一体的一个重要方式。浙江省苍南县龙港高级中学组织了"八个一"活动，即每单元精备一节课、每学期写一篇说课稿、每学期写一个优秀案例、每学期写一篇课堂教学评析、每学期精读一部教育教学专著、每学期研究一个教学专题、每学期撰写一篇教研心得、每学期推出一个教学周活动。这一活动要求青年教师在任何一个环节上都做到"精"，这使得许多教师从进校的第一刻起便有了一个高起点。还有一位小学教师这样写道:“我经常在上完一天的课甚至上完一节课后,就写感受,比如说,我这节课板书不够好,我就写下节课要从哪些方面改正,第二天立即改正;或者我觉得这节课有上得非常不错的地方,我也会把它记下来,自己再体会一下……每天都写,写完了才回家”。

一名数学教师应该养成写教学日记的习惯,记下自己的成功,哪怕是点滴成功;记下自己的不足,哪怕是细小失误。这些对你来说非常重要,而且,当你要回顾教学经历的时候,当你要总结教学工作的时候,这些都是有用的,将这些教学日记结合在一起,肯定会从中提炼出有价值的东西。并且,几年以后,你可能会突然发现,在所写的内容中,属于你自己的东西越来越多了,对很多教学的理解越来越深刻了,越来越准确了。另外,自己的写作能力大大提高了,自己也可以经常性地发表论文了。

第二节 优秀教师成长过程特征

其实,优秀教师的成长过程是艰苦的,从来就没有人能够轻轻松松成功。要想成为优秀教师,就要学习优秀教师的为人与处世。有研究者通过接触和了解优秀教师的成长经历,通过收集和整理优秀教师的有关资料,从他们成长过程中得到了一些重要的启示,并认为优秀教师虽然有各自特点,但有几个共同的特征,也是值得大家学习的特征。

一、长期、扎实地实践

1. 实干是基础

所有优秀教师的成功,无一例外地来自长期、扎实的教育实践。全国模范教师盘振玉十六岁就走上了讲台,在艰苦的瑶山一做就是二十多年。不但没有一个孩子失学,而且教学成绩一直在全乡名列前茅。这成功的后面是付出:她不但要用汉语普通话和瑶家语教复式班,而且还要为学生做饭、洗衣服等。

全国优秀教师“十杰”、原永寿县中学校长安振平,是这样坦言自己作为一个基础教育者的人生追求的:“一个人只有把自己的人生价值定位在祖国和人民的需要上,才能有所作为。作为教师,我全身心地爱着我的学生,爱着三尺讲台。作为大山的儿子,我热爱这片生我养我的黄土地!”1983 年,安振平从陕西师范大学数学系毕业后,毅然决然地回到家乡永寿县任教。在离永寿县城 35 公里多地的常宁中学,面对一道简单的数学题,高三全班 30 多名学生只有两人能解,他惊呆了,他强烈地意识到振兴家乡教育义不容辞。他几乎把所有的工资都用来买书,他虚心求教,汲取先进的教学理论,终于摸出了一套“启、讲、诱、练、议”的题组诱导教学法，由浅入深，逐步引导，把知识和方法巧妙地结合起来，为学生找到了一把金钥匙。当年常宁中学有 40 多名考生参加高考，一下子考取了 15 名大学生，数学单科成绩名列咸阳市 80 多所中学之首！1991 年，安振平被调入永寿中学，并于 1998 年担任校长。他提出了“教研强师，质量立校”的办学宗旨，努力倡导“团结、务实、勤学、创新”的校风，“勤学、敬业、严谨、博学”的教风和“尊师、守纪、勤学、进取”的学风。他要求教职工对工作多一点责任心，对学生多一点爱心，对教研多一点热心，对社会多一点奉献心，树立科研、质量、集体、忧患、奉献五种意识。他亲手绘制了“教师横帮竖带联络图”，编制了“教师教育科研参考题”。他多次举办“发表论文展览”、教育科研论文交流会等，激活了学校教育科研的一潭死水。

2. 苦中能作乐

优秀教师和所有教师一样，都承担着艰苦、繁重的工作任务，所不同的是他们能够做到苦中有乐。他们真是“累着，但快乐着”，体验着一种神圣的幸福感。特级教师、北京教育科学研究院基础教育研究中心数学教研室主任吴正宪说：“我一上讲台，就融入了学生世界，全身心地投入数学教学之中，其他一切便都忘记了。只有教数学的人被数学的魅力打动了，学习数学的人才能被数学所深深吸引。”青年优秀教师、浙江杭州临平第一小学蒋军晶说：“我不但没有教师的职业倦怠感，目前我还把这种工作的幸福状态延伸到我的和别人的生活当中。”

二、顽强、自觉地学习

优秀教师的学习都是自觉化的。“学无止境！先天不足，唯有后天勤奋补上！”为了弥补自己没有经过系统科班学习的缺陷与不足，吴正宪给自己约法三章：“要敢于吃别人不愿意吃的苦，要乐于花别人不愿意花的时间，要敢于下别人不愿意下的苦功！”

1. 酷爱学习

在繁重工作的同时，能够锲而不舍地坚持学习，是优秀教师的又一个共同特点。他们的顽强、自觉有时达到了惊人的程度：有的“几年来阅读量达 300 多万字，记下了 20 多万字的读书笔记”(特级教师、清华大学附属小学校长窦桂梅)；有的工资不高，但是“那几年买了近 40000 元的书”(蒋军晶)；“在最初的几年，我阅读了 50 多部理论书籍和 2000 多本教育期刊，撰写了 100 多万字的笔记。”(特级教师、苏州工业园区第二实验小学校长徐斌)

2. 灵活学习

他们“随时随地寻找‘教你’的师傅”(蒋军晶)；有的“具有终身学习的理念并且善于学习，家庭被评为全国学习型家庭”；而特级教师、厦门第一中学校长任勇的几种学习方式是：向同行学习；向学生学习；向报刊书籍学习；进修学习；

课题学习；学术学习；追踪学习；分阶段有重点地学习；网上学习；传播学习；实践学习；参观学习。窦桂梅向名师学习，几年来她竟听了校内外的 1000 多节课……

三、联系实际的思考

优秀教师在顽强、自觉地学习的基础上，普遍十分重视思考，显著地具有爱思考的品质。正像特级教师于永正所说："我们的教育需要理性，别让一些非本质因素过多地打扰了教育，比如商业、权威、权力、习惯等——这些已过多地干扰了课堂的方向。理性状态是对教育最好的救助"。

1. 思考紧密联系教学实际

优秀教师的思考很少大而无当，无病呻吟，故作深沉。江苏省特级教师邱学华说："我深信，教育实践是教育理论的源泉，因而我始终没有离开讲台。我的许多新方法、新思想，都是在教育实践过程中萌发出来的。"苏景泰教授评价道："邱学华在从事教学实践时，从未停止过教学理论研究；同样，他在进行理论探讨时，也从未离开过教学实践岗位。"

2. 思考深刻理解教育理念

特级教师、成都市盐道街中学外语学校副校长李镇西"视教育为心灵的艺术"。他提出"以人格引领人格，以心灵赢得心灵，以思想点燃思想，以自由呼唤自由，以平等造就平等，以宽容培养宽容"。模范教师、西安市第八十三中学教师王西文指出："教育是一个灵魂唤醒另一个灵魂的过程。只有触及人的灵魂，并引起人的灵魂深处的变革，才是真正的教育。"特级教师、中国人民大学附属小学副校长钱守旺主张"课堂上尽可能给学生多一点思考的时间，多一点活动的余地，多一点表现自己的机会，多一点体验成功的愉悦，让学生自始至终参加到知识形成的全过程中"。

3. 在反思中尤其重视反思自己

特级教师于永正说："保持教育理性状态的前提是群体具有反思能力。而名师就是处于反思的'多震地带'。他们在反思宏观的教育，也在反思教育的细节；他们在反思历史，也在反思现在，尤其总在反思自己。名师是我们教育界反思状态的发动机——他们启发我们，这便是名师的价值。"特级教师、苏州工业园区第二实验小学副校长徐斌："我的确愿意做一个思考的行者。在实践的土壤里，在审视自己的过程中，不断学习反思，不断完善自我，不断超越自我"。

四、充满个性的创新

优秀教师共有的一个突出特点就是在实践基础上刻苦地学习与积极地反思，

最终实现充满个性的创新。

1. 独特的个性

青年优秀教师蒋军晶提出了“学习(听课)是为了寻找自己还是寻找偶像？”的质疑，表明自己反对盲目模仿，推崇弘扬个性。特级教师窦桂梅更加鲜明地指出：“教师不能没有独特的风格，不能没有鲜明的个性。随波逐流、循规蹈矩是自己成长的最大敌人。我对自己说，人云亦云的尽量不云，老生常谈的尽量不谈，要学会独立地思考，而不是跟着‘风’跑。对自己的教学，不要考虑完美，要考虑有特色”。

2. 不断地创新

优秀教师都善于把日常烦琐的工作和科研、创新融为一体。广州市著名教师、黄埔区教育局教研室曲天立首先提出“问题即课题，教学即研究，成长即成果”的创见。特级教师李镇西“把每一个学生的心灵作为思考、研究、倾听、感受和欣赏的对象”。特级教师、厦门第一中学原校长任勇的座右铭是“教育恒久远，创新每一天”。

3. 辩证地思考

充满智慧的辩证思想，源源不断地从那些深入生活、善于独立思考的优秀教师头脑里涌现出来。全国优秀教师、浙江省新昌中学黄林提出：“用熟悉的眼光看待陌生的事物，用陌生的眼光看待熟悉的事物。”劳动模范、湖塘桥实验小学校长庞瑞荣的治校方针是“严格而自由”。广州市黄埔区教育局教研室、科研办副主任曲天立主张“从评选好学校转向评选差学校”。特级教师窦桂梅提出“优点使人可敬，缺点使人可爱”。

从优秀教师那里经常会听到这样充满智慧的辩证思考。

优秀教师是一个极有特点、值得研究的群体，他们是广大教师的榜样。他们不仅引领着教师队伍前行，而且他们刻苦、执着地学习和思考将研究出和发展出新的教育理论。

教育是职业，更是事业。一名教师必须爱岗敬业、勤于学习、善于思考、勇挑重担，树立自己专业成长的人生目标，以教育界的名师、数学教育家为偶像，努力实现优秀教师应当具备的专业精神、专业技能和专业知识，做有理想信念、有道德情操、有扎实学识，有仁爱之心的好教师。

参考文献

鲍建生，周超. 2009. 数学学习的心理基础与过程[M]. 上海：上海教育出版社.
曹才翰. 1990. 中学数学教学概论[M]. 北京：北京师范大学出版社.
曹才翰，章建跃. 2017. 数学教育心理学(第 3 版)[M]. 北京：北京师范大学出版社.
顾明远. 1990. 教育大辞典[Z]. 上海：上海教育出版社.
郭思乐，喻纬. 1997. 数学思维教育论[M]. 上海：上海教育出版社.
李秉德. 1991. 教学论[M]. 北京：人民教育出版社.
李三平，罗新兵，张雄. 2006. 新课程教师读本(数学)[M]. 西安：陕西师范大学出版社.
李士锜，李俊. 2001. 数学教育个案学习[M]. 上海：华东师范大学出版社.
林桂军. 2004. 论文规范指导与研究方法[M]. 北京：对外经济贸易大学出版社.
刘安君，孙全森，汪自安. 1997. 数学教育学[M]. 济南：山东大学出版社.
刘华祥. 2003. 中学数学教学论[M]. 武汉：武汉大学出版社.
刘兼，黄翔，张丹，等. 2003. 数学课程设计[M]. 北京：高等教育出版社.
陆书环，傅海伦. 2004. 数学教学论[M]. 北京：科学出版社.
罗增儒，李文铭. 2003. 数学教学论[M]. 西安：陕西师范大学出版社.
马复，綦春霞. 2004. 新课程理念下的数学学习评价[M]. 北京：高等教育出版社.
马云鹏，张春莉. 2003. 数学教育评价[M]. 北京：高等教育出版社.
马忠林，王鸿钧，孙宏安，等. 2001. 数学教育史[M]. 南宁：广西教育出版社.
全美数学教师理事会. 2004. 美国学校数学教育的原则和标准[M]. 北京：人民教育出版社.
任子朝，孔凡哲. 2010. 数学教育评价新论[M]. 北京：北京师范大学出版社.
沈红辉. 2002. 中学数学教育实习教程[M]. 广州：广东高等教育出版社.
施良方. 1994. 学习论[M]. 北京：人民教育出版社.
施良方. 1996. 课程理论——课程的基础、原理与问题[M]. 北京：教育科学出版社.
孙连众. 1999. 中学数学微格教学教程[M]. 北京：科学出版社.
田万海. 1993. 数学教育学[M]. 杭州：浙江教育出版社.
涂荣豹，王光明，宁连华. 2006. 新编数学教学论[M]. 上海：华东师范大学出版社.
王策三. 1985. 教学论稿[M]. 北京：人民教育出版社.
王存臻，严春友. 1988. 宇宙全息统一论[M]. 济南：山东人民出版社.
王子兴. 1996. 数学教育学导论[M]. 桂林：广西师范大学出版社.
吴宪芳，郭熙汉. 1997. 数学教育学[M]. 武汉：华中师范大学出版社.
奚定华. 2001. 数学教学设计[M]. 上海：华东师范大学出版社.
杨世明，王雪琴. 1998. 数学发现的艺术[M]. 青岛：青岛海洋大学出版社.
叶雪梅. 2008. 数学微格教学[M]. 厦门：厦门大学出版社.
喻平等. 1998. 数学教育学导引[M]. 桂林：广西师范大学出版社.
张春莉，王小明. 2004. 数学学习与教学设计[M]. 上海：上海教育出版社.
张奠宙，李士锜，李俊. 2003. 数学教育学导论[M]. 北京：高等教育出版社.
张奠宙，宋乃庆. 2004. 数学教育概论[M]. 北京：高等教育出版社.

张奠宙, 唐瑞芬, 刘鸿坤. 1991. 数学教育学[M]. 南昌: 江西教育出版社.
张景斌. 2000. 中学数学教学教程[M]. 北京: 科学出版社.
张文兰. 2005. 信息技术环境下的小学英语教学设计研究[M]. 北京: 科学出版社.
张永春. 1996. 数学课程论[M]. 南宁: 广西教育出版社.
郑君文, 张恩华. 1996. 数学学习论[M]. 南宁: 广西教育出版社.
中华人民共和国教育部. 2012. 义务教育数学课程标准(2011年版)[M]. 北京: 北京师范大学出版社.
中华人民共和国教育部. 2018. 普通高中数学课程标准(2017年版)[M]. 北京: 人民教育出版社.
中华人民共和国教育部. 2020. 普通高中数学课程标准(2017年版 2020年修订)[M]. 北京: 人民教育出版社.
中华人民共和国教育部. 2022. 义务教育数学课程标准(2022年版)[M]. 北京: 北京师范大学出版社.
周春荔, 张景斌. 2001. 数学学科教育学[M]. 北京: 首都师范大学出版社.
周学海. 1996. 数学教育学概论[M]. 长春: 东北师范大学出版社.
朱水根, 王延文. 2001. 中学数学教学导论[M]. 北京: 教育科学出版社.